海底滑坡-深水管线耦合分析理论及减灾技术

年廷凯　郭兴森　范　宁等　著

科学出版社

北　京

内 容 简 介

本书主要介绍作者及其研究团队在海洋岩土工程灾害方向近10年的科研成果，是基于我国深海开发的重大需求和南海深水工程地质灾害的实际背景，围绕海底滑坡、深水管线及其耦合效应中的关键科学与技术问题深入研究的阶段性成果。重点阐述深海浅表层软土不排水剪切强度评价问题、海底斜坡动态稳定性及区域浅表层滑坡易发性评估方法、海底滑坡冲击深水管线及双向耦合作用机制、深水管线自防护减灾技术和安全性评估等有关内容。上述内容不仅能促进海洋岩土工程与地质灾害的科学理论发展，而且可以指导海洋工程实践。

本书可供海洋土力学与岩土工程、海洋工程地质、海洋地质灾害、海洋工程、海洋科学等领域的科研人员和高等院校师生参考，亦可供海洋工程勘察、设计、施工相关的企业技术人员参考。

审图号：琼 S（2023）061 号

图书在版编目（CIP）数据

海底滑坡-深水管线耦合分析理论及减灾技术/年廷凯等著. —北京：科学出版社，2024.4

ISBN 978-7-03-075164-5

Ⅰ. ①海…　Ⅱ. ①年…　Ⅲ. ①海底-斜坡稳定性-关系-海底管线-耦合-研究　Ⅳ. ①P737.2 ②U173.9

中国国家版本馆 CIP 数据核字（2023）第 044867 号

责任编辑：童安齐 / 责任校对：王万红
责任印制：吕春珉 / 封面设计：东方人华平面设计部

科学出版社 出版
北京东黄城根北街 16 号
邮政编码：100717
http://www.sciencep.com
北京中科印刷有限公司印刷
科学出版社发行　各地新华书店经销
*
2024 年 4 月第 一 版　开本：B5（720×1000）
2024 年 4 月第一次印刷　印张：18
字数：340 000

定价：210.00 元
（如有印装质量问题，我社负责调换）
销售部电话 010-62136230　编辑部电话 010-62139281（BA08）

本书撰写人员

年廷凯　郭兴森　范　宁
付崔伟　郑德凤　谷忠德

前　　言

　　海底滑坡（submarine landslide）是一种常见的海洋灾害地质现象，广泛分布或发生于海底大陆坡和深水峡谷区。海底滑坡一旦发生，将会对水下设施（如海底基础、油气开采井、海底管线等）造成危害甚至严重破坏，危及海底结构物和海洋平台的安全。近10年来，随着我国海洋开发步入深水海域，作为资源开发的"生命线"工程，深水管线（含油气管道、海底光缆和电缆等）的安全运营受到了高度关注。

　　深水管线（deep-water pipeline）一般铺设于海床表面，往往缺乏长期有效的锚固措施，加之深海低温、地形地貌复杂等不利环境，极易在海底滑坡等冲击下发生破坏，形成链式灾害，造成重大经济损失甚至环境污染。因此，深水管线在路由选线时需开展海底斜坡动态稳定性及区域滑坡风险评估，尽可能避开滑坡地质灾害易发区，从而达到防灾减灾之目的。然而，在海底管线长距离输运过程中，不可避免会穿越滑坡易发区或海底碎屑流运移区，在避无可避的情况下，评估管线受海底滑坡这种极具破坏性偶发荷载的冲击力，进而优化深水管线设计，是减轻海底滑坡冲击的重要途径。特别是当海底滑坡冲击力很大，且传统管线结构设计不能满足安全储备时，改进海底管线的结构型式或提出新的自防护减灾技术，有助于减轻海底滑坡所造成的冲击力，这对保障深水管线的长期安全运营和工程防灾、减灾、救灾具有重要的科学意义和工程价值。

　　基于深海开发这一现实需求和我国南海深水工程地质灾害背景，依托国家科技部项目、国家自然科学基金项目和省部级科技计划项目，作者及其科研团队围绕海底滑坡、深水管线及其耦合效应等开展深入研究，取得阶段性的初步成果，撰写了本书，以期为海洋岩土工程与地质灾害领域的科研人员和海洋工程勘察、设计和施工技术人员提供参考。

　　全书共分10章，围绕三个核心内容展开论述：①海底斜坡动态稳定性及区域浅表层滑坡易发性评估；②海底滑坡-深水管线耦合作用；③深水管线自防护及减灾技术。首先，提出海底浅表层软土不排水剪切强度评价方法及区域浅表层滑坡易发性评估技术，并应用于南海北部深水大陆坡海底浅表层土体地震滑坡风险评估；之后，建立海底滑坡低温-含水量耦合流变模型，发展复杂环境下海底滑坡-深水管线双向耦合分析方法，并提出海底滑坡对管线冲击力的预测公式；最后，提出了海底滑坡冲击下深水管线的临界荷载分析方法和安全性评估标准，并开发能够减轻海底滑坡冲击效应的流线型和蜂窝孔型海底管线及其优化设计方法，为海底管线自防护设计及减灾提供新的途径。

本书是作者及其科研团队共同研究的成果。全书由年廷凯负责统稿，郭兴森协助及整理书稿。各章撰写人员如下：第 1 章、第 10 章由年廷凯和郭兴森撰写，第 2 章由郭兴森和谷忠德撰写，第 3 章由郭兴森和郑德凤撰写，第 4 章、第 7 章由范宁撰写，第 5 章、第 6 章由郭兴森撰写，第 8 章由付崔伟和郭兴森撰写，第 9 章由郭兴森和范宁撰写。

在本书完成之际，感谢中国海洋大学、自然资源部第一海洋研究所、中国地质调查局青岛海洋地质研究所、中国科学院深海科学与工程研究所、中国地质大学（武汉）、中国地震局工程力学研究所、国际地质灾害与减灾协会等单位的有关专家学者在研究工作中给予的支持和帮助。感谢大连理工大学海岸和近海工程国家重点实验室各位同事，一直以来对作者在海洋岩土工程灾害领域科研工作的支持；在本书撰写及书稿整理、校核等过程中，课题组研究生张浩等提供了许多帮助，在此表示感谢！

本书的研究工作得到科技部国家重点研发计划"深海关键技术与装备"重点专项（项目编号：2016YFE0200100 和 2018YFC0309200）、国家自然科学基金项目（项目编号：42077272，51879036 和 52079020）、自然资源部海洋油气资源与环境地质重点实验室重点基金项目（项目编号：MRE201304）、辽宁省兴辽英才计划科技创新领军人才项目（项目编号：XLYC2002036）等资助，在此表示衷心的感谢。同时也特别感谢国家自然科学基金共享航次计划"南海东北部-吕宋海峡综合航次"（项目编号：NORC2016-05/2017-05），以及"东方红 2 号"和"东方红 3 号"科考船提供的支持。

对于书中所引用文献的众多作者表示诚挚的谢意！

海底滑坡–深水管线耦合作用，使滑坡体（含碎屑流）、管线、海洋土、海水等交织在一起，涉及高水压、高低温、高盐度、强海流等极端环境，错综复杂；并且受到海洋土性状、土-水相互作用、环境荷载、工程地质条件等影响，短期内很难完全对其研究透彻，其评价理论和分析方法离实际应用仍有一定差距。因此，对海底滑坡–深水管线耦合作用这一课题开展系统性的深入探索，仍是一项富有挑战性的工作。鉴于海底滑坡相关问题研究还在不断发展、完善阶段，一些方法还不成熟，加上著者学识和能力有限，书中难免有疏漏和不妥之处，恳请广大读者批评指正。

年廷凯

2022 年 1 月

于大连理工大学

目　　录

1 绪论 ……………………………………………………………………………… 1

  1.1　背景与意义 …………………………………………………………………… 1

  1.2　国内外研究进展及存在的问题 ……………………………………………… 3

    1.2.1　海底表层软土不排水抗剪强度测试与解析研究 ………………………… 3

    1.2.2　海底斜坡地震稳定性与区域海底滑坡易发性研究 ……………………… 9

    1.2.3　海底滑坡–管线相互作用与管线防护技术研究 ………………………… 12

  1.3　研究思路 ……………………………………………………………………… 21

  参考文献 …………………………………………………………………………… 22

2 海底浅表层软土剪切强度评价 ……………………………………………… 32

  2.1　引言 …………………………………………………………………………… 32

  2.2　球形全流动贯入仪的离心试验 ……………………………………………… 32

    2.2.1　多探头贯入仪的研制与校核 …………………………………………… 32

    2.2.2　试验材料 ………………………………………………………………… 34

    2.2.3　土样制备与离心试验程序 ……………………………………………… 35

    2.2.4　离心试验结果 …………………………………………………………… 38

    2.2.5　分析与讨论 ……………………………………………………………… 43

  2.3　球形全流动贯入 CFD 数值模型与验证 …………………………………… 46

    2.3.1　CFD 数值模型 …………………………………………………………… 46

    2.3.2　土样不排水强度模型 …………………………………………………… 49

    2.3.3　CFD 模型验证 …………………………………………………………… 51

  2.4　海底浅表层软土不排水抗剪强度评价 ……………………………………… 54

    2.4.1　低强度软土的模拟分析 ………………………………………………… 54

    2.4.2　表层贯入问题的临界深度 ……………………………………………… 55

    2.4.3　稳定贯入阻力系数评价方法 …………………………………………… 56

    2.4.4　表层贯入阻力系数评价方法 …………………………………………… 57

    2.4.5　贯入机理分析 …………………………………………………………… 59

  2.5　本章小结 ……………………………………………………………………… 61

  参考文献 …………………………………………………………………………… 62

3　海底斜坡浅表层土体稳定性及区域滑坡易发性评估 ············· 64

　3.1　引言 ··· 64

　3.2　具体站位海底斜坡稳定性评价 ··· 64

　　　3.2.1　基于无限坡理论的海底斜坡稳定性分析模型 ···················· 64

　　　3.2.2　考虑地震作用的海底土体强度弱化模型 ························· 68

　　　3.2.3　南海北部陆坡区具体站位斜坡稳定性评价 ····················· 69

　3.3　区域海底滑坡易发性评估方法 ··· 73

　3.4　南海北部陆坡海底地震滑坡易发性评估 ··································· 76

　　　3.4.1　南海北部地质背景 ·· 76

　　　3.4.2　南海北部地区地震分布 ··· 79

　　　3.4.3　海底土层物理力学参数 ··· 80

　　　3.4.4　南海北部陆坡区域海底滑坡易发性评估 ······················ 83

　3.5　本章小结 ·· 90

　参考文献 ··· 91

4　海底滑坡体土力学特性及土-水界面相互作用 ··················· 95

　4.1　引言 ··· 95

　4.2　基于全流动贯入仪-流变仪的组合试验方法 ······························ 96

　　　4.2.1　滑体流变行为理论基础 ··· 96

　　　4.2.2　流变仪测试原理 ·· 97

　　　4.2.3　组合试验方法操作流程与效果验证 ···························· 99

　4.3　海底滑坡土体的流变强度特性测试与分析 ······························ 102

　　　4.3.1　土样制备与试验步骤 ··· 102

　　　4.3.2　组合试验结果 ·· 104

　　　4.3.3　流变参数与土体含水率的关联性 ······························ 105

　　　4.3.4　剪切应变率对土体灵敏度的影响分析 ························· 107

　4.4　海底滑坡体的分段流变强度模型 ·· 109

　　　4.4.1　常规流变模型的比较 ··· 110

　　　4.4.2　分段流变模型的提出 ··· 111

　　　4.4.3　模型参数分析与公式应用 ·· 114

　4.5　海底滑坡流滑阶段的"滑水效应"分析 ····································· 115

　　　4.5.1　"滑水效应"理论基础及对应试验系统设计 ················· 115

　　　4.5.2　"滑水效应"的发生条件及其影响下滑端变形机制 ·········· 117

　　4.6　海底滑坡体的界面质量输运过程分析 ································· 119
　　　　4.6.1　土-水界面质量输运过程的理论基础 ························· 119
　　　　4.6.2　质量输运通量试验系统与步骤 ···························· 120
　　　　4.6.3　土体电阻率测试装置及标定 ····························· 122
　　　　4.6.4　基于 CFD 数值方法的等价模拟关系建立 ···················· 125
　　　　4.6.5　土-水界面质量输运通量的变化规律与预测模型 ················ 127
　　4.7　本章小结 ·· 130
　　参考文献 ··· 132

5　深海滑坡体的低温-含水量耦合流变模型及流态分析 ····················· 134
　　5.1　引言 ··· 134
　　5.2　海底滑坡低温流变试验 ··· 134
　　　　5.2.1　试验材料 ··· 134
　　　　5.2.2　试验仪器及原理 ······································ 136
　　　　5.2.3　试验程序 ··· 138
　　　　5.2.4　流变试验结果 ·· 140
　　5.3　海底滑坡低温-含水量耦合流变模型 ······························· 141
　　　　5.3.1　非牛顿流体流变模型 ··································· 141
　　　　5.3.2　流变曲线的变化规律 ··································· 142
　　　　5.3.3　机理分析与讨论 ······································ 144
　　　　5.3.4　低温-含水量耦合流变模型 ······························· 145
　　5.4　海底滑坡流态分析方法 ··· 150
　　　　5.4.1　海底滑坡流态分析的价值与意义 ························· 150
　　　　5.4.2　基于流变试验的滑坡流态分析方法 ······················· 150
　　　　5.4.3　南海北部陆坡海底泥流流态划分 ························· 154
　　5.5　本章小结 ·· 157
　　参考文献 ··· 158

6　深水滑坡冲击管线的 CFD 流固耦合模拟分析 ·························· 160
　　6.1　引言 ··· 160
　　6.2　海底滑坡-管线相互作用 CFD 理论基础 ····························· 161
　　　　6.2.1　CFD 方法概述 ·· 161
　　　　6.2.2　不可压缩两相流模型 ··································· 162
　　　　6.2.3　CFD 模型的边界条件 ··································· 162

6.3 海底滑坡-管线相互作用 CFD 模型验证 ··· 163

6.3.1 CFD 数值建模 ·· 163

6.3.2 经典室内水槽试验验证 ··· 166

6.3.3 概化的 CFD 模型验证 ··· 167

6.4 海底管线在位情况分析 ·· 171

6.5 低温环境对悬浮管线受滑坡冲击力的影响 ··· 172

6.5.1 数值建模 ··· 172

6.5.2 海底管线受滑坡冲击力的峰值与稳定值 ··· 172

6.5.3 低温环境对海底管线受滑坡冲击力的影响 ·· 177

6.5.4 拖曳力与升力的预测公式 ·· 179

6.6 管线悬跨高度对管线受滑坡冲击力的影响 ··· 180

6.6.1 具有不同悬跨高度管线的 CFD 模拟 ·· 180

6.6.2 海底管线的受力模式分析 ·· 181

6.6.3 复杂条件影响下冲击力系数的变化规律 ··· 182

6.6.4 考虑管线悬跨高度影响下冲击力系数预测方法 ······································· 185

6.7 管线上覆滑坡体厚度对管线受滑坡冲击力的影响 ·· 188

6.7.1 管线上覆海底滑坡体厚度描述 ·· 188

6.7.2 管线上覆不同海底滑坡体厚度的 CFD 模拟 ·· 189

6.7.3 滑坡体厚度对拖曳力的影响分析 ··· 190

6.7.4 拖曳力演化机理分析与讨论 ·· 192

6.7.5 考虑滑坡体厚度的拖曳力预测方法 ·· 194

6.8 本章小结 ··· 196

参考文献 ·· 197

7 基于 ALE 方法的海底滑坡冲击深水管线双向耦合作用 ························· 200

7.1 引言 ··· 200

7.2 海底滑坡冲击管线过程中的耦合作用描述 ··· 201

7.3 基于 ANSYS-CFX 双向流-固耦合的数值实现 ·· 201

7.3.1 ANSYS-CFX 流-固耦合理论基础 ·· 201

7.3.2 ANSYS-CFX 流-固耦合数值验证 ·· 204

7.4 海底滑坡冲击作用下管线的竖向位移特征分析 ·· 206

7.4.1 海底滑坡与管线耦合作用的数值模拟 ·· 206

7.4.2 海底滑坡冲击作用下管线的竖向位移特征 ·· 207

7.5 固定管线与位移管线的差异比较 ·· 209

　　　　7.5.1　管线-海床间隙对固定管线的影响 ················· 209

　　　　7.5.2　管周流场与滑坡作用力的差异 ·················· 213

　　7.6　考虑管线竖向位移对海底管线工程设计的影响 ············· 215

　　7.7　本章小结 ································· 217

　　参考文献 ··································· 219

8　深水滑坡作用下海底管线动态响应及承载力分析 ·············· 220

　　8.1　引言 ·································· 220

　　8.2　滑坡冲击管线数值模拟 ·························· 221

　　　　8.2.1　物理模型概化 ·························· 221

　　　　8.2.2　有限元模型的建立 ························ 222

　　　　8.2.3　有限元模型的验证 ························ 223

　　8.3　等效边界 ································ 224

　　　　8.3.1　等效边界的建立 ························· 224

　　　　8.3.2　等效边界的验证 ························· 226

　　8.4　参数分析 ································ 227

　　　　8.4.1　临界冲击荷载 ·························· 227

　　　　8.4.2　参数选择 ··························· 228

　　　　8.4.3　模拟结果 ··························· 228

　　8.5　冲刷作用的影响 ····························· 230

　　8.6　案例分析 ································ 231

　　8.7　本章小结 ································ 232

　　参考文献 ··································· 232

9　海底滑坡冲击下深水管线防护设计及减灾技术 ··············· 236

　　9.1　引言 ·································· 236

　　9.2　海底管线的流线形防护设计思路 ····················· 237

　　　　9.2.1　流线形减阻理论基础 ······················ 237

　　　　9.2.2　流线形式管线与尺寸设计 ···················· 238

　　9.3　流线形海底管线的减灾效果分析 ····················· 240

　　　　9.3.1　CFD 数值建模过程 ······················· 240

　　　　9.3.2　流线形海底管线的减灾机理与效果 ················· 241

　　　　9.3.3　流线形设计对管线工程各阶段性能的影响 ·············· 246

　　　　9.3.4　流线形设计对管线工程设计参数的影响 ··············· 247

9.4　蜂窝孔海底管线概念提出 ································· 248

9.5　海底滑坡-蜂窝孔管线相互作用 ····················· 250

　　9.5.1　海底滑坡冲击悬浮蜂窝孔管线 ················ 250

　　9.5.2　海底滑坡冲击具有不同悬跨高度蜂窝孔管线 ······ 252

　　9.5.3　减阻机理分析与讨论 ······················· 256

9.6　蜂窝孔海底管线的优化 ····························· 260

　　9.6.1　几何设计与数值建模 ······················· 260

　　9.6.2　数值模拟结果分析 ························· 260

　　9.6.3　蜂窝孔管线优化 ························· 262

9.7　本章小结 ······································· 264

参考文献 ··· 266

10　结论与展望 ······································· 268

10.1　结论 ··· 268

10.2　展望 ··· 272

1 绪　　论

1.1　背景与意义

21 世纪是海洋的世纪，我国陆地濒临南海、东海、黄海与渤海，随着经济高质量发展及持续扩大的对外开放，国家战略利益和战略空间不断向海洋拓展和延伸，大力发展海洋经济已成为必然选择。

海洋资源开发是推动现代海洋经济发展的重要举措之一。同时，我国作为世界第一大能源消费国，保障国家能源安全是经济高质量发展的前提条件，也是必然之举。据统计，全球海域石油资源量约为 1350 亿 t，已探明储量约 380 亿 t，全球海域天然气资源量约 140 万亿 m³（胡文瑞等，2013）。大力推进海洋油气资源开发，可以缓解国内能源短缺，提升科技水平，培养专业人才，满足社会和经济发展需要。实际上，近些年来，我国海洋油气资源开发已取得历史性突破，如三大标志性工程：①2014 年平均水深 1500m 的第一个深水油气田——荔湾 3-1 深水油气田顺利在南海建成并投产；②2017 年我国在南海神狐海域成功试采天然气水合物达 60d；③2020 年平均水深 410m 的第一个自营深水油田群——流花 16-2 油田群在南海建成并投产。然而，作为一个庞杂的系统工程，海洋油气开发工程具有高科技、高投入、高风险的特点，尤其是步入超深海域（超过 1500m）后，相关工程设施建设与安全运营将会面临一系列更为棘手的海洋岩土工程与地质灾害方面的严峻挑战。

具体来说，作为海洋油气资源开发的"生命线"，即海底油气管线是海洋油气输送的主要方式，具有连续输送、大输送量、高效率、低成本、不占用航道等诸多优点。除了海底油气管线外，海底管缆系统还包括通信光缆、电缆、生活管道等，这些工程设施在油气资源开发、互联互通、资源共享、生活保障等领域不可或缺，也是重要的"生命线"工程（周晶等，2011；Gao，2017）。在海洋能源开发加快步入深远海域背景下（Andersen et al.，2008；Li et al.，2013），海底管线正朝着超远输运（大于 1000km）、超深海域（大于 2000m）及超大直径（大于 1m）的方向发展（周晶等，2011），这不仅会导致管线铺设与维护难度越来越大，还会使管线面临更为严峻的海洋地质灾害威胁，尤其是分布广泛、发生频繁、致灾严重的海底滑坡。

海洋油气生产系统及海底管线长距离输运概念图，如图 1.1 所示。

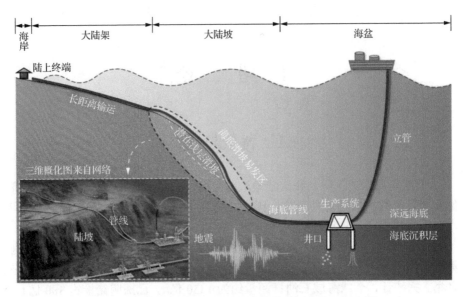

图 1.1 海洋油气生产系统及海底管线长距离输运概念图

作为一类常见的海洋地质灾害，海底滑坡是指海床岩土体或浅表层沉积物在内外动力地质作用下发生失稳破坏，出现局部或大范围滑动、长距离运移演化的灾害地质现象，主要发生在大陆架坡折带、深水大陆坡及近海三角洲地带（Hampton et al.，1996；Locat and Lee，2002；孙运宝等，2008；马云，2014；贾永刚等，2017；年廷凯等，2021）。海洋地质灾害一旦发生，往往会危害水下基础设施（如海底基础、油气开采井、管缆系统等）的安全（Vanneste et al.，2014；郑德凤等，2021），甚至带来一系列链式灾害效应（图 1.1），从而阻碍深海能源的开发进程（孙启良等，2021；吴时国等，2021）。例如，1929 年加拿大纽芬兰岛南部的 12 根海底电缆被特大海底滑坡切断（Piper et al.，2010）；1977 年美国德士古（Texaco）公司的海底管道被海底滑坡破坏，造成原油泄漏，产生严重污染（张恩勇，2004）；2006 年吕宋海峡发生地震，诱发了多起海底滑坡，致使途经海域海底光缆多处断裂，导致通信中断长达 12h，造成无法估量的损失（Hsu et al.，2008）；2009 年与 2010 年该海域再次发生多起海底滑坡，导致滑坡途经区域内多处海底管线被切断。2009 年，日本骏河湾发生地震，造成海底斜坡失稳，失稳的滑坡体冲毁了两条管线（Matsumoto et al.，2011）。显然，海底滑坡在世界各大海域已造成大量海底管线破坏，尤其是处于深水区的海底管线（Milne，1897；Bea，1971；Locat and Lee，2002；Hance，2003；张恩勇，2004；Talling et al.，2007；Hsu et al.，2008；Piper et al.，2010；Kim et al.，2011；Matsumoto et al.，2011；2012；Jiang et al.，2018）。

海底管缆系统路由选线应尽可能避开海洋地质灾害易发区，尤其是海底滑坡易发区，如图 1.1 所示，因此，工程建设前期进行海底管线途经海域的海底滑坡易发性评估十分必要。然而，在海底管线长距离输运过程中，管线不可避免地会穿越一些海底滑坡易发区，在避无可避的情况下，预测海底管线受滑坡的冲击作用力，对优化海底管线设计，保障海底管线安全至关重要。进一步地，当海底滑坡冲击力很大，且传统管线结构设计不能抵御海底滑坡冲击时，对海底管线施加一些必要的防护措施抑或提出一些新的减灾技术十分必要。上述递进的海底管线三种防护手段对减轻海底滑坡对管线的冲击力及灾害损失、保障管线运营安全，进而推动海洋经济稳步发展具有重要的实用价值，所需探索的科学问题具有十分重要的研究意义（郭兴森，2021）。

1.2　国内外研究进展及存在的问题

1.2.1　海底表层软土不排水抗剪强度测试与解析研究

海底管线铺设已进入深水及超深水域。不同于浅海区，深海区具有更为复杂的海洋地质背景与地形地貌特征，通过海洋工程地质调查，深海表层沉积物很多都是强度较低的软土甚至超软土。受施工条件与技术的制约，一般情况下，深水管线直接敷设于海床表面（Yuan et al.，2012a）。因此，获取海底表层软土的不排水抗剪强度十分重要（Low et al.，2011；Aman et al.，2011；Gao et al.，2015；Rodríguez-Ochoa et al.，2015；Liu et al.，2018），同时，海底表层软土强度也是评估海底斜坡稳定性及区域海底滑坡易发性的关键参数（郭兴森，2021）。

当前，获取海底土体不排水抗剪强度的方法主要有原位测试与取样后室内测试两大类。与常规的室内试验相比，原位测试可以避免取样与运输过程对土体原生结构的扰动，还能保持测试过程中待测土样所处的热（温度状态）-水（水环境）-力（应力状态）环境，可以更准确且快速地获取真实状态下土体的强度参数。在诸多原位测试方法中，十字板剪切试验（vane shear test，VST）、圆锥静力触探试验（static cone penetration test，CPT）与全流动贯入试验（full flow penetration test，FFP）得到了广泛的应用（Burland，1990；Biscontin and Pestana，2001；Cai et al.，2010；Low and Randolph，2010；Nguyen and Chung，2015；姚首龙和郑喜耀，2015；张红等，2019；Lu et al.，2020），海底土体不排水抗剪强度的原位测试仪器如图 1.2 所示。

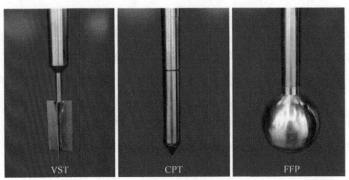

（a）十字板剪切测试仪　（b）圆锥静力触探测试仪　（c）全流动贯入测试仪

图 1.2　海底土体不排水抗剪强度的原位测试仪器

1. 十字板剪切试验

十字板剪切试验（VST）是一种原理简单、影响因素少、应用广泛的海底软土不排水抗剪强度试验方法（姚首龙和郑喜耀，2015），VST 的原理是将标准形状和尺寸的十字板探头插入待测土体一定深度处，然后以均匀的转速转动十字板探头，通过测试转动时十字板探头受到的扭矩，从而间接获取土体的不排水抗剪强度，十字板剪切试验原理如图 1.3 所示。

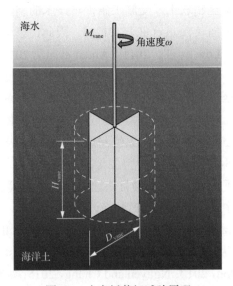

图 1.3　十字板剪切试验原理

具体来说，VST 假设测试过程中板头旋转形成剪切柱破坏面上土体不排水抗剪强度相等，通过所测得的扭矩除以与板头尺寸相关的系数，评价土体的不排水抗剪强度，如式（1.1）所示（张红等，2019）。

$$s_{\text{u-vane}} = \frac{2M_{\text{vane}}}{\pi D_{\text{vane}}^2 \left(H_{\text{vane}} + \dfrac{D_{\text{vane}}}{3} \right)} \tag{1.1}$$

式中：$s_{\text{u-vane}}$ 为十字板剪切试验测得的土体不排水抗剪强度；M_{vane} 为十字板剪切试验测得的扭矩；D_{vane} 为十字板探头的直径；H_{vane} 为十字板探头的高度。

1919 年瑞典学者提出了海域十字板剪切试验（张红等，2019），20 世纪 40 年代，VST 得到了快速发展，被广泛应用于海底土体强度测试。20 世纪 50 年代，南京水利科学院将 VST 引入我国，并开展了沿海与河流冲积平原地区软土的强度测试，随后逐渐被应用于海域原位测试（张红等，2019）。长沙矿山研究院有限责任公司研制了十字板剪切装置，搭载集矿机在太平洋海盆水深 4800～5200m 处进行了海上原位试验（吴鸿云等，2010）。然而，十字板剪切试验仅能测试沿深度方向的离散点位，不能实现连续测试，且其测试耗时长、强度解析理论粗糙（假定剪切柱面抗剪强度相同）、精度较低，更无法测试表层海底软土的强度，但因其原理极为简单，目前无论是原位测试还是室内试验，VST 仍活跃在土体强度测试、研发仪器的标定与检验等领域。

2. 圆锥静力触探试验

圆锥静力触探试验（CPT），常称静力触探，是将圆锥形探头匀速贯入待测土体中，获取探头受到的贯入阻力，然后基于承载力理论、孔穴扩张理论、应变路径法等，并结合经验方法，来评价土体的不排水抗剪强度，如式（1.2）所示（Seed and De Alba，1986；王钟琦，2000；李世民，2005）。20 世纪 30 年代，有学者提出了 CPT 的概念与雏形，其中最具代表性的就是荷兰锥（Dutch cone）（Seed and De Alba，1986；王钟琦，2000；李世民，2005）。20 世纪 50 年代，Begemann 发展了可以获取侧壁摩阻力的 CPT，开始对土体进行工程分类（马淑芝等，2007）。1954 年，陈宗基教授从荷兰引进了 CPT 技术（王钟琦，2000；蒋衍洋，2011），CPT 开始在国内应用与发展。20 世纪 60 年代，CPT 开始被应用于水域，到 80 年代 CPT 已被应用于深海试验，美国和以荷兰为首的欧洲国家走在了前列（蒋衍洋，2011），荷兰相关公司研发的海洋静力触探系统已成功服务于众多海洋工程项目（图 1.4），2010 年德国 MARUM 公司研制的 GOST 是目前工作水深最大的商用 CPT，工作水深可达 4000m。20 世纪 70 年代，中国科学院海洋所研制了水下静力触探装置（陆凤慈等，2004；吴波鸿，2008），进入 21 世纪，中国船舶工业勘察设计院、广州地质调查局、吉林大学、中国海洋大学、中国地质调查局青岛海洋地质研究所、武汉磐索地勘科技有限公司等先后研制了海洋静力触探设备及相应配套设施，如图 1.4 所示（张红等，2019）。

（a）海床静力触探系统（MANTA-200）
（荷兰Geomail公司）

（b）海床式静力触探系统（ROSON）
（荷兰Vandenburg公司）

（c）滩浅海静力触探设备
（中国海洋大学）

（d）水下海床式静力触探设备及相应配套设施
（武汉磐索地勘科技有限公司）

图1.4　国内外知名的海洋静力触探系统、设备及相应配套设施

　　当前，在探头上开发具有不同功能的传感器，进一步推动了静力触探技术的发展，包括孔压静力触探测试（piezocone penetration test，CPTU）、电阻率静力触探测试（resistivity cone penetration test，RCPT）、地震波速静力触探测试（seismic cone penetration test，SCPT）等，实现了土层划分、土体工程分类、固结系数、渗透系数、压缩模量等重要参数的快速获取（蔡国军等，2007；蒋衍洋，2011）。由上述分析可知，CPT具有测试速度快、数据连续、简便快捷等优点，被广泛应用于海洋工程勘察与海底土体力学性质评价。然而，对于海底软土，锥形探头在贯入过程中会造成超孔隙水压力集中，难以准确评价待测土体的不排水抗剪强度，同时，CPT的强度解析有着很强的地区经验依赖性，需要大量的工程经验与试验数据支撑。

$$s_{\text{u-CPT}} = \frac{q_{\text{c}} - \sigma_0}{N_{\text{c}}} \tag{1.2}$$

式中：$s_{\text{u-CPT}}$ 为经圆锥静力触探试验测得的土体不排水抗剪强度；q_c 为锥尖阻力；σ_0 为上覆土层自重应力，根据不同理论 σ_0 的取值方法不同；N_c 为承载力系数（无量纲量），与土体的物理力学特性、破坏形式、应变速率等因素有关。

3. 全流动贯入测试

20 世纪 90 年代，西澳大学 Randolph 等（Randolph and Houlsby，1984；Stewart，1991；Hu et al.，2000）通过改变探头的形状（T 形和球形）与尺寸，增大了探头与待测土体的接触面积，在贯入过程中使土体在探头表面达到全流动状态，避免了上述的应力集中情况，提出了全流动贯入测试。通过获取贯入过程中探头受到的贯入阻力，基于理论分析与经验公式，更精确地评价了海底软土的不排水抗剪强度，如式（1.3）所示（Randolph and Houlsby，1984；Chung et al.，2006；Randolph and Andersen，2006；Dejong et al.，2010；White et al.，2010），这里贯入阻力系数 N_F 的取值对不排水抗剪强度的解析至关重要。随后，具有不同结构与尺寸（探头与探杆）的全流动贯入仪，被广泛应用于不同海域土体强度的原位测试和具有不同土性的室内（离心）模型试验中，证明了全流动贯入测试具有数据连续、精度高、强度解析准确等优点（Dejong et al.，2010；Morton et al.，2016；Zhou et al.，2016），明确了其在测试海底软土不排水抗剪强度方面的价值。此外，除了 T 形与球形探头外，全流动贯入测试还发展了不同形状的探头，如圆盘形探头、平板形探头等，服务不同的研究背景。近年来，Zhou 等（2013）、范庆来等（2009）、Low 和 Randolph（2010）、Dejong 等（2011）、王冉冉（2013）、郭绍曾和刘润（2015）、范宁等（2017）、范宁（2019）、彭鹏（2018）、Liu 等（2019a）、周小文等（2019）、张宇（2020）、Han 等（2020）与 Zhu 等（2020）等学者深入开展了全流动贯入测试的原位测试、室内（离心）模型试验、理论分析与数值模拟等工作，推动了全流动贯入测试方法的发展。

$$s_{\text{u-FFP}} = \frac{q_F}{N_F} \tag{1.3}$$

式中：$s_{\text{u-FFP}}$ 为全流动贯入试验测得的土体不排水抗剪强度；q_F 为贯入阻力；N_F 为贯入阻力系数，为无量纲量。

4. 海底表层软土强度测试不足

随着海洋资源开发步入（超）深海，工程界越来越关注具有更低不排水抗剪强度的海底表层软土的力学性质。例如，应用最普遍的球形全流动贯入仪（简称 Ball）的直径为 113mm，泥线以下几倍球直径范围内表层土体的强度评价十分困难[如国家重点研发计划项目（项目编号：2018YFC0309200）关注泥线以下 500mm 内土体的不排水抗剪强度]，球形全流动贯入仪浅表层贯入示意图如图 1.5 所示。

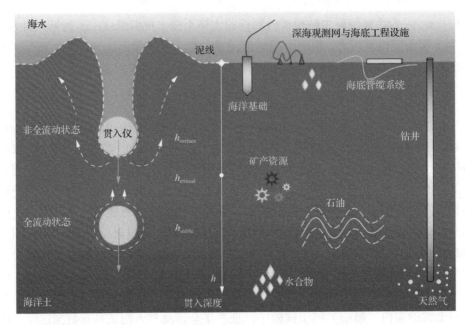

图 1.5　球形全流动贯入仪浅表层贯入示意图

受土体破坏机理制约，目前最成熟的全流动贯入测试主要用于深层贯入中土体不排水抗剪强度的评价，此时土体才能达到稳定的全流动破坏模式。然而，当重点关注海底表层软土强度评价时，必须要弄清以下三个问题。

（1）环境水对全流动贯入仪表层贯入的影响。由于环境水的存在，全流动贯入仪从泥线处贯入待测土层中，流过探头表面的待测土体可能不能实现完全回流，采用以往研究中深层（全流动状态）贯入阻力系数不能用于评价海底表层软土的不排水抗剪强度。

（2）通过海洋工程地质调查，泥线以下 2m 范围内，海底表层（超）软土的强度相对较低，通常不会超过 10kPa，因此在进行试验设计与数值建模时，应重点关注低强度土体物理力学参数，避免由于土体物理力学参数（如强度）过高、范围过大影响所建立海底表层软土不排水抗剪强度评价方法的准确性。

（3）海底表层软土（沉积物）具有流体和土体的双重属性，且更倾向于展现出黏滞性流体的特征，因此以往研究中采用经典硬塑材料 Tresca 屈服准则来描述海底表层软土剪切行为显然是不合适的，需要探究更适合描述这种海底表层软土剪切行为的本构模型。

显然，这个物理过程涉及两种介质（海底软土和环境水）与一种结构（全流动贯入仪）的相对运动，是典型的海底软土-环境水-结构相互作用问题。在探头贯入过程中，土体的破坏状态是在不断演化的，解决该问题需要确定贯入过程中探头达到稳定破坏状态的临界深度，并给出相应阻力系数的确定方法。因此，对海底浅表层软土不排水抗剪强度测试与解析分析，亟待开展深入研究。

1.2.2　海底斜坡地震稳定性与区域海底滑坡易发性研究

海底表层铺设了很多管缆系统, 尤其是在油气资源富集区与地质灾害易发区, 一旦海底斜坡失稳（Locat and Lee, 2002; Canals et al., 2004）, 将会造成海床塌陷、地基失效、滑坡体高速运移, 进而导致离岸工程设施破坏（Mosher et al., 2010; Elger et al., 2018）, 甚至诱发灾难性海啸（Strasser et al., 2013; Ren et al., 2019）, 还会对近岸与沿岸的生命和财产造成无法估量的损失（Hornbach et al., 2008）。因此, 大区域（宏观、整体、大尺度）与具体重要站位（局部、精细）海底斜坡稳定性评估已成为工程建设前期的重点工作, 也是研究的热点（Sultn et al., 2004; Urgeles et al., 2006; 张亮和栾锡武, 2012; He et al., 2014; Liu and Wang, 2014）。表 1.1 展示了海底斜坡失稳特征数据库汇总（Hance, 2003）, 这些数据是基于地球物理等手段在事后进行反演、计算、推测得到的, 然而, 由于时间推移, 加之地球物理手段精度制约, 海底表层斜坡失稳数据极难获取, 因此表层海底斜坡稳定性及区域表层海底滑坡易发性评估更应重点关注（郭兴森, 2021）。

表 1.1　海底斜坡失稳特征数据库汇总

特征参数	参数值			
	最大值	最小值	中位数	平均值
滑动距离/km	850	0.04	8	41
滑坡体厚度/m	4 500	< 1	50	141
影响面积/km²	88 000	< 1	200	3 600
滑坡体体积/km³	20 331	0.000 006	3.5	354
坡度/(°)	45	0.22	4.0	5.8
最浅水深/m	4 300	0	1 000	1 125
最深水深/m	6 700	8	1 750	1 868

1）具体站位海底斜坡地震稳定性评估

Hance（2003）对发生在世界各大海域海底斜坡失稳情况进行了统计, 发现地震与断层、快速沉积、天然气水合物分解、侵蚀过程、盐底辟、岩浆火山、波浪、海平面变化、蠕滑、人为活动、泥火山、潮汐、洪水、海啸等因素都会不同程度诱发海底斜坡失稳, 触发因素统计如图 1.6 所示。大量研究也发现, 地震活动是诱发海底斜坡失稳最频繁且最危险的触发因素（Milne, 1897; Locat and Lee, 2002; Hance, 2003; Nadim et al., 2007; Urgeles and Camerlenghi, 2013; Rashid et al., 2017; Jiang et al., 2018）。我国南海已识别出大量的海底滑坡, 绝大多数都与地震活动相关（张亮和栾锡武, 2012; Liu and Wang, 2014; 马云等, 2017; Wu et al., 2015; 何健等, 2018）。地震诱发海底斜坡失稳的机理相当复杂（Locat and Lee,

2002；Rodríguez-Ochoa et al.，2015；Rashid et al.，2017；Jiang et al.，2018），可以总结为下滑力上升（外因）与抗滑力下降（内因）。地震产生作用于海底斜坡土层上的动应力，造成除重力分量外海底斜坡下滑力增加。同时，地震产生的振动，进一步引起土层超孔隙水压力增大，导致土层的抗剪强度即抗滑力下降。此外，对于海底黏性土斜坡，振动还会引起土层软化，导致土体抗剪强度进一步降低，这对具有高灵敏度的海底黏性土影响更为显著。对于海底无黏性土斜坡，振动甚至会引起海底土层液化，导致土层抗剪强度大幅下降甚至完全丧失，直接导致斜坡失稳。上述因素叠加耦合，造成了海底斜坡地震稳定性分析的困难。

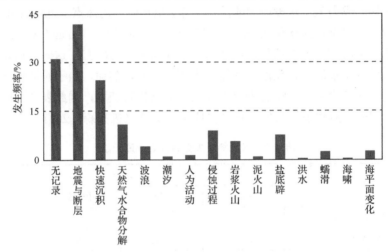

图 1.6　海底斜坡失稳触发因素统计

目前，主要采用极限平衡法（L'Heureux et al.，2013；褚宏宪等，2016）、极限分析法（年廷凯等，2016；刘博等，2016；Zheng et al.，2019）、Newmark 位移法（Lee et al.，1999；Urgeles et al.，2001；褚宏宪等，2017）、数值分析法（吴时国等，2011；Cao et al.，2013；刘敏等，2015；修宗祥等，2016）、概率法（Zhu et al.，2018）等方法对具体的海底斜坡开展稳定性评估。当考虑地震作用时，采用拟静力法，将地震荷载等效为静力荷载施加于海底斜坡土体上，或直接采用动力时程分析法，开展海底斜坡地震稳定性评估。以我国南海为例，张亮和栾锡武（2012）基于无限坡滑动模式的极限平衡法，估计南海北部陆坡的坡度、土层物理力学参数与滑动面位置，给出了南海北部陆坡区斜坡稳定性的初步定量分析。Cao 等（2013）基于 ABAQUS 平台采用有限元强度折减法分析了南海某典型峡谷区斜坡地震稳定性。修宗祥等（2016）针对南海北部陆坡荔湾 3-1 气田管线穿越的海底峡谷区的 6 个典型斜坡剖面，采用有限元强度折减法和极限平衡法分别开展了地震稳定性分析，并指出海底地形坡度和土层强度是影响海底峡谷区典型斜坡地震稳定性的主要因素，如图 1.7 所示。Zhu 等（2018）以南海北部陆坡为例，

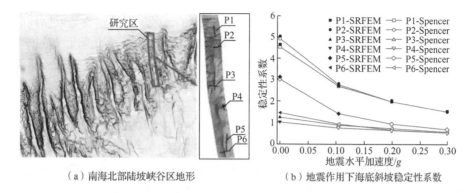

（a）南海北部陆坡峡谷区地形　　　　（b）地震作用下海底斜坡稳定性系数

图 1.7　影响南海北部陆坡海底峡谷区典型斜坡地震稳定性的主要因素

考虑土层参数的不确定性，使用概率法分析了地形坡度、地震作用对海底斜坡稳定性的影响。

2）海底地震滑坡易发性评估

上述针对具体站位某一海底斜坡地震稳定性进行了分析，然而，海底斜坡失稳的体量通常非常巨大，滑坡体的运移范围也极广，海底滑坡的规模通常比陆地滑坡至少高出 3～4 个数量级，因此评估海底斜坡失稳及其产生的块体搬运风险时，大尺度的宏观分析非常必要。秦志亮（2012）研究发现，若海域内研究区范围选择过小，可能会对海底滑坡的识别产生误判，图 1.8 展示了某一海底滑坡的局部与整体分析，图中选取 4km×4km 研究区，导致研究区处于海底滑坡体内部。更为重要的是，海底管线建设前期的路由选线、地质灾害的破坏力评估、次生灾害的风险管控，也都离不开具有先行意义的区域性海底地震滑坡易发性评估；然而，这方面的研究鲜有开展。

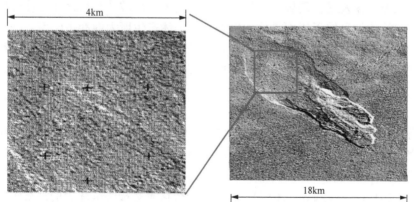

图 1.8　南海北部陆坡某一海底滑坡的局部与整体分析（秦志亮，2012）

很多学者（陈仁法等，2009；胡进军等，2014；Liu et al.，2019b）开展了南海北部峰值地表加速度分布研究，如图 1.9 所示。Liu 和 Wang（2014）基于南海北部陆坡珠江口盆地 9 个站位沉积物数据，提出了该区域沉积物的等效循环应力比，通过将等效循环应力比与临界水平地震加速度、峰值地表加速度（数据来自图 1.9）对比，初步进行了区域海底斜坡地震稳定性评估。然而，若要进一步深入开展工作，面临的困难相当多，主要包括缺少真实的海底监测数据、缺乏可靠的工程地质资料、获取土层物理力学参数困难等。正是由于这些因素的制约，导致区域海底滑坡易发性评估仍非常困难，进而使得科研工作者与工程技术人员对海底地质灾害（尤其是海底滑坡）缺少宏观、直接、大尺度的整体性认识，因此开展区域海底地震滑坡易发性研究迫在眉睫（Nian et al.，2019；郭兴森，2021）。

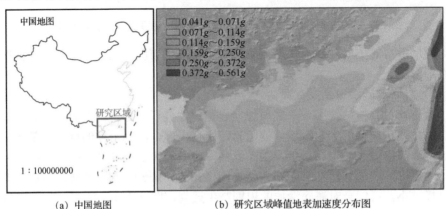

(a) 中国地图　　　　　　　　(b) 研究区域峰值地表加速度分布图

图 1.9　南海北部峰值地表加速度分布图

1.2.3　海底滑坡–管线相互作用与管线防护技术研究

海底滑坡易发区内斜坡一旦失稳，脱离斜坡的滑坡体在长距离运移过程中，会对海底管线这种缺乏锚固措施的极细长结构体产生巨大的冲击作用，严重威胁海底滑坡易发区及滑坡运移范围内海底管线的安全运营，必要时需要对这种在滑坡易发区及运移区内的管线进行保护，并储备相应的管线防护技术（郭兴森，2021）。

1）海底滑坡的特征

海底滑坡是近海三角洲、大陆架斜坡、大陆坡及深海盆地常见的一种海底地质灾害，表现为土层发生局部或大范围失稳、滑动、运移后沉积，是海底沉积物输运最重要地质过程（Locat and Lee，2002；Hance，2003；孙运宝等，2008；李家钢等，2012；贾永刚等，2017）。作为一种公认具有极强破坏力的地质灾害，海底滑坡具有以下特征。

（1）普遍发生、分布广泛。世界各大海域均有分布，如挪威外海的斯托雷加（Storegga）海底滑坡（Kvalstad et al.，2005）、文莱婆罗洲西北侧陆缘的海底滑坡（Gee et al.，2007）、墨西哥湾 Sigsbee 陡坡附近的海底滑坡群（Jeanjean et al.，2005）、太平洋西南地区希库朗伊（Hikurangi）陆缘附近的海底滑坡群（Lamarche et al.，2008）、澳大利亚海底滑坡群（Clarke et al.，2016）、中国南海海底滑坡群（He et al.，2014；Wang et al.，2018b）等。

（2）触发因素多，且多因素耦合。地震与断层、快速沉积、天然气水合物分解、侵蚀过程、盐底辟、岩浆火山、波浪、蠕滑、海平面变化、人为活动、泥火山、潮汐、洪水、海啸等都有可能诱发海底滑坡（Locat and Lee，2002；Hance，2003；Masson et al.，2006，2010；Urgeles et al.，2001；Zhang et al.，2016），如图 1.6 所示。

（3）坡度小、规模大、速度快、距离长。基于 Hance（2003）对海底滑坡数据的汇总，海底滑坡的失稳体积最大达 20 331km^3、滑距最远达 850km、影响范围最大达 88 000km^2，如表 1.1 所示。墨西哥湾亚特兰蒂斯（Atlantis）的输油管网穿越了海底滑坡易发区域 Sigsbee 陡坡（Niedoroda et al.，2003），该区域曾发生滑行距离超过 7km、速度超过 100km/h 的海底滑坡（Jeanjean et al.，2005）。

（4）演化过程复杂、分类难度大。海底滑坡演变过程十分复杂，加之海底滑坡研究涉及领域宽泛，导致滑坡演化各阶段的识别尚未达成共识，具有不同学术背景的学者对海底滑坡阶段划分存在差异，包括：基于海底地形勘测资料分类（Dott，1963；寇养琦，1990）；基于沉积学块体搬运理论体系分类（Weimer et al.，2007；Shanmugam，2015）；基于海底滑坡体的物理力学或运动学特征分类（贾永刚和单红仙，2000；Dong，2016）；基于特殊工程需要分类（张丙坤等，2014）等。本节更关注海底滑坡体的物理力学特性、运动学特征等工程问题，倾向于泛化的海底滑坡分类，在相关研究（秦志亮，2012；马云，2014；年永吉等，2014；Shanmugam，2015；朱超祁等，2015；Dong，2016）基础上，对海底滑坡演化各阶段进行了概化，海底滑坡演化过程如图 1.10 所示。

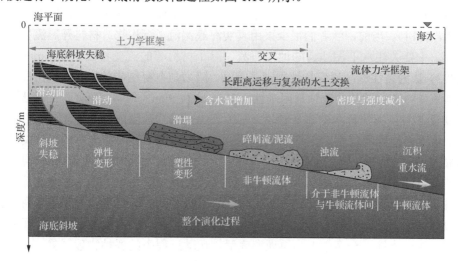

图 1.10 海底滑坡演化过程

（5）破坏力极强，并伴有次生灾害。海底滑坡会切断海底管缆系统，造成油气泄漏、通信暂停、电力供应中断以及环境污染（Herbich，1981；Hsu et al.，2008）；海底滑坡还会冲击海洋平台，造成平台倾覆（Bea，1971）；同时，还会诱发灾难性海啸（Tappin et al.，2001；孙永福等，2018），如 2018 年喀拉喀托火山喷发引发海底滑坡并触发海啸，造成近 2000 人伤亡。可见，海底滑坡对近岸与离岸生命财产均有重大威胁。

（6）难以监测、缺乏预警、评估困难。由于海底滑坡发生在水下，目前鲜有影像资料记录真实海底滑坡的失稳与运移过程，多为事后通过地球物理调查、沉积物取样、数值反演等手段确定大型海底滑坡的发生年代、物源区与沉积区，进而推断触发因素、运移路径、滑动速度、破坏力等（Ilstad et al.，2004a；Faerseth and Saetersmoen，2008；Masson et al.，2010）。

2）海底滑坡的流变模型

海底斜坡失稳后，滑坡体经复杂的水土交换作用与长距离运移，逐渐演变为均质的流态化海底泥流，由于滑水作用（Ilstad et al.，2004b，2004c），海底泥流的运动速度相对于海底滑坡的滑动与滑塌速度更快（Locat and Lee，2002；Hance，2003），如图 1.10 所示。当滑坡体进一步演化为浊流时，由于浊流的单位容重和抗剪强度均远低于海底泥流，海底滑坡对管线等海底工程设施的破坏主要集中在海底泥流阶段（Bruschi et al.，2006）。因此，准确描述海底泥流的流变特性是关键问题，也是挑战性工作（Randolph et al.，2012）。

海底泥流具有含水量高、抗剪强度低的特点，普遍被认为是一种具有剪切稀化特征的非牛顿流体（Zakeri et al.，2008；Randolph et al.，2012）。这种流体的流变特性通常会受到物理和化学因素的影响，如颗粒尺寸、矿物成分、土壤类型、固体含水量（体积分数）、盐度、pH 值等（Locat，1997；Sueng et al.，2010；Jeong et al.，2014）。当前，学者们很少采用真实海底泥流（沉积物）材料开展流变特性研究，主要关注水下泥沙、陆地泥石流、黏土材料等的流变特性。Berlamont 等（1993）认为黏性泥沙流变特性展现了流动、阻力与自身结构的变化，指出高浓度泥沙流变特性测试的复杂性与困难性；Coussot 和 Piau（1994）研究了高岭土、黏土以及 7 种泥石流样本的流变特性，认为在 0～20℃范围内温度变化对泥石流样本的流变特性影响较小，pH 值、含水量、电解质浓度对泥石流样本的流变特性影响显著；Si（2007）研究了高岭土、硅砂、水不同组构混合物（模拟海底碎屑流）的流变特性与模型；Sueng 等（2010）使用浆式流变仪测定了釜山黏土泥流的流变性质，得出该泥流普遍具有剪切稀释特征；Randolph 等（2012）采用多种测试手段开展了细颗粒高岭土与伯斯伍德（Burswood）黏土的流变测试并探讨了强度模型。进一步地，众多学者为再现海底滑坡运动过程中的各种物理现象，采用不同比例的粉土、黏土、砂土的混合浆料（含水量 19.8%～53.8%）模拟海底泥屑流，开展相关的模型试验（Mohrig et al.，1998，1999；Ilstad et al.，2004b，2004c；Zakeri et al.，2008）。但由于所选取浆料难以反映真实海底泥流的物理与力学特性，导致试验结果与真实情况的差异有待考量。

　　另一个不容忽视的因素是海底温度环境，冯志强等（1996）指出海底温度随着水深的增加而降低，图 1.11 展示了在 18°N 沿 110°E～119°E 测线不同水深处南海海水温度（数据来自国家地球系统科学数据中心）。南海北部大陆边缘发育了宽阔平坦的陆架与沿海盆方向水深迅速加大的陆坡（李亚敏等，2010），可见不同水深处海底温度差异显著。Wang 等（2017）收集了以往测定的南海海底温度情况，指出海底温度的大致范围为：陆架区 6～14℃，陆坡区 2～6℃，中心海盆区 2℃，这与 Jin 和 Wang（2002）的统计结果相同。有研究表明，土体材料的强度、压缩性、蠕变与渗透性等均受温度变化的影响（Tang and Cui，2005，2009）。Mitchell 和 Soga（2005）对旧金山湾淤泥进行了不同温度（0～35℃）三轴压缩试验，得出土体强度随温度增加而下降的规律。显然，海底温度环境极有可能对海底泥流的流变性质产生重要影响。然而，受试验条件制约，当前对海底泥流流变特性研究多在常温条件下进行（Berlamont et al.，1993；Si，2007；Sueng et al.，2010；Randolph et al.，2012；Jeong et al.，2014），且未考虑海底泥流（沉积物）真实组构对其流变特性的影响。

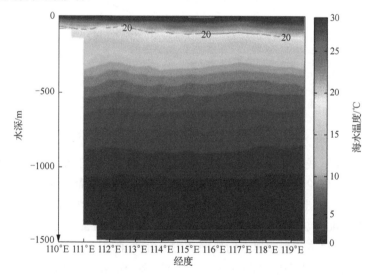

图 1.11　在 18°N 沿 110°E～119°E 测线不同水深处南海海水温度

3）海底滑坡-管线相互作用

　　作为一种缺少锚固措施的极细长结构体，海底管线受滑坡冲击作用力预测对海底管线（尤其是深海管线）的设计至关重要。将海底滑坡对管线的冲击力沿三个方向分解，包括与海底滑坡冲击方向平行的拖曳力 F_D，与海底滑坡冲击方向垂

直的升力 F_L，以及沿海底管线轴线方向的轴向作用力 F_A（图 1.12）。当海底滑坡冲击方向与管线轴线垂直时（即不考虑冲击角度问题），轴向力 F_A 为零，管线受到的拖曳力 F_D 与升力 F_L 达到最大，这对海底管线来说是更危险的情况（Zakeri, 2009；田建龙，2014；王寒阳，2016；范宁，2019；张宇，2020），本节聚焦于这种工况。

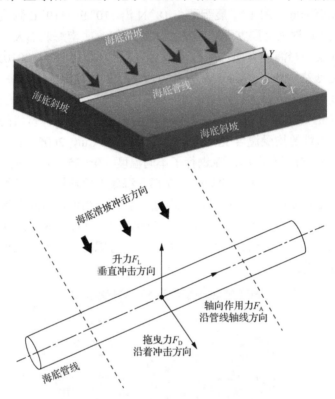

图 1.12　海底管线受海底滑坡冲击的三维受力示意图

　　海底滑坡与管线相互作用的研究方法主要有理论分析、模型试验与数值模拟三大类。其中，理论分析对于模型试验与数值模拟的开展都至关重要。在理论分析方面，主要依据土力学理论、流体力学理论以及土力学-流体力学混合理论（Zakeri et al.，2008，2009；Boukpeti et al.，2009；Randolph and Scheidegger，2012）。在海底滑坡的泥屑流阶段，学者们普遍认为流体力学理论更为适合（Brückl et al.，1973；Norem et al.，1990；Zakeri et al.，2008，2009；Liu et al.，2015；Fan et al.，2018；Sahdi et al.，2019；Zhang et al.，2019b；Qian et al.，2020）。基于流体力学理论，海底滑坡对管线冲击力的预测公式（Zakeri et al.，2008），可表示为

$$F_D = \frac{1}{2} \rho \cdot C_D \cdot U_\infty^2 \cdot A_D \qquad (1.4)$$

$$F_L = \frac{1}{2} \rho \cdot C_L \cdot U_\infty^2 \cdot A_L \qquad (1.5)$$

式中：F_D 与 F_L 分别为海底管线受到的拖曳力与升力；ρ 为海底滑坡体的密度；C_D 与 C_L 分别为拖曳力系数与升力系数，为无量纲量；U_∞ 为海底滑坡的自由来流速度；A_D 与 A_L 分别为海底管线沿冲击方向与垂直冲击方向的特征截面积，一般分别取海底管线沿冲击方向与垂直冲击方向的投影面积。

在流体力学理论框架下，C_D（C_L）与雷诺数相关，当海底滑坡使用非牛顿流体材料流变模型描述时，非牛顿流体雷诺数 $Re_{\text{non-Newtonian}}$ 的表达式（Zakeri et al.，2008），如下：

$$Re_{\text{non-Newtonian}} = f\left(\rho, U_\infty, \mu_{\text{app}}, \dot{\gamma}\right) = \frac{\rho \cdot U_\infty^2}{\mu_{\text{app}} \cdot \dot{\gamma}} \tag{1.6}$$

式中：$Re_{\text{non-Newtonian}}$ 为海底滑坡的雷诺数，为无量纲量；μ_{app} 为海底滑坡的表观黏度；$\dot{\gamma}$ 为剪切速率，本节指海底滑坡与海底软土的剪切速率。

因此，建立 $C_D(C_L)$ 与 $Re_{\text{non-Newtonian}}$ 的函数关系，如式（1.7）与式（1.8），对评估管线受滑坡的冲击作用至关重要。

$$C_D = f\left(Re_{\text{non-Newtonian}}\right) \tag{1.7}$$

$$C_L = f\left(Re_{\text{non-Newtonian}}\right) \tag{1.8}$$

挪威船级社（Det Norske Veritas，DNV）规范（1976）推荐，当均匀稳定的海底滑坡（低强度）冲击管线（被完全浸没于海底滑坡体）时，拖曳力系数 C_D 取值如式（1.9a）、式（1.9b）与式（1.9c）所示。然而，海底滑坡与管线相互作用问题远比简化形式复杂得多，C_D 的推荐取值往往与实际情况相差很大。当前，其主要采用模型试验与数值模拟等手段，考虑真实复杂条件影响，建立 C_D（C_L）与 $Re_{\text{non-Newtonian}}$ 的关系为

$$C_D = 1.2 \quad (Re_{\text{non-Newtonian}} \leqslant 4 \times 10^5) \tag{1.9a}$$

$$C_D = 1.2 - \frac{Re_{\text{non-Newtonian}} - 4 \times 10^5}{12 \times 10^5} \quad (4 \times 10^5 < Re_{\text{non-Newtonian}} \leqslant 6 \times 10^5) \tag{1.9b}$$

$$C_D = 0.7 \quad (Re_{\text{non-Newtonian}} > 6 \times 10^5) \tag{1.9c}$$

在模型试验方面，为了再现海底滑坡运动状态及其冲击管线的物理过程，目前主要有常规水槽模型试验、离心模型试验与旋转水槽试验。众多学者采用不同比例黏土（多为高岭土）、粉土和砂土的混合浆料（含水量 19.8%~53.8%）模拟海底碎屑流，在此基础上开展了室内常规水槽模型试验，发现了滑水现象，揭示了海底滑坡高速和长距离运移机制，建立了预测管线受力的半理论半经验公式等（Mohrig et al.，1998，1999；Ilstad et al.，2004a；Faerseth et al.，2008；Zakeri et al.，2008）。例如，Zakeri 等（2008）将预先测试好流变特性的浆料放入储泥罐中，浆料由于重力作用进入水槽，模拟了浆料在水中的运动过程，并监测了浆料作用于管线上的拖曳力与升力，为后续研究打下了坚实基础，如图 1.13（a）所示；Haza 等（2013）将均质浆料与水放置在同一倾斜水槽中，二者通过隔板分离，抽离隔板后，浆料在重力作用下浸入水中，并冲击管线，获取了浆料对管线的冲击力（不

区分方向），如图 1.13（b）所示。

（a）组合水槽试验

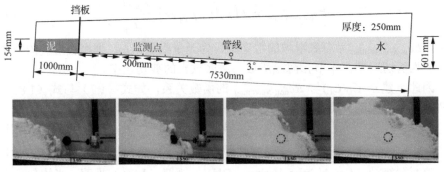

（b）单一水槽试验

图 1.13　海底滑坡冲击管线的常规水槽试验（Zakeri et al.，2008；Haza et al.，2013）

　　对于离心模型试验，有关学者主要模拟了非流态化海底滑坡体（海底滑坡的滑动与滑塌阶段，如图 1.10 所示）与管线的相互作用，采用滑坡体主动运动（Zakeri et al.，2012）冲击静止管线的方式，或基于相对运动原理采用管线主动压入静止滑坡体的方式（Sahdi，2013；张宇，2020），分析了管线受力。对于旋转水槽试验，Wang 等（2018a）研发了旋转水槽试验系统，实现了滑坡滑动距离不受限制的目的。随后使用水砂混合物模拟海底滑坡，开展了滑坡与管线相互作用研究，并提出了冲击力（不区分方向）的评估公式，海底滑坡冲击管线的旋转水槽试验如图 1.14 所示。

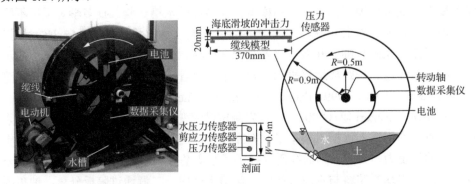

图 1.14　海底滑坡冲击管线的旋转水槽试验（Wang et al.，2018a）

然而，模型试验不仅需要消耗大量的人力物力资源，而且复杂工况试验难以开展，还存在数据采集与监测困难等问题，因此数值模拟更适合解决更为复杂的工程问题。当前，用来分析海底滑坡与管线相互作用的数值方法主要有：有限元法（finite element method，FEM）（Yuan et al.，2012b；Chatzidakis et al.，2019；Wang et al.，2020）、大变形有限元（large deformation finite element，LDFE）法（Zhu et al.，2011）、粒子有限元法（particle finite element method，PFEM）（Zhang et al.，2019a）［图 1.15（a）］、物质点法（material point method，MPM）（Dong et al.，2017）［图 1.15（b）］、计算流体动力学（computational fluid dynamic，CFD）法（Zakeri et al.，2009；田建龙，2014；Liu et al.，2015；李宏伟等，2015；王寒阳，2016；Nian et al.，2018；Fan et al.，2018；Sahdi et al.，2019；Zhang et al.，2019b；范宁，2019；Qian et al.，2020；张宇，2020）等，这里 CFD 法得到了最广泛的应用。

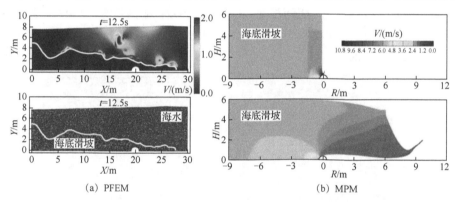

(a) PFEM   (b) MPM

图 1.15 海底滑坡冲击管线的数值模拟（Zang et al.，2019b；Dong et al.，2017）

CFD 模型是在流体力学理论框架下发展起来的，因此，准确描述海底滑坡体的剪切行为，建立可靠的海底滑坡流变模型，并正确使用流变模型开展理论分析，对预测管线受滑坡冲击力起到了决定性作用。当前的 CFD 模型虽很好地再现了水槽模型试验中管线的受力状态，确保了 CFD 数值方法的准确性与可靠性，但是仍存在以下三个问题。第一，现今的研究无论是数值分析还是物理模型试验，均采用人工配置的浆料代替真实的海底滑坡体（Mohrig et al.，1998，1999；Ilstad et al.，2004b，2004c；Zakeri et al.，2008，2009；田建龙，2014；Liu et al.，2015；李宏伟等，2015；王寒阳，2016；Fan et al.，2018；Sahdi et al.，2019；Zhang et al.，2019b；范宁，2019；Qian et al.，2020；张宇，2020），对于这种混合浆料来说，它们很难反映真实海底滑坡流滑状态，流变模型差异过大，可能造成据此获取的研究结果不能反映实际情况。第二，受试验条件、计算能力等制约，目前物理模型试验与数值模拟分析主要采用小尺度模型开展研究，然而学者在研究中很少考虑到小尺度模型与工程原型的相似关系，更忽略了海底滑坡流变模型应用范围，导致建模与分析中海底滑坡流变模型的剪切速率远超其适用范围，进一步影响预测公式的准确性。第三，在当前研究中，对海底滑坡与管线相互作用所涉及的真实、复杂工况概化不足，难以满足实际工程需要，相关机理有待进一步探索，预测公式有待进一步完善。

4）海底管线的防护技术

当海底管线不可避免地穿越海底滑坡易发区时，经计算评估后，发现海底管线受滑坡冲击作用力过大，管线自身结构不足以抵御滑坡的冲击，若不采取必要的海底管线防护措施，极有可能对管线造成破坏。目前，海底管线防护技术主要有三类，如图1.16所示。第一类，海底管线需要有一定的合理埋置深度技术，美国船级社（American Bureau of Shipping，ABS）的规范建议，海底管线的埋深至少为3英尺（0.9144m）。第二类，海底管线的刚性防护技术，如混凝土盖块、短桩支撑、抛石、沙袋填充、阻流板等（Chiew，1992；喻国良等，2007）。第三类，海底管线的柔性防护技术，如人工网垫、仿生水草等（Crowhurst，1982；Olsen，2001；喻国良等，2007）。

（a）合理埋置深度技术

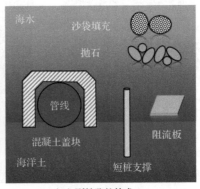
（b）刚性防护技术

（c）柔性防护技术

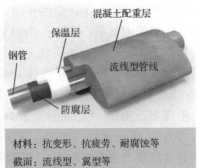
（d）管线设计

图1.16　海底管线的防护技术

然而，上述三类方法广泛应用于近浅海域，难以应用于深远海域海底管线的防护。这主要是因为深海区有着更为复杂的地质背景，叠加上施工技术与水深等制约，导致深海区海底管线的铺设方式只能平铺于海床表面（Yuan et al.，2012a）。此外，深海油气富集区一般还具有地形复杂、海洋作用活跃等特点，如海底峡谷、底流活动等（Zheng and Yan，2012；Wang et al.，2018b），将导致海底管线悬浮，加剧了海底滑坡对管线的冲击作用。目前，位于深海区的管线很少采取外部的防护措施，主要通过提高管线自身设计要求与材料性能，进而提高管线的在位安全性。例如，海底管线采用具有抗变形、抗疲劳、耐腐蚀等功能的高性能材料，但因其造价十分高昂，且抵抗海底滑坡冲击作用的能力十分有限，难以从根本上解决问题。此外，受仿生学的启发，流线形管线的设计概念被提出，以减小海底滑坡的冲击作用（Perez-Gruszkiewicz，2012；Fan et al.，2018），如图 1.16（d）所示，但流线形管线在设计、制造、运输、安装等环节需要更复杂的工艺与技术，由于难以确定海底滑坡的冲击方向，甚至有可能增大海底滑坡对管线的冲击作用，导致目前还不能应用于工程实践。因此，利用管线自身流体动力学特性，建立相应降低海底滑坡冲击作用的海底管线自防护技术非常必要，亟待深入开展研究。

1.3   研 究 思 路

本书围绕海底斜坡区域稳定性评估、海底滑坡-深水管线相互作用、深水管线防护及减灾技术三个研究核心，层层递进开展深入研究，具体设置 10 章研究内容，即绪论、海底浅表层软土剪切强度评价、海底斜坡浅表层土体稳定性及区域滑坡易发性评估、海底滑坡体土力学特性及土-水界面相互作用、深海滑坡体的低温-含水量耦合流变模型及流态分析、深水滑坡冲击管线的 CFD 流固耦合模拟分析、基于 ALE 方法的海底滑坡冲击深水管线双向耦合作用、深水滑坡作用下海底管线动态响应及承载力分析、海底滑坡冲击下深水管线防护设计及减灾技术、结论与展望。其技术路线图如图 1.17 所示。

上述内容完整地建立了"表层海底软土强度评价+海底斜坡浅表层土体稳定性及区域滑坡易发性评估（第 2、3 章）→易发区海底滑坡体土力学特性及土-水界面相互作用+海底滑坡流变模型+海底滑坡流态分析（第 4、5 章）→海底滑坡-管线相互作用模型建立+复杂条件下海底滑坡冲击管线受力评估+管线动态响应及承载力分析（第 6~8 章）→海底管线防护设计及减灾技术（第 9 章）"全过程分析方法，通过区域浅表层海底地震滑坡易发性评估及预测，为海底管线路由选线及防灾设计提供重要依据，从而避开滑坡、达到减灾目的；进一步通过复杂条件下海底管线受滑坡冲击力预测，为管线设计提供关键理论，最后通过提出海底管线自防护技术，为管线防护提供有效途径，这些工作为海底滑坡灾害评估及海底管线工程防灾减灾提供重要参考依据。

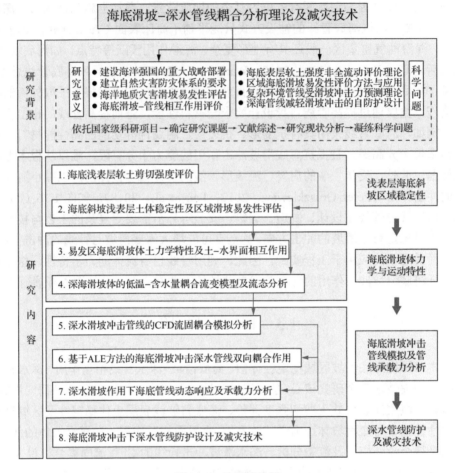

图1.17 技术路线图

参 考 文 献

蔡国军, 刘松玉, 童立元, 等, 2007. 电阻率静力触探测试技术与分析[J]. 岩石力学与工程学报, 26(S1): 3127-3133.

陈仁法, 康英, 黄新辉, 等, 2009. 南海北部地震危险性分析[J]. 华南地震, 29(4): 36-45.

褚宏宪, 方中华, 史慧杰, 等, 2016. 曹妃甸海ة深槽斜坡稳定性分析与评价[J]. 海洋工程, 34(3): 114-122.

褚宏宪, 方中华, 史慧杰, 等, 2017. Newmark位移分析方法在海底斜坡地震稳定性评价中的应用[J]. 海洋地质前沿, 33(6): 53-58.

范宁, 2019. 海底滑坡体的强度特性及其对管线的冲击作用研究[D]. 大连: 大连理工大学.

范宁, 赵维, 年廷凯, 等, 2017. 一种测试海底泥流强度的新型全流动贯入仪[J]. 上海交通大学学报, 51(4): 456-461.

范庆来, 栾茂田, 刘占阁, 2009. 软土中T型触探仪贯入阻力的数值模拟[J]. 岩土力学, 30(9): 2850-2854.

冯志强, 冯文科, 薛万俊, 等, 1996. 南海北部地质灾害及海底工程地质条件评价[M]. 南京: 河海大学出版社.

郭绍曾, 刘润, 2015. 静力触探测试技术在海洋工程中的应用[J]. 岩土工程学报, 37(S1): 207-211.

郭兴森, 2021. 海底地震滑坡易发性与滑坡–管线相互作用研究[D]. 大连: 大连理工大学.

何健, 梁前勇, 马云, 等, 2018. 南海北部陆坡天然气水合物区地质灾害类型及其分布特征[J]. 中国地质, 45(1): 15-28.

胡进军, 郝彦春, 谢礼立, 2014. 潜在地震对我国南海开发和建设影响的初步考虑[J]. 地震工程学报, 36(3): 616-621.

胡文瑞, 鲍敬伟, 胡滨, 2013. 全球油气勘探进展与趋势[J]. 石油勘探与开发, 40(4): 409-413.

贾永刚, 单红仙, 2000. 黄河口海底斜坡不稳定性调查研究[J]. 中国地质灾害与防治学报, 11(1): 1-5.

贾永刚, 王振豪, 刘晓磊, 等, 2017. 海底滑坡现场调查及原位观测方法研究进展[J]. 中国海洋大学学报, 47(10): 61-72.

蒋衍洋, 2011. 海上静力触探测试方法研究及工程应用[D]. 天津: 天津大学.

寇养琦, 1990. 南海北部的海底滑坡[J]. 海洋与海岸带开发, 7(3): 48-51.

李宏伟, 王立忠, 国振, 等, 2015. 海底泥流冲击悬跨管道拖曳力系数分析[J]. 海洋工程, 33(6): 10-19.

李家钢, 修宗祥, 申宏, 等, 2012. 海底滑坡块体运动研究综述[J]. 海岸工程, 31(4): 67-78.

李世民, 2005. 浅海域海底静力触探测试系统机械结构研究[D]. 长春: 吉林大学.

李亚敏, 罗贤虎, 徐行, 等, 2010. 南海北部陆坡深水区的海底原位热流测量[J]. 地球物理学报, 53(9): 2161-2170.

刘博, 年廷凯, 刘敏, 等, 2016. 基于极限分析上限方法的海底斜坡稳定性评价[J]. 海洋学报, 38(7): 135-143.

刘敏, 刘博, 年廷凯, 等, 2015. 线性波浪加载下海底斜坡失稳机制的数值分析[J]. 地震工程学报, 37(2): 415-421.

陆凤慈, 曲延大, 廖明辉, 2004. 海上静力触探 (CPT) 测试技术的发展现状和应用[J]. 海洋技术, 23(4): 32-36.

马淑芝, 汤艳春, 孟高头, 2007. 孔压静力触探测试机理、方法及工程应用[M]. 武汉: 中国地质大学出版社.

马云, 2014. 南海北部陆坡区海底滑坡特征及触发机制研究[D]. 青岛: 中国海洋大学.

马云, 孔亮, 梁前勇, 等, 2017. 南海北部东沙陆坡主要灾害地质因素特征[J]. 地学前缘, 24(4): 102-111.

年廷凯, 刘敏, 刘博, 等, 2016. 极端波浪条件下黏土质斜坡海床稳定性解析[J]. 海洋工程, 34(4): 9-15.

年廷凯, 沈月强, 郑德凤, 等, 2021. 海底滑坡链式灾害研究进展[J]. 工程地质学报, 29(6): 1657-1675.

年永吉, 朱友生, 陈强, 等, 2014. 流花深水区块典型滑坡特征的研究与认识[J]. 地球物理学进展, 29(3): 1412-1417.

彭鹏, 2018. T 型全流触探贯入仪作用机理及海洋软土工程应用研究[D]. 南京: 东南大学.

秦志亮, 2012. 南海北部陆坡块体搬运沉积体系的沉积过程、分布及成因研究[D]. 青岛: 中国科学院研究生院 (海洋研究所).

孙启良, 解习农, 吴时国, 2021. 南海北部海底滑坡的特征、灾害评估和研究展望[J]. 地学前缘, 28(2): 258-270.

孙永福, 黄波林, 宋玉鹏, 等, 2018. 海底滑坡海啸的颗粒流耦合模型[J]. 岩土力学, 39(9): 3469-3476.

孙运宝, 吴时国, 王志君, 等, 2008. 南海北部白云大型海底滑坡的几何形态与变形特征[J]. 海洋地质与第四纪地质, 28(6): 69-77.

田建龙, 2014. 海底滑坡过程数值模拟及其对管线的作用[D]. 大连: 大连理工大学.

王寒阳, 2016. 海底滑坡对管线作用力的数值分析[D]. 大连: 大连理工大学.

王冉冉, 2013. 全流动贯入仪的室内和离心模型试验研究[D]. 大连: 大连理工大学.

王钟琦, 2000. 我国的静力触探及动静触探的发展前景[J]. 岩土工程学报, 22(5): 517-522.

吴波鸿, 2008. 静力触探在渤海某海上平台场址工程勘察中的应用研究[D]. 北京: 中国地质大学 (北京).

吴鸿云, 陈新明, 高宇清, 等, 2010. 西矿区深海稀软底质剪切强度和贯入阻力原位测试[J]. 中南大学学报（自然科学版）, 41(5): 1801-1806.

吴时国, 马林伟, 孙金, 等, 2021. 海上丝绸之路大型地质灾害: 特点与现状[J]. 地球物理学进展, 36(1): 401-411.

吴时国, 秦志亮, 王大伟, 等, 2011. 南海北部陆坡块体搬运沉积体系的地震响应与成因机制[J]. 地球物理学报, 54(12): 3184-3195.

修宗祥, 刘乐军, 李西双, 等, 2016. 荔湾 3-1 气田管线路由海底峡谷段斜坡稳定性分析[J]. 工程地质学报, 24(4): 535-541.

姚首龙, 郑喜耀, 2015. 海上原位十字板剪切试验方法介绍[J]. 海岸工程, 34(2): 67-73.

喻国良, 陈琴琴, 李艳红, 2007. 海底管道防冲刷保护技术的发展现状与趋势[J]. 水利水电技术, 38(11): 30-33.

张丙坤, 李三忠, 夏真, 等, 2014. 南海北部海底滑坡与天然气水合物形成与分解的时序性[J]. 大地构造与成矿, 38(2): 434-440.

张恩勇, 2004. 海底管道分布式光纤传感技术的基础研究[D]. 杭州: 浙江大学.

张红, 贾永刚, 刘晓磊, 等, 2019. 全海深海底沉积物力学特性原位测试技术[J]. 海洋地质前沿, 35(2): 4-12.

张亮, 栾锡武, 2012. 南海北部陆坡稳定性定量分析[J]. 地球物理学进展(4): 1443-1453.

张宇, 2020. 海底滑坡冲击管线的离心模型试验和 CFD 数值分析[D]. 大连: 大连理工大学.

郑范凤, 雷得浴, 闫成林, 等, 2021. 基于 Web of Science 数据库的海底滑坡研究趋势文献计量分析[J]. 工程地质学报, 29(6): 1805-1814.

周晶, 冯新, 李昕, 2011. 海底管线全寿命安全运行的关键问题研究[J]. 工程力学, 28(S2): 97-108.

周小文, 程力, 周密, 等, 2019. 离心机中球形贯入仪贯入黏土特性[J]. 岩土力学, 40(5): 1713-1720.

朱超祁, 贾永刚, 刘晓磊, 等, 2015. 海底滑坡分类及成因机制研究进展[J]. 海洋地质与第四纪地质, 35(6): 153-163.

AMAN Z, WEIXING Z, SHIPING W, et al., 2011. Dynamic response of the non-contact underwater explosions on naval equipment[J]. Marine Structures, 24(4): 396-411.

ANDERSEN K H, LUNNE T, KVALSTAD T J, et al., 2008. Deep water geotechnical engineering[C]//Proceedings 24th National Conference. of Mexican Soc. of Soil Mechanics: 1-57.

BEA R G, 1971. How sea floor slides affect offshore structures[J]. Oil and Gas Journal, 69(48): 88-92.

BERLAMONT J, OCKENDEN M, TOORMAN E, et al., 1993. The characterisation of cohesive sediment properties[J]. Coastal Engineering, 21: 105-128.

BISCONTIN G, PESTANA J M, 2001. Influence of peripheral velocity on vane shear strength of an artificial clay[J]. Geotechnical Testing Journal, 24(4): 423-429.

BOUKPETI N, WHITE D, RANDOLPH M, et al., 2009. Characterization of the solid-fluid transition of fine-grained sediments[C]//International Conference on Offshore Mechanics and Arctic Engineering, 43475: 293-303.

BRÜCKL E, SCHEIDEGGER A E, 1973. Application of the theory of plasticity to slow mud flows[J]. Geotechnique, 23(1): 101-107.

BRUSCHI R, BUGHI S, SPINAZZÈ M, et al., 2006. Impact of debris flows and turbidity currents on seafloor structures[J]. Norwegian Journal of Geology/Norsk Geologisk Forening, 86(3): 317-336.

BURLAND J B, 1990. On the compressibility and shear strength of natural clays[J]. Géotechnique, 40(3): 329-378.

CAI G, LIU S, TONG L, 2010. Field evaluation of deformation characteristics of a lacustrine clay deposit using seismic piezocone tests[J]. Engineering Geology, 116: 251-260.

CANALS M, LASTRAS G, URGELES R, et al., 2004. Slope failure dynamics and impacts from seafloor and shallow sub-seafloor geophysical data: Case studies from the COSTA project[J]. Marine Geology, 213(1): 9-72.

CAO J F, JIN X J, LI J G, et al., 2013. Submarine slope stability evaluation based on strength reduction finite element method[C]//Applied Mechanics and Materials. Trans Tech Publications Ltd., 423: 1325-1329.

CHATZIDAKIS D, TSOMPANAKIS Y, PSARROPOULOS P N, 2019. An improved analytical approach for simulating the lateral kinematic distress of deepwater offshore pipelines[J]. Applied Ocean Research, 90: 101852.

CHIEW Y M, 1992. Effect of spoilers on scour at submarine pipelines[J]. Journal of Hydraulic Engineering, 118(9): 1311-1317.

CHUNG S F, RANDOLPH M F, SCHNEIDER J A, 2006. Effect of penetration rate on penetrometer resistance in clay[J]. Journal of Geotechnical and Geoenvironmental Engineering, 132(9): 1188-1196.

CLARKE S, HUBBLE T, WEBSTER J, et al., 2016. Sedimentology, structure and age estimate of five continental slope submarine landslides, eastern Australia[J]. Australian Journal of Earth Sciences, 63(5): 631-652.

COUSSOT P, PIAU J M, 1994. On the behavior of fine mud suspensions[J]. Rheologica Acta, 33(3): 175-184.

CROWHURST A D, 1982. Marine pipeline protection with flexible mattress[J]. Coastal Engineering: 2403-2417.

DEJONG J T, YAFRATE N J, DEGROOT D J, 2011. Evaluation of undrained shear strength using full-flow penetrometers[J]. Journal of Geotechnical and Geoenvironmental Engineering, 137(1): 14-26.

DEJONG J, YAFRATE N, DEGROOT D, et al., 2010. Recommended practice for full-flow penetrometer testing and analysis[J]. Geotechnical Testing Journal, 33(2): 137-149.

DNV, 1976. Rules for the design, construction and inspection of submarine pipelines and pipeline risers: Recommended Practice[M]. Norway: Det Norske Veritas, Hovik.

DONG Y K, 2016. Runout of submarine landslides and their impact to subsea infrastructure using material point method[D]. Perth: University of Western Australia.

DONG Y, WANG D, RANDOLPH M F, 2017. Investigation of impact forces on pipeline by submarine landslide using material point method[J]. Ocean Engineering, 146: 21-28.

DOTT J R, 1963. Dynamics of subaqueous gravity depositional processes[J]. AAPG Bulletin, 47(1): 104-128.

ELGER J, BERNDT C, RÜPKE L, et al., 2018. Submarine slope failures due to pipe structure formation[J]. Nature Communications, 9(1): 1-6.

FAERSETH R B, SAETERSMOEN B H, 2008. Geometry of a major slump structure in the Storegga slide region offshore western Norway[J]. Norsk Geologisk Tidsskrift, 88: 1-11.

FAN N, NIAN T, JIAO H, et al., 2018. Interaction between submarine landslides and suspended pipelines with a streamlined contour[J]. Marine Georesources & Geotechnology, 36(6): 652-662.

GAO F, 2017. Flow-pipe-soil coupling mechanisms and predictions for submarine pipeline instability[J]. Journal of Hydrodynamics, 29(5): 763-773.

GAO F P, LI J H, QI W G, et al., 2015. On the instability of offshore foundations: Theory and mechanism[J]. SCIENCE CHINA Physics, Mechanics & Astronomy, 58(12): 124701.

GEE M J R, UY H S, WARREN J, et al., 2007. The Brunei slide: A giant submarine landslide on the North West Borneo Margin revealed by 3D seismic data[J]. Marine Geology, 246(1): 9-23.

HAMPTON M A, LEE H J, LOCAT J, 1996. Submarine landslides[J]. Reviews of Geophysics, 34(1): 33-59.

HAN Y, YU L, YANG Q, 2020. Strain softening parameters estimation of soft clay by T-bar penetrometers[J]. Applied Ocean Research, 97: 102094.

HANCE J J, 2003. Submarine slope stability[D]. Austin: The University of Texas at Austin.

HAZA Z F, HARAHAP I S H, DAKSSA L M, 2013. Experimental studies of the flow-front and drag forces exerted by subaqueous mudflow on inclined base[J]. Natural Hazards, 68(2): 587-611.

HE Y, ZHONG G, WANG L, et al., 2014. Characteristics and occurrence of submarine canyon-associated landslides in the middle of the northern continental slope, South China Sea[J]. Marine and Petroleum Geology, 57: 546-560.

HERBICH J B, 1981. Offshore pipeline design elements[M]. New York: M. Dekker.

HORNBACH M J, MONDZIE S A, GRINDLAY N R, et al., 2008. Did a submarine slide trigger the 1918 Puerto Rico tsunami?[J]. Science of Tsunami Hazards, 27(2): 22-31.

HSU S K, KUO J, LO C L, et al., 2008. Turbidity currents, submarine landslides and the 2006 Pingtung earthquake off SW Taiwan[J]. TAO: Terrestrial, Atmospheric and Oceanic Sciences, 19(6): 767-772.

HU Y, MARTIN C M, RANDOLPH M F, 2000. Limiting resistance of a spherical penetrometer in cohesive material[J]. Géotechnique, 50(5): 573-582.

ILSTAD T, DE BLASIO F V, ELVERHØI A, et al., 2004a. On the frontal dynamics and morphology of submarine debris flows[J]. Marine Geology, 213: 481-497.

ILSTAD T, ELVERHØI A, ISSLER D, et al., 2004b. Subaqueous debris flow behaviour and its dependence on the sand/clay ratio: A laboratory study using particle tracking[J]. Marine Geology, 213: 415-438.

ILSTAD T, MARR J G, ELVERHØI A, et al., 2004c. Laboratory studies of subaqueous debris flows by measurements of pore-fluid pressure and total stress[J]. Marine Geology, 213: 403-414.

JEANJEAN P, LIEDTKE E, CLUKEY E C, et al., 2005. An operator's perspective on offshore risk assessment and geotechnical design in geohazard-prone areas[C]//Proceedings of the 1st International Symposium on Frontiers in Offshore Geotechnics, Perth, Australia: 115-143.

JEONG S W, YOON S N, PARK S S, et al., 2014. Preliminary Investigations of rheological properties of busan clays and possible implications for debris flow modelling[M]. Submarine Mass Movements and Their Consequences. Springer International Publishing: 45-54.

JIANG M, SHEN Z, WU D, 2018. CFD-DEM simulation of submarine landslide triggered by seismic loading in methane hydrate rich zone[J]. Landslides, 15(11): 2227-2241.

JIN C S, WANG J Y, 2002. A preliminary study of the gas hydrate stability zone in the South China Sea[J]. Journal of Geology (English Edition), 76(4): 423-428.

KIM S, LEE H J, YEON J H, 2011. Characteristics of parameters for local scour depth around submarine pipelines in waves[J]. Marine Georesources & Geotechnology, 29(2): 162-176.

KVALSTAD T J, ANDRESEN L, FORSBERG C F, et al., 2005. The storegga slide: Evaluation of triggering sources and slide mechanics[M]. Ormen Lange-an Integrated Study for Safe Field Development in the Storegga Submarine Area. Amsterdams Elsevier: 245-256.

LAMARCHE G, JOANNE C, COLLOT J Y, 2008. Successive, large mass-transport deposits in the south Kermadec fore-arc basin, New Zealand: The Matakaoa Submarine Instability Complex[J]. Geochemistry, Geophysics, Geosystems, 9(4): 1-30.

LEE H, LOCAT J, DARTNELL P, et al., 1999. Regional variability of slope stability: Application to the Eel margin, California[J]. Marine Geology, 154: 305-321.

L'HEUREUX J S, VANNESTE M, RISE L, et al., 2013. Stability, mobility and failure mechanism for landslides at the upper continental slope off Vesterålen, Norway[J]. Marine Geology, 346: 192-207.

LI L, LEI X, ZHANG X, et al, 2013. Gas hydrate and associated free gas in the Dongsha Area of northern South China Sea[J]. Marine and Petroleum Geology, 39(1): 92-101.

LIU J, CHEN X, HAN C, et al., 2019a. Estimation of intact undrained shear strength of clay using full-flow penetrometers[J]. Computers and Geotechnics, 115: 103161.

LIU J, HAN C, ZHANG Y, et al., 2018. An innovative concept of booster for OMNI-Max anchor[J]. Applied Ocean Research, 76: 184-198.

LIU J, LIU L, LI P, et al., 2019b. Geotechnical properties and stability of the submarine canyon in the northern South China Sea[J]. Acta Oceanologica Sinica -English Edition, 38(11): 91-98.

LIU J, TIAN J, YI P, 2015. Impact forces of submarine landslides on offshore pipelines[J]. Ocean Engineering, 95: 116-127.

LIU K, WANG J, 2014. A continental slope stability evaluation in the Zhujiang River Mouth Basin in the South China Sea[J]. Acta Oceanologica Sinica, 33(11): 155-160.

LOCAT J, 1997. Normalized rheological behaviour of fine muds and their flow properties in a pseudoplastic regime[C]//Debris-Flow Hazards Mitigation@sMechanics, Prediction, and Assessment. ASCE: 260-269.

LOCAT J, LEE H J, 2002. Submarine landslides: advances and challenges[J]. Canadian Geotechnical Journal, 39(1): 193-212.

LOW H E, RANDOLPH M F, 2010. Strength measurement for near-seabed surface soft soil using manually operated miniature full-flow penetrometer[J]. Journal of Geotechnical and Geoenvironmental Engineering, 136(11): 1565-1573.

LOW H E, LANDON M M, RANDOLPH M F, et al., 2011. Geotechnical characterisation and engineering properties of Burswood clay[J]. Géotechnique, 61(7): 575-591.

LU Y, DUAN Z, ZHENG J, et al., 2020. Offshore cone penetration test and its application in full water-depth geological surveys[C]. IOP Conference Series: Earth and Environmental Science. IOP Publishing, 570(4): 042008.

MASSON D G, HARBITZ C B, WYNN R B, et al., 2006. Submarine landslides: processes, triggers and hazard prediction[J]. Philosophical Transactions of the Royal Society A: Mathematical, Physical and Engineering Sciences, 364(1845): 2009-2039.

MASSON D G, WYNN R B, TALLING P J, 2010. Large landslides on passive continental margins: Processes, hypotheses and outstanding questions[M]. Submarine Mass Movements and Their Consequences, Springer, Dordrecht.

MATSUMOTO H, BABA T, KASHIWASE K, et al., 2011. Discovery of submarine landslide evidence due to the 2009 Suruga Bay earthquake[J]. Advances in Natural and Technological Hazards Research, 31: 549-559.

MILNE J, 1897. Sub-oceanic changes[J]. The Geographical Journal, 10(2): 129-146.

MITCHELL J K, SOGA K, 2005. Fundamentals of Soil Behavior 3rd ed., John Wiley &Sons[J]. Inc. Foundation Failure.

MOHRIG D, ELLIS C, PARKER G, et al., 1998. Hydroplaning of subaqueous debris flows[J]. Geological Society of America Bulletin, 110(3): 387-394.

MOHRIG D, ELVERHØI A, PARKER G, 1999. Experiments on the relative mobility of muddy subaqueous and subaerial debris flows, and their capacity to remobilize antecedent deposits[J]. Marine Geology, 154: 117-129.

MORTON J P, O'LOUGHLIN C D, WHITE D J, 2016. Centrifuge modelling of an instrumented free-fall sphere for measurement of undrained strength in fine-grained soils[J]. Canadian Geotechnical Journal, 53(6): 918-929.

MOSHER D C, MOSCARDELLI L, SHIPP R C, et al., 2010. Submarine mass movements and their consequences[J]. Advances in Natural & Technological Hazards Research, 37(3): 517-524.

NADIM F, BISCONTIN G, KAYNIA A M, 2007. Seismic triggering of submarine slides[C]. Offshore Technology Conference.

NGUYEN T D, CHUNG S G, 2015. Effect of shaft area on ball resistances in soft clays[J]. Proceedings of the Institution of Civil Engineers-Geotechnical Engineering, 168(2): 103-119.

NIAN T K, GUO X S, FAN N, et al., 2018. Impact forces of submarine landslides on suspended pipelines considering the low-temperature environment[J]. Applied Ocean Research, 81: 116-125.

NIAN T K, GUO X S, ZHENG D F, et al., 2019. Susceptibility assessment of regional submarine landslides triggered by seismic actions[J]. Applied Ocean Research, 93: 101964.

NIEDORODA A W, REED C W, HATCHETT L, et al., 2003. Analysis of past and future debris flows and turbidity currents generated by slope failures along the Sigsbee Escarpment in the deep Gulf of Mexico[C]. Offshore Technology Conference. Offshore Technology Conference.

NOREM H, LOCAT J, SCHIELDROP B, 1990. An approach to the physics and the modeling of submarine flowslides[J]. Marine Georesources & Geotechnology, 9(2): 93-111.

OLSEN E J, 2001. Recent advances in geosynthetic products available for coastal engineering application[J]. Shore & Beach, 69(2): 9-16.

PEREZ-GRUSZKIEWICZ S E, 2012. Reducing underwater-slide impact forces on pipelines by streamlining[J]. Journal of Waterway, Port, Coastal, and Ocean Engineering, 138(2): 142-148.

PIPER D J W, COCHONAT P, MORRISON M L, 2010. The sequence of events around the epicentre of the 1929 Grand Banks earthquake: Initiation of debris flows and turbidity current inferred from sidescan sonar[J]. Sedimentology, 46(1): 79-97.

QIAN X, XU J, BAI Y, et al., 2020. Formation and estimation of peak impact force on suspended pipelines due to submarine debris flow[J]. Ocean Engineering, 195: 106695.

RANDOLPH M F, ANDERSEN K H, 2006. Numerical analysis of T-bar penetration in soft clay[J]. International Journal of Geomechanics, 6(6): 411-420.

RANDOLPH M F, HOULSBY G, 1984. The limiting pressure on a circular pile loaded laterally in cohesive soil[J]. Géotechnique, 34(4): 613-623.

RANDOLPH M F, WHITE D J, 2012. Interaction forces between pipelines and submarine slides: A geotechnical viewpoint[J]. Ocean Engineering, 48: 32-37.

RANDOLPH M F, WHITE D J, BOUKPETI N, et al., 2012. Strength of fine-grained soils at the solid-fluid transition[J]. Géotechnique, 62(3): 213-226.

RASHID H, MACKILLOP K, SHERWIN J, et al., 2017. Slope instability on a shallow contourite-dominated continental margin, southeastern Grand Banks, eastern Canada[J]. Marine Geology, 393: 203-215.

REN Z, ZHAO X, LIU H, 2019. Numerical study of the landslide tsunami in the South China Sea using Herschel-Bulkley rheological theory[J]. Physics of Fluids, 31(5): 056601.

RODRÍGUEZ-OCHOA R, NADIM F, HICKS M A, 2015. Influence of weak layers on seismic stability of submarine slopes[J]. Marine and Petroleum Geology, 65: 247-268.

SAHDI F, 2013. The changing strength of clay and its application to offshore pipeline design[D]. Perth: University of Western Australia.

SAHDI F, GAUDIN C, TOM J G, et al., 2019. Mechanisms of soil flow during submarine slide-pipe impact[J]. Ocean Engineering, 186: 106079.

SEED H B, DE ALBA P, 1986. Use of SPT and CPT tests for evaluating the liquefaction resistance of sands[C]. Use of in situ tests in geotechnical engineering. ASCE: 281-302.

SHANMUGAM G, 2015. The landslide problem[J]. Journal of Palaeogeography, 4(2): 109-166.

SI G, 2007. Experimental study of the rheology of fine-grained slurries and some numerical simulations of downslope slurry movements[D]. Oslo: University of Oslo.

STEWART D P, 1991. A new site investigation tool for the centrifuge[C]//Proc. Int. Conf. Centrifuge 91, Boulder/Colorado, USA.

STRASSER M, KOELLING M, FERREIRA S, et al., 2013. Aslump in the trench: Tracking the impact of the 2011 Tohoku-oki earthquake[J]. Geology, 41(8): 935-938.

SUENG W J, LOCAT J, LEROUEIL S, et al., 2010. Rheological properties of fine-grained sediment: the roles of texture and mineralogy.[J]. Canadian Geotechnical Journal, 47(10): 1085-1100.

SULTN N, COCHONAT P, CANALS M, et al., 2004. Triggering mechanisms of slope instability processes and sediment failures on continental margins: A geotechnical approach[J]. Marine Geology, 213: 291-321.

TALLING P J, WYNN R B, MASSON D G, et al., 2007. Onset of submarine debris flow deposition far from original giant landslide[J]. Nature, 450(7169): 541-544.

TANG A M, CUI Y J, 2005. Controlling suction by the vapour equilibrium technique at different temperatures and its application in determining the water retention properties of MX80 clay[J]. Canadian Geotechnical Journal, 42(1): 287-296.

TANG A M, CUI Y J, 2009. Modelling the thermomechanical volume change behaviour of compacted expansive clays[J]. Géotechnique, 59(3): 185-195.

TAPPIN D R, WATTS P, MCMURTRY G M, et al., 2001. The Sissano, Papua New Guinea tsunami of July 1998: Offshore evidence on the source mechanism[J]. Marine Geology, 175: 1-23.

URGELES R, CAMERLENGHI A, 2013. Submarine landslides of the Mediterranean Sea: Trigger mechanisms, dynamics, and frequency-magnitude distribution[J]. Journal of Geophysical Research: Earth Surface, 118(4): 2600-2618.

URGELES R, LEYNAUD D, LASTRAS G, et al., 2006. Back-analysis and failure mechanisms of a large submarine slide on the Ebro slope, NW Mediterranean[J]. Marine Geology, 226: 185-206.

URGELES R, LOCAT J, LEE H, et al., 2001. The Saguenay Fjord: Integrating marine geotechnical and geophysical data for spatial slope stability hazard analysis: An Earth Odyssey[C]//54th Canadian Geotechnical Society Conference Proceedings, Bitech Publishers Ltd., Richmond, BC: 768-775.

VANNESTE M, SULTAN N, GARZIGLIA S, et al., 2014. Seafloor instabilities and sediment deformation processes: The need for integrated, multi-disciplinary investigations[J]. Marine Geology, 352: 183-214.

WANG F, DAI Z, NAKAHARA Y, et al., 2018a. Experimental study on impact behavior of submarine landslides on undersea communication cables[J]. Ocean Engineering, 148: 530-537.

WANG W, WANG D, WU S, et al, 2018b. Submarine landslides on the north continental slope of the South China Sea[J]. Journal of Ocean University of China, 17(1): 83-100.

WANG Y, FU C, QIN X, 2020. Numerical and physical modeling of submarine telecommunication cables subjected to abrupt lateral seabed movements[J]. Marine Georesources and Geotechnology: 1-13.

WANG Y, LIU S, HAO F, et al., 2017. Geothermal investigation of the thickness of gas hydrate stability zone in the north continental margin of the South China Sea[J]. Acta Oceanologica Sinica, 36(4): 72-79.

WEIMER P, SLATT R M, BOUROULLEC R, 2007. Introduction to the petroleum geology of deepwater setting[M]. Tulsa: AAPG/Datapages.

WHITE D J, GAUDIN C, BOYLAN N, et al., 2010. Interpretation of T-bar penetrometer tests at shallow embedment and in very soft soils[J]. Canadian Geotechnical Journal, 47(2): 218-229.

WU H N, SHEN S L, MA L, et al., 2015. Evaluation of the strength increase of marine clay under staged embankment loading: A case study[J]. Marine Georesources & Geotechnology, 33(6): 532-541.

YUAN F, WANG L, GUO Z, et al., 2012a. A refined analytical model for landslide or debris flow impact on pipelines—Part Ⅰ: Surface pipelines[J]. Applied Ocean Research, 35: 95-104.

YUAN F, WANG L, GUO Z, et al., 2012b. A refined analytical model for landslide or debris flow impact on pipelines—Part Ⅱ: Embedded pipelines[J]. Applied Ocean Research, 35: 105-114.

ZAKERI A, 2009. Submarine debris flow impact on suspended (free-span)pipelines: Normal and longitudinal drag forces[J]. Ocean Engineering, 36(6): 489-499.

ZAKERI A, HAWLADER B, CHI K, 2012. Drag forces caused by submarine glide block or out-runner block impact on suspended (free-span)pipelines[J]. Ocean Engineering, 67: 50-57.

ZAKERI A, HØEG K, NADIM F, 2008. Submarine debris flow impact on pipelines—Part Ⅰ: Experimental investigation[J]. Coastal Engineering, 55(12): 1209-1218.

ZAKERI A, HØEG K, NADIM F, 2009. Submarine debris flow impact on pipelines—Part Ⅱ: Numerical analysis[J]. Coastal engineering, 56(1): 1-10.

ZHANG M, HUANG Y, BAO Y, 2016. The mechanism of shallow submarine landslides triggered by storm surge[J]. Natural Hazards, 81(2): 1373-1383.

ZHANG X, OÑATE E, TORRES S A G, et al., 2019a. A unified Lagrangian formulation for solid and fluid dynamics and its possibility for modelling submarine landslides and their consequences[J]. Computer Methods in Applied Mechanics and Engineering, 343: 314-338.

ZHANG Y, WANG Z, YANG Q, et al., 2019b. Numerical analysis of the impact forces exerted by submarine landslides on pipelines[J]. Applied Ocean Research, 92: 101936.

ZHENG D, NIAN T, LIU B, et al., 2019. Investigation of the stability of submarine sensitive clay slopes underwave-induced pressure[J]. Marine Georesources & Geotechnology, 37(1): 116-127.

ZHENG H B, YAN P, 2012. Deep-water bottom current research in the northern South China Sea[J]. Marine Georesources & Geotechnology, 30(2): 122-129.

ZHOU M, HOSSAIN M S, HU Y, et al., 2013. Behaviour of ball penetrometer in uniform single-and double-layer clays[J]. Géotechnique, 63(8): 682-694.

ZHOU M, HOSSAIN M S, HU Y, et al., 2016. Scale issues and interpretation of ball penetration in stratified deposits in centrifuge testing[J]. Journal of Geotechnical and Geoenvironmental Engineering, 142(5): 04015103.

ZHU B, DAI J, KONG D, 2020. Modelling T-bar penetration in soft clay using large-displacement sequential limit analysis[J]. Géotechnique, 70(2): 173-180.

ZHU B, PEI H, YANG Q, 2018. Probability analysis of submarine landslides based on the Response Surface Method: A case study from the South China Sea[J]. Applied Ocean Research, 78: 167-179.

ZHU H, RANDOLPH M F, 2011. Numerical analysis of a cylinder moving through rate-dependent undrained soil[J]. Ocean Engineering, 38(7): 943-953.

2 海底浅表层软土剪切强度评价

2.1 引　　言

海底浅表层软土不排水抗剪强度是海底斜坡稳定性评价、海底管缆系统选线、设计与施工铺设等环节最重要的土力学参数。然而，目前可以连续、精确获取海底软土不排水抗剪强度的全流动贯入测试主要用于深层贯入测试，此时被测土体才能达到所需的全流动破坏模式。正如 1.2.1 节所述，海底浅表层软土强度测试面临很多困难，必须弄清三个问题：①环境水对全流动贯入测试在表层贯入中的影响；②合理确定海底表层（超）软土的物理力学参数（如强度）范围；③准确描述海底浅表层（超）软土的剪切行为。本章重点解决上述三大问题，并提出了采用球形全流动贯入仪测试并评价海底浅表层软土不排水抗剪强度的方法（Guo et al.，2021a，2021b；郭兴森，2021）。

本章后续内容安排如下：2.2 节为球形全流动贯入仪的离心试验，发展能测试极低强度、高含水量海底浅表层土强度的多探头贯入仪，开展在赋水环境下对高岭土与南海土的离心贯入试验；2.3 节为球形全流动贯入 CFD 数值模型与验证，提出基于欧拉-欧拉两相流模型模拟两种介质（海底土和环境水）与一种结构（球形全流动贯入仪）相互作用的 CFD 数值模型，并通过离心贯入试验结果验证所提出 CFD 模型的准确性；2.4 节为海底浅表层软土不排水抗剪强度评价，分析考虑环境水影响下球形全流动贯入仪在贯入不同强度海底浅表层软土贯入阻力与贯入阻力系数的变化规律，并揭示相应机理，提出海底表层软土的不排水抗剪强度评价方法。

2.2　球形全流动贯入仪的离心试验

2.2.1　多探头贯入仪的研制与校核

全流动贯入测试是一种测试精度高、数据连续、强度解析准确的海底软土（沉积物）贯入阻力测试技术，海底软土的不排水抗剪强度可以通过所测得的贯入阻力来间接获取。准确获得全流动贯入仪在贯入过程中受到的贯入阻力及其随深度的变化规律，是室内试验与原位测试中进行土体强度解析的前提。对于低强度海底浅表层软土（超软土）来说，采用对称性好、探头投影面积大的球形探头全流动贯入仪，来精确感知泥线以下浅表层软土（超软土）贯入阻力的微小变化更为合适。因此，本节采用球形全流动贯入仪开展研究，同时，为了探究环境水对探头的浅表层贯入机理的影响，发展了一种可更换多种不同形状探头的静力贯入仪，探头表面经磨砂处理（表面粗糙），其构造如图 2.1（a）所示。

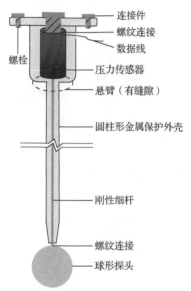

（a）球形探头全流动贯入仪内部构造　　　　　（b）三种不同形式探头静力贯入仪实物图

图 2.1　具有不同探头形式的静力贯入仪

这种静力贯入仪内部有一刚性细杆，起到二力杆传力的作用（范宁等，2017）。该刚性细杆一端与探头相连，另一端与悬臂的压力传感器相连，刚性细杆置于圆柱形金属外壳内部以消除土体侧摩阻力的影响。当贯入仪通过传动装置将探头压入（拔出）待测土体时，这种结构设计可将探头所受到的压力（拉力）施加到高精度传感器上，经数据采集系统传输，实时反馈并记录数据，以此获取探头所受到的贯入阻力。本研究的静力贯入仪探头被设计成三种形式，即球形、流线形与锥形，实物图如图 2.1（b）所示。

将具有不同探头形式的三种静力贯入仪均按照原理图 2.1（a）进行设计加工，组装完成后，开展贯入仪使用前的标定试验。标定试验分为传感器标定与仪器整体标定两部分。两个标定试验均采用基于标准砝码分级加载的方式进行，具体标定试验如图 2.2 所示。通过砝码对传感器与仪器整体分别进行分级加载，传感器输出电信号数据（单位：V）与砝码施加力（单位：N）的比值为标定系数。最终，传感器的标定系数与仪器整体的标定系数需要保持一致。每次试验前均需开展仪器的标定工作，以确保试验的准确性。

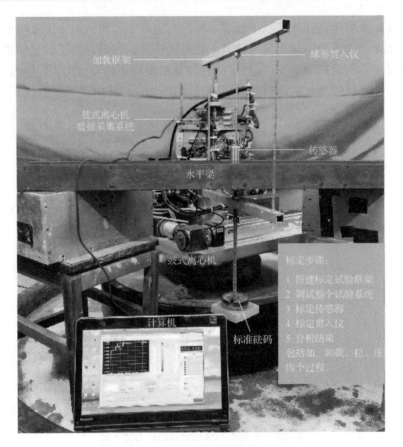

图 2.2　静力贯入仪的标定试验

2.2.2　试验材料

采用两种不同的土样开展静力贯入仪的离心模型贯入试验，一种是模拟海洋土常用的材料高岭土，一种是取自深海的南海表层天然土样（箱式样）。高岭土是由英国生产，它的型号为 SPESWHITE，其粒径均小于 0.005mm（其中：大于0.001mm 占 0.3%；小于 0.0002mm 占 80%；平均粒径 0.000 07mm），为纯黏性土。试验用土的物理性质如表 2.1 所示。天然海底土样取自 144.76°N、19.86°E，水深约 900m 的南海北部陆坡区神狐海域，该区域富集大量天然气水合物（natural gas hydrate），且已发现发育了大量海底滑坡等地质灾害（Li and He，2012；Zhang and Luan，2013；Liu and Wang，2014；Wu et al.，2018）。

表 2.1　试验用土的物理性质

类型	密度ρ_s/（g/mm³）	液限 w_L/%	塑限 w_P/%	塑性指数 I_P
高岭土	2.61	61.6	32.8	28.8
南海土	2.42	76.3	46.9	29.4

此外，2017 年我国在该区域开展天然气水合物试开采，平均日产 5000m³ 以上甲烷，最高产量达 3.5 万 m³/d，连续试气点火 60d，累计产气超过 30 万 m³，取得了举世瞩目的成果。未来开展大规模海洋工程建设，该区域海底浅表层土将具有更高的工程意义与研究价值。根据《土工试验规程》（SL237—1999）（南京水利科学研究院，1999）要求开展了两种土样的物理性质测试，试验结果如表 2.1 所示，采用马尔文粒径分析仪（Hydro2000Mu）测试了南海土的颗粒级配情况，南海土的颗粒级配曲线如图 2.3 所示。

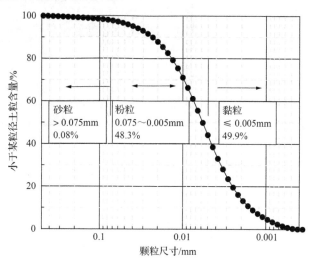

图 2.3 南海土的颗粒级配曲线

2.2.3 土样制备与离心试验程序

1. 土样制备

制备均匀土样是开展离心全流动贯入试验的前提。本节采用双面排水固结方法，通过在竖直方向对土样施加不同的固结压力，制备具有不同强度均质土样，模型箱整体透视图如图 2.4（a）所示。土样的具体制备流程如下：首先，将高岭土与南海土分别烘干后，以初始含水量 2.5 倍液限为标准，加水搅拌（搅拌时间为 2h），制备均匀的高岭土浆料与南海土浆料；然后，将底部均匀分布排水孔的模型箱依次铺上土工布与滤纸后，再将浆料分别滑入模型箱内，接着在浆料顶部依次覆盖滤纸、土工布以及分布有均匀排水孔的刚性盖板，调平模型箱，其剖面图如图 2.4（b）所示；最后，以加荷载比为 1 的固结方式，即后一级固结压力为前一级固结压力的 1 倍，在刚性盖板上施加固结压力，待本级固结稳定后，施加下一级荷载。通过百分表记录土样的沉降量，当每小时百分表读数变化小于 0.005mm 时，认为在本级荷载固结条件下土样达到稳定。考虑海底表层软土强度范围，本次试验所固结后土样的物理性质，如表 2.2 所示，并测试了固结后土样的物理参数，为数值模型提供参考依据。土样固结完成后，取下土样顶部的刚性盖板、土工布与滤纸，使用刮土板将土样刮至指定高度，并通过防水铝箔胶带封堵模型箱底部排水孔，土样的制备与准备工作完成。

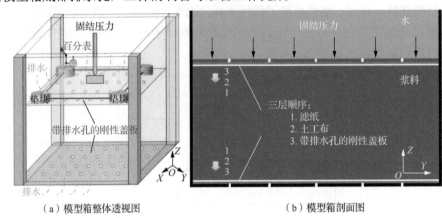

（a）模型箱整体透视图　　　　　　　　　　（b）模型箱剖面图

图 2.4　土样双面排水固结示意图

表 2.2　固结后土样的物理性质

土样编号		物理参数值		
		含水量 w/%	w/w_L	密度 ρ_s/（kg/m³）
高岭土	K1	64.7	1.050	1596
	K2	64.0	1.039	1590
	K3	67.0	1.088	1590
南海土	S1	104.1	1.364	1445
	S2	100.0	1.311	1467
	S3	98.2	1.287	1468

2. 离心模型试验程序

采用大连理工大学土工鼓式离心机试验系统（GT450/1.4）（图 2.5），开展多探头贯入仪的离心贯入模型试验。该试验系统的总容量为 450g/t，可达到的最大加速度为 600g。离心机的环形模型槽尺寸为直径 1.4m、高度 0.35m、径向深度 0.27m。目前，离心机有两套双向加载系统，加载幅值均为10kN，行程分别为150mm和 300mm，可实现 0～10mm/s 的无级变速调节。

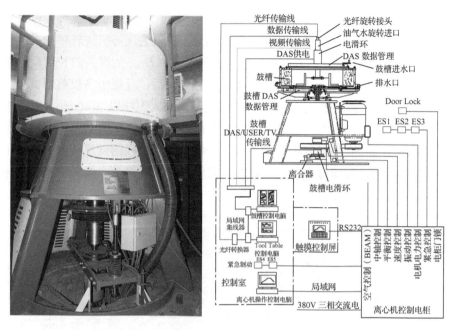

图 2.5 大连理工大学土工鼓式离心试验系统（改自：王冉冉，2013）

将内部装有土样的模型箱固定在离心机环形槽（黑鼓）内，并在对称位置布置配重。然后，在模型箱两侧壁开圆孔，以保证试验中水的流入，贯入试验整体情况如图 2.6（a）所示。将具有不同探头的三个贯入仪固定在作动器刚性平板上，调整作动器位置，使探头贴近土样表面，吊装保护壳（白鼓）。启动离心机，在离心加速度达到 10g 的情况下，稳定离心机转速，开始注水。当水深达到指定水位后，停止注水，再将离心机加速度提升至设定值，开始三个全流动贯入仪同时贯入试验（贯入速度 2.8mm/s），如图 2.6（a）所示。

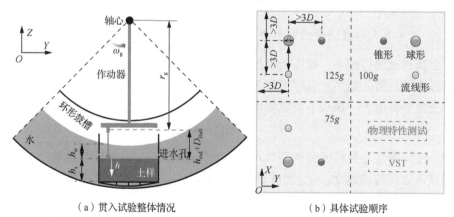

（a）贯入试验整体情况　　　　（b）具体试验顺序

图 2.6 离心贯入模型试验示意图

本节离心机试验加速度被设置为 $125g$、$100g$ 与 $75g$，土面（泥线）以上水深 h_w 设置为 60mm；ω_g 为离心机转动过程的角速度；r_g 为离心机旋转轴到贯入仪传感器的距离；h_{rod} 为探杆的长度；h 为贯入的深度；D_{Ball} 为探头的长度，这里是 Ball 的直径；土样厚度 h_s 为 90mm。离心试验结束后，开展十字板剪切试验（板头尺寸为高 20mm、直径 10mm），VST 强度测试点为泥线以下 40mm（对应十字板头中心点）处，测定土样的强度，如图 2.6（b）所示。试验结束后通过美国生产的 NOVA Nan450 型场发射扫描电镜，分析了制备土样的微观结构，高岭土为纯黏粒聚集结构，而南海土具有丰富的物源组成且级配复杂，展示了真实海相土体的结构特征，其微观结构如图 2.7 所示。

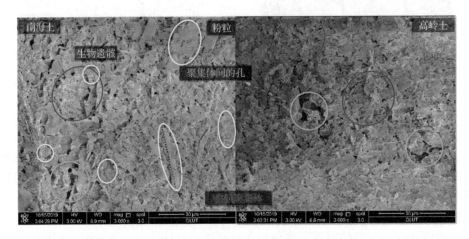

图 2.7　南海土和高岭土的微观结构

2.2.4　离心试验结果

1. 探头贯入过程的受力状态分析

在离心试验过程中，探头所受到的作用力非常复杂。为了量化贯入过程中土体对探头施加贯入阻力，以球形贯入仪为例，对探头进行受力分析，如图 2.8 所示。在离心环境下，探头不可避免地会受到沿贯入方向的离心力，如下式所示：

$$F_a = m_{rod}a_{rod} + m_{ball}a_{ball} \qquad (2.1)$$

式中：F_a 为探头与探杆所受到沿贯入方向的离心力；m_{rod} 为探杆的质量；a_{rod} 为探杆沿贯入方向的加速度；m_{ball} 为球形探头的质量；a_{ball} 为球形探头沿贯入方向的加速度。

随着贯入距离增加，探头所受的离心力越来越大。通过探头（探杆）与离心机旋转轴的距离，结合离心机转动的角速度，可以计算出处于不同位置处贯入仪

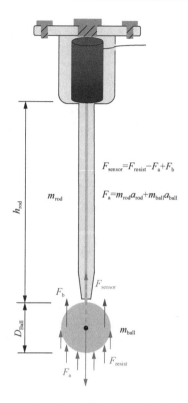

$$F_{\text{sensor}} = F_{\text{resist}} - F_{\text{a}} + F_{\text{b}}$$

$$F_{\text{a}} = m_{\text{rod}} a_{\text{rod}} + m_{\text{ball}} a_{\text{ball}}$$

图 2.8　离心贯入过程中贯入仪的受力分析

探头与探杆所受到的离心力如下：

$$F_{\text{a}} = m_{\text{rod}} \omega_{\text{g}}^{2} \left(r_{\text{g}} + \frac{h_{\text{rod}}}{2} + h \right) + m_{\text{ball}} \omega_{\text{g}}^{2} \left(r_{\text{g}} + h_{\text{rod}} + \frac{D_{\text{Ball}}}{2} + h \right) \qquad (2.2)$$

更为重要的是，无论是在原位测试还是室内试验测试中，探头所受到的浮力作用是需要考虑的重要因素，尤其是在探头横截面大的情况下。与水相比，海底土体的密度更大。在贯入过程中，一旦探头接触到泥线（水土交界线），探头逐渐被土体包围，导致探头受到逐渐增大的浮力作用。一旦探头被完全浸没于泥线以下，探头所受到浮力的作用可以粗略认为是定值。在试验过程中，传感器采集的数据包含了这部分浮力的作用。在离心贯入测试过程中，由于受到离心加速度的影响，探头受到的浮力作用就更大了。探头所受到的浮力，如下式所示：

$$\Delta F_{\text{b}} = \gamma' \cdot V = \rho_{\text{s}} g V - \rho_{\text{w}} g V \qquad (2.3)$$

式中：ΔF_{b} 为探头所受到浮力的变化量；γ' 为海底土体的浮容重；V 为探头处于泥线以下的体积；ρ_{s} 为海底土体的密度；g 为重力加速度；ρ_{w} 为水的密度。

随着贯入深度的增加，处于泥线以下探头的体积不断增加，最终达到稳定值。

根据图 2.9，V 是与贯入深度有关的函数。据此，通过几何分析，给出不同形式探头 V 的计算公式如下：

$$V_{\text{Ball}} = \begin{cases} \pi h^2 \left(\dfrac{D_{\text{Ball}}}{2} - \dfrac{h}{3} \right), h \leqslant \dfrac{D_{\text{Ball}}}{2} \\ \dfrac{\pi D_{\text{Ball}}^3}{6} - \pi (D_{\text{Ball}} - h)^2 \left(\dfrac{D_{\text{Ball}}}{6} + \dfrac{h}{3} \right), \dfrac{D_{\text{Ball}}}{2} < h \leqslant D_{\text{Ball}} \\ \dfrac{\pi D_{\text{Ball}}^3}{6}, h > D_{\text{Ball}} \end{cases} \qquad (2.4)$$

$$V_{\text{Streamline}} = \begin{cases} \dfrac{\pi}{2 D_{\text{Streamline}}} b^2 h^2 \left(1 - \dfrac{2h}{3 D_{\text{Streamline}}} \right), h \leqslant \dfrac{D_{\text{Streamline}}}{2} \\ \dfrac{\pi D b^2}{6} - \dfrac{\pi}{2 D_{\text{Streamline}}} b^2 (D_{\text{Streamline}} - h)^2 \left(\dfrac{1}{3} + \dfrac{h}{3 D_{\text{Streamline}}} \right), \dfrac{D_{\text{Streamline}}}{2} < h \leqslant D_{\text{Streamline}} \\ \dfrac{\pi D_{\text{Streamline}} b^2}{6}, h > D_{\text{Streamline}} \end{cases}$$

$$(2.5)$$

$$V_{\text{Cone}} = \begin{cases} \dfrac{\pi}{9} h^3, h \leqslant D_{\text{Cone}} \\ \dfrac{\pi}{9} D_{\text{Cone}}^3, h > D_{\text{Cone}} \end{cases} \qquad (2.6)$$

式中：b 为流线形探头与贯入方向垂直的最大直径；其他参数如图 2.9 所示。

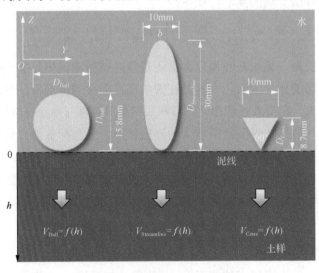

图 2.9　三种探头的几何尺寸

因此，在贯入过程（从探头接触到泥线开始）中，传感器所记录力的变化量包括土体对探头施加阻力、探头与探杆的离心力及探头所受到的浮力如下：

$$\Delta F_{\text{sensor}} = F_{\text{resist}} - \Delta F_{\text{a}} + \Delta F_{\text{b}} \tag{2.7}$$

式中：ΔF_{sensor} 为探头从接触到泥线开始，传感器所记录力的变化量；F_{resist} 为土体对探头施加的阻力；ΔF_{a} 为探头从接触到泥线开始，探头与探杆所受离心力的变化量。

进一步，探头与探杆所受离心力变化计算如下：

$$\Delta F_{\text{a}} = (m_{\text{rod}} + m_{\text{ball}})\omega^2 h \tag{2.8}$$

将式（2.3）与式（2.8）代入式（2.7）中，可得到土体对探头施加的阻力如下：

$$F_{\text{resist}} = \Delta F_{\text{sensor}} + (m_{\text{rod}} + m_{\text{ball}})\omega^2 h - (\rho_{\text{s}} - \rho_{\text{w}})gV \tag{2.9}$$

最终，根据式（2.10）（Zhou et al.，2016；范宁，2019），可以得到探头所受到的贯入阻力如下：

$$q = \frac{F_{\text{resist}}}{A} \tag{2.10}$$

$$A_{\text{Ball}} = 0.25\pi D_{\text{Ball}}^2 \tag{2.11}$$

$$A_{\text{Streamline}} = 0.25\pi b^2 \tag{2.12}$$

$$A_{\text{Cone}} = \frac{\pi D_{\text{Cone}}^2}{3} \tag{2.13}$$

式中：q 为探头受到的贯入阻力，本节指球形探头受到的贯入阻力；A 为探头的投影面积；A_{Ball} 为球形探头的投影面积；$A_{\text{Streamline}}$ 为流线形探头的投影面积；A_{Cone} 为锥形探头的投影面积。

2. 不同离心加速度条件下球形探头的贯入阻力

根据所建立的探头贯入过程中贯入阻力计算公式，可以得到在不同离心加速度条件下，即在不同水深环境作用下，球形探头受到的贯入阻力，不同离心加速度条件下两种土样的贯入阻力随贯入深度的变化关系如图 2.10 所示。随着贯入深度的增加，探头受到的贯入阻力逐渐增大。总的来说，在贯入深度达到球形探头直径的一半之前，贯入阻力的变化最为剧烈；在贯入深度为球形探头直径的 0.5～1 倍直径过程中，贯入阻力仍在较快增长；当贯入深度大于球形探头直径，贯入阻力增长较为缓慢；当贯入深度达到球形探头直径约 3 倍时，可以认为贯入阻力达到稳定状态。此外，在与贯入方向垂直的平面上，根据裂缝的发展情况，可以确定球形探头的主要影响范围，如图 2.11 所示。该影响范围是与球形探头球心一致的同心球，其直径为 3 倍球形探头直径。

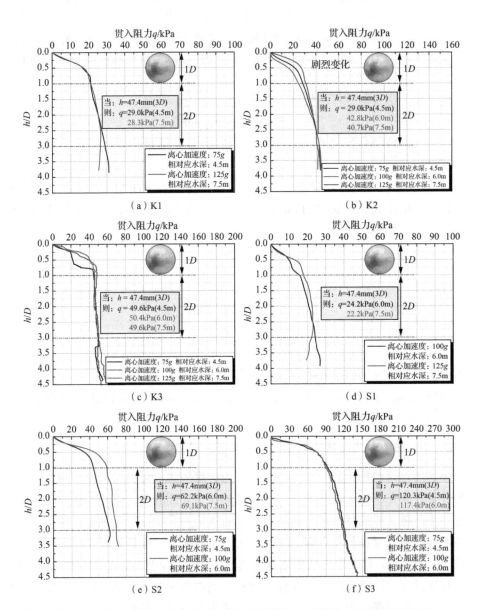

图 2.10　不同离心加速度条件下两种土样的贯入阻力随贯入深度的变化关系

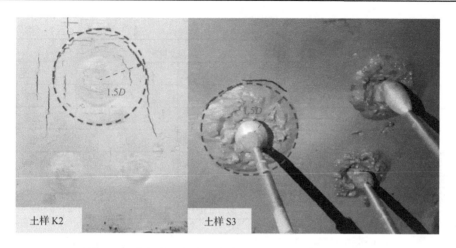

图 2.11 在与贯入方向垂直平面上球形探头的影响范围

2.2.5 分析与讨论

由于鼓式离心机空间有限,模型箱尺寸较小。虽然采用双面排水固结的方式制备土样,但模型箱边界的影响与固结过程中排水条件的差异,都难以保证土样各处完全均匀,导致沿贯入方向从泥线到土样底部土体的不排水抗剪强度难以保持一致,尤其是处于模型箱底部土样的强度偏高。根据图 2.10,以贯入深度为球形探头直径 3 倍处的贯入阻力(表 2.3)为标准,认为球形探头贯入达到了稳定状态。此时,不同离心加速度条件下贯入阻力差距非常小。可见,贯入仪的稳定性较好,同时,不同水深(从 4.5m 到 7.5m)环境对测试结果的影响可以忽略。土样的强度主要是受土性、排水条件、固结历史与固结状态的影响。当贯入仪插入海床过程中,探头从一种介质(水)进入另一种介质(土)。由于土体的密度大于水的密度,探头从开始进入土体中,到完全被土体包裹(理想条件下),整个过程探头所受到的浮力不断增加,然后达到稳定值。在离心环境中,浮力的作用更不能被忽视。在本次离心贯入试验中,若不考虑浮力作用,贯入阻力的评估可增加 4%,这将导致土体不排水抗剪强度的评价增加 4%,考虑浮力作用对贯入阻力评估的影响,其结果如图 2.12 所示。显然,过高的估计土层强度,可能会增加工程建设的不安全性。

表 2.3 贯入深度为球形探头直径 3 倍处的贯入阻力

土样编号	贯入阻力 q/kPa			
	75g(5.5m)	100g(6m)	125g(7.5m)	平均值
K1	29		28.3	28.7
K2	42.7	42.8	40.7	42.1

续表

土样编号	贯入阻力 q/kPa			
	75g (5.5m)	100g (6m)	125g (7.5m)	平均值
K3	49.6	50.4	49.6	49.9
S1		24.2	22.2	23.2
S2		62.9	69.1	66
S3	120.3	117.4		118.9

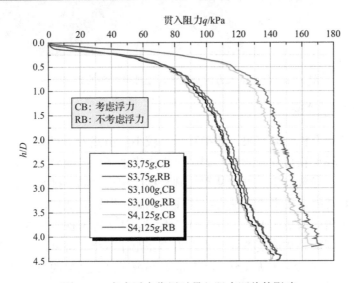

图 2.12　考虑浮力作用对贯入阻力评估的影响

　　更为重要的是，球形与锥形探头在拔出过程中，探头上部将不可避免地淤积一部分土体，称为土楔，不同探头的土楔作用情况如图 2.13（a）所示。受探头几何形状影响，在贯入过程中，球形与锥形探头上部也将不可避免地存在一部分水体，称为水腔。为进一步直观展示环境水对球形探头表层贯入的影响，分别开展了覆水与无水环境下半球形探头贯入南海土（十字板强度为 1kPa）的贯入试验（1g 条件），如图 2.13（b）所示。无水环境下土体在半球形探头表面已经实现回流，然而，覆水环境半球形探头仍未实现完全回流，存在明显的水腔。显然，在表层贯入过程中，环境水是影响土体回流的重要因素。

　　进一步，通过对球形探头、锥形探头与流线形探头开展离心贯入阻力试验，如图 2.14 所示。可以发现，当贯入深度达到流线形探头长度时，贯入阻力变化很小，流线形探头贯入达到稳定状态。然而，球形探头与锥形探头在达到该深度处，贯入阻力仍在显著增加。这证明了由于球形与锥形探头会在探头上部赋存水腔，这部分水体会随着探杆向下运动，在赋水环境作用下球形贯入仪在浅表层贯入中，土体不能实现完全回流。这部分水体与探头形状及土体本身特性有关，包括土性、密度、含水量、强度等。进一步，应通过数值模拟与理论分析，探究贯入机制的变化机理，并给出阻力系数的评价方法。

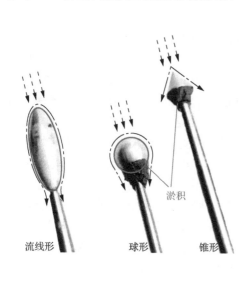

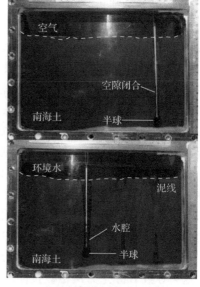

（a）不同探头的土楔作用情况　　　　　　　　（b）半球形探头的贯入试验

图 2.13　土楔与水腔的影响

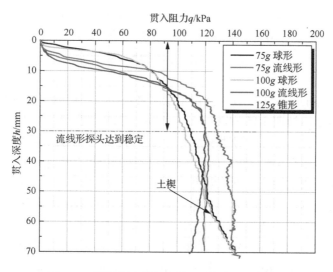

图 2.14　不同探头贯入土样 S3 的贯入阻力试验

2.3　球形全流动贯入 CFD 数值模型与验证

2.3.1　CFD 数值模型

作为典型的水-土-结构相互作用问题，上述物理过程涉及两种介质（环境水与海底软土）与一种结构［球形全流动贯入仪（Ball）］相对运动过程的模拟与分析。由于水土两相介质的强度差距很大，且（Ball）在贯入过程中土体可以认为始终处于不排水状态，可不考虑这两相介质间的掺和作用，也就是水土交换作用。将兼具土体与黏滞性流体特征的海底（超）软土定义为一种非牛顿流体，强度模型如 2.3.2 节所述。基于 CFD 不可压缩两相流模型，分别模拟欧拉材料环境水（牛顿流体）与欧拉材料海底软土（非牛顿流体）。将 Ball 设置为刚体，采用固定或运动边界条件来模拟。基于此，提出两种数值模型动网格模型（对应于运动边界条件）与相对运动模型（对应于固定边界条件）。建立所涉及物理量的连续性方程与动量方程（详见第 5 章），采用有限体积法实现方程组求解，获取作用于Ball 上贯入阻力，该过程在商用软件 ANSYS CFX 单机多核并行计算平台上实现。

对于动网格模型来说，它可真实还原 Ball 由环境水逐渐贯入土体的过程；然而，这会导致 Ball 上方网格被拉伸，下方网格被压缩，当贯入达到一定深度后，网格的畸变会导致计算结果不稳定。实际上，Ball 在贯入海底软土过程中，就是Ball 与两相材料发生相对运动的过程，基于此，相对运动模型被提出。对于相对运动模型来说，结构（Ball）是静止的，CFD 计算域内两相介质匀速向上运动，相当于海底软土缓慢冲击结构，这就不涉及网格变形问题，且该模型已被广泛用于海底滑坡-管线相互作用研究（详见第5~7章），数值结果稳定与可靠。根据已开展的离心试验的几何尺寸，建立了 CFD 计算域的几何模型，如图 2.15（a）所示。

在几何模型的基础上，分别提出了动网格模型与相对运动模型的初始化与边界条件设置方法，如图 2.15（b）与（c）所示。Ball 的直径取为 15.8mm，贯入速度取为 2.8mm/s，土体的剪切速率为 0.177s^{-1}。两种 CFD 数值模型的详细设置，如表 2.4 所示。为了对比分析，两种 CFD 模型采用同一套网格，整个计算域网格的最大尺寸为 Ball 直径的一半。采用 ICEM CFD 软件中非结构化四面体网格对整个计算域进行剖分，对 Ball 周围网格进行加密，并在 Ball 表面设置 5 层边界层，以保证计算精度。网格质量采用 ICEM CFD 软件进行评价，0 代表最差，1 代表最佳。整个 CFD 计算域网格平均质量达到 0.866，所采用的网格均进行了网格敏感性分析，兼顾了数值精度与计算成本。网格的详细信息与质量，如图 2.16 所示。

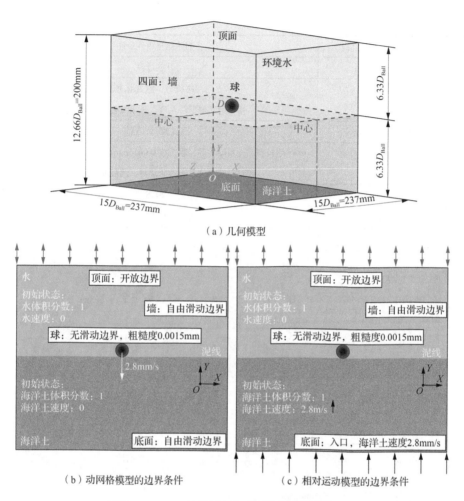

（a）几何模型

（b）动网格模型的边界条件   （c）相对运动模型的边界条件

图 2.15 CFD 计算域几何模型与边界条件设置

表 2.4 CFD 数值模型的详细设置

	选项	初始化与边界条件
计算域	浮力参考密度	997kg/m³（水）
	多相流	自由表面流
	网格变形	指定的运动区域
	水	欧拉材料，连续流体
	海洋土	欧拉材料，连续流体
	流体对模型	动量传递，阻力系数 2.0

续表

选项		初始化与边界条件
边界条件	顶面	开放边界
	底面	动网格模型：自由滑动边界
		相对运动模型：入口，海洋土速度 2.8mm/s
	墙	自由滑动边界
	球	动网格模型：无滑动边界，粗糙度 0.0015mm，网格运动速度-2.8mm/s
		相对运动模型：无滑动边界，粗糙度 0.0015mm
求解控制	分析类型	瞬态
	收敛标准	均方根（RMS）：0.0005

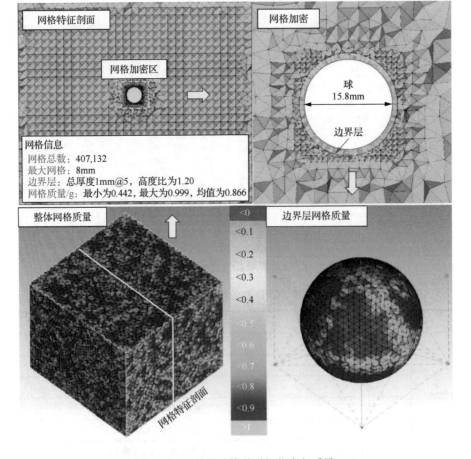

图 2.16　计算域网格的详细信息与质量

通过改变描述海底软土物理与力学特性的具体参数，包括：密度与强度（黏度），模拟 Ball 贯入不同类型的海底软土，进而分析 Ball 的受力状态及相应机理。

在 CFD 模型中，海底软土的不排水抗剪强度被设置为土体十字板剪切强度，这是定值。因此，根据式（1.3），通过数值模拟获取作用于 Ball 的贯入阻力，可以精确反演出贯入阻力系数的变化规律。因此，准确给出描述海底软土物理与力学参数对结果分析十分重要。

2.3.2 土样不排水强度模型

海底软土不排水抗剪强度的数学描述是 CFD 数值模型建立的重中之重。当前，无论是原位测试还是室内试验，VST 广泛应用于海底软土不排水强度测试，通过测试转动时板头受到的扭矩，间接获取土体的不排水抗剪强度。实际上，土的抗剪强度与其所处的应力状态有关，即与剪切面（剪切柱体表面）上的正应力有关，VST 剪切柱面上的应力分布如图 2.17 所示。在自然环境中，考虑土体的形成过程，天然土体的固结状态有三种：欠固结、正常固结与超固结。这三种固结状态是根据土层在历史上受到的固结压力与现在上覆压力之比划分的；当其大于 1，土体处于超固结状态；当其等于 1，土体处于正常固结状态；当其小于 1，土体处于欠超固结状态。VST 所测试的扭矩可分为两部分，对应水平面土体抗剪强度 τ_H 与竖直面的土体抗剪强度 τ_V，如式（2.14）与式（2.15）所示。一般情况下，软黏土其水平面上的正应力大于竖直面上的正应力，即 $\tau_V < \tau_H$（Bonet et al., 2006; Dundar et al., 2008），对于处于超固结状态的土样，两者间差距更大。

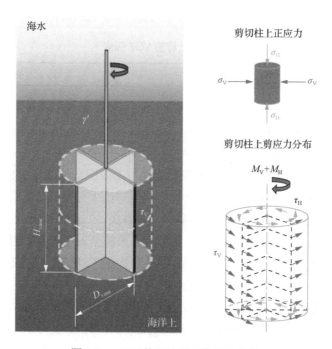

图 2.17 VST 剪切柱面上的应力分布

$$\tau_{\mathrm{H}} = \frac{6M_{\mathrm{H}}}{\pi D_{\mathrm{vane}}^3} \tag{2.14}$$

$$\tau_{\mathrm{V}} = \frac{2M_{\mathrm{V}}}{\pi D_{\mathrm{vane}}^2 H_{\mathrm{vane}}} \tag{2.15}$$

式中：τ_{H} 为剪切柱顶与底面上土体的抗剪强度；M_{H} 为作用于剪切柱顶与底面上的扭矩。τ_{V} 为剪切柱侧面上土体的抗剪强度；M_{V} 为作用于剪切柱侧面上的扭矩。

然而，当前设备只能获取总扭矩，即

$$M_{\mathrm{vane}} = M_{\mathrm{V}} + M_{\mathrm{H}} \tag{2.16}$$

假定土体为各向同性，即剪切柱体表面（侧面、顶面与底面）土体的抗剪强度相等，如式（2.17）所示：

$$s_{\mathrm{u\text{-}vane}} = \tau_{\mathrm{V}} = \tau_{\mathrm{H}} \tag{2.17}$$

式中：$s_{\mathrm{u\text{-}vane}}$ 的计算公式如公式（1.1）所示。实际上，十字板剪切带上剪切应变率（即剪切速率）分布不均，Einav 和 Randolph（2005）给出了 VST 剪切速率估计公式为

$$\dot{\gamma}_{\mathrm{VST}} = 30 \cdot \omega_{\mathrm{VST}} \tag{2.18}$$

式中：$\dot{\gamma}_{\mathrm{VST}}$ 为 VST 中土体剪切速率；ω_{VST} 为十字板的角速度。离心试验结束后，对土样进行十字板剪切试验，根据公式（2.18）计算，土样的剪切速率为 $0.52\mathrm{s}^{-1}$，对应的土样不排水抗剪强度，土样的 VST 强度如表 2.5 所示。

表 2.5　土样的 VST 强度

$\dot{\gamma}_{\mathrm{VST}}$ / s^{-1}	高岭土抗剪强度/kPa			南海土抗剪强度/kPa		
	K1	K2	K3	S1	S2	S3
0.52	2.60	3.90	4.70	2.10	6.30	11.50
0.177	2.39	3.59	4.32	1.93	5.80	10.58

研究发现，海底软土具有明显的应变软化与率效应特征（Randolph et al.，2007；Yafrate et al.，2009），这对土体不排水抗剪强度评价十分重要，如式（2.19）所示。应变软化效应与土体的灵敏度、累积塑性变形有关（Randolph et al.，2007；Dey et al.，2016）。由于十字板剪切试验仅进行单次贯入的全流动试验，因此也可以认为测试的抗剪强度是峰值强度，当以 VST 强度作为参考评价全流动测试结果时，本节忽略了土样的应变软化效应。值得注意的是，全流动贯入测试与十字板剪切测试土体的剪切速率是不同的，如式（2.18）与式（2.20）所示，且研究表明角速度对 VST 强度有显著影响（Biscontin and Pestana，2001）。实际上，海底软土的剪切速率效应可以用式（2.21）来量化（Boukpeti et al.，2009）。因此，基于式（2.21），以十字板剪切速率 $0.52\mathrm{s}^{-1}$ 作为参考剪切速率（试验测试），λ 取为 0.17（Boukpeti et al., 2009)，将剪切速率为 0.52s⁻¹ 的 VST 强度修正为剪切速率为 0.177s⁻¹ 的 VST 强度，这与 Ball 贯入土体的剪切速率一致，如表 2.5 所示。将剪切速率为 0.177s⁻¹ 的 VST 强度作为定值，赋值 Bingham 流变模型中的屈服应力，应用于 CFD 数值模型定义海底软土的不排水抗剪强度。基于此，反演 Ball 在浅表层贯入全过程中贯入阻力系数的变化规律，并分析相应的演化机理。

$$s_\mathrm{u} = f_{\dot\gamma} \cdot f_{\xi} \cdot s_\mathrm{u0} \tag{2.19}$$

$$\dot\gamma_\mathrm{Ball} = \frac{V_\mathrm{Ball}}{D_\mathrm{Ball}} \tag{2.20}$$

$$f_{\dot\gamma} = 1 + \lambda \log\left(\frac{\dot\gamma}{\dot\gamma_\mathrm{ref}}\right) \tag{2.21}$$

式中：s_u 为海底软土的不排水抗剪强度；f_{ξ} 为海底软土的应变软化效应，无量纲量；$f_{\dot\gamma}$ 为海底软土的率效应，无量纲量；s_u0 为海底软土的初始不排水抗剪强度；$\dot\gamma_\mathrm{Ball}$ 为基于 Ball 全流动贯入测试的土体剪切速率；V_Ball 为 Ball 的贯入速度；λ 为率效应参数，是无量纲量；$\dot\gamma_\mathrm{ref}$ 为海底软土的参考剪切速率。

2.3.3　CFD 模型验证

在假设 CFD 计算域内海底软土不排水抗剪强度相同的前提下，将剪切速率 0.52s⁻¹ 的 VST 强度，包括三种高岭土与三种南海土（表 2.5），分别应用于所提出的动网格模型与相对运动模型，共开展了 12 种不同工况的 CFD 分析。离心贯入试验与数值模拟结果对比如图 2.18 所示。

由于在数值模型中采用均匀的海底软土强度模型，随着 Ball 贯入深度的增加，Ball 受到的贯入阻力逐渐增大，最后达到稳定值。根据图 2.18 与图 2.19 所示，当 Ball 的贯入深度小于 2.5 倍 Ball 直径时，相对运动模型与动网格模型在土与水的形态演变、Ball 周围压力分布以及贯入阻力结果都是非常接近的。然而，当贯入深度大于 2.5 倍 Ball 直径时，随着贯入深度增加，动网格模型的数值结果开始逐渐偏离相对运动模型。随着贯入深度进一步增大，二者的差异越来越大，且动网格模型数值稳定性越来越差。这是由于动网格模型中 Ball 在向下贯入过程中，Ball 周围网格变形过大，当达到临界状态（本文模拟贯入深度不能超过 2.5 倍 Ball 直径）时，畸变过大的网格导致数值结果失真，如图 2.19（c）所示。可见，根据 12 种不同工况的数值模拟可以直接证明：①相对运动模型完全可以等价于动网格模型；②相对运动模型具有数值计算结果更稳定的优势；③相对运动模型可以在整个贯入过程中获取作用于 Ball 上的贯入阻力。

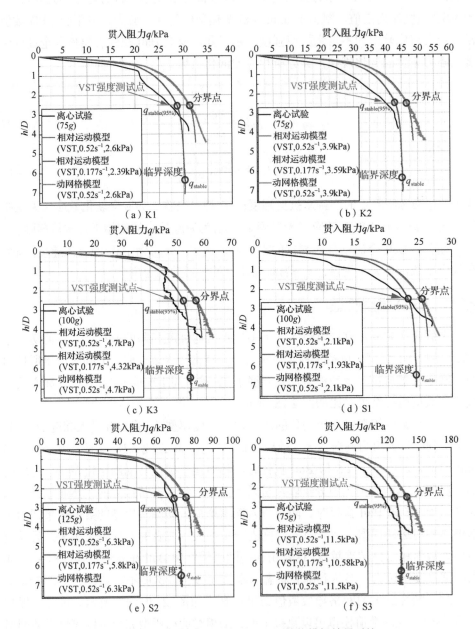

图 2.18　两种土样离心试验与 CFD 数值模拟结果对比

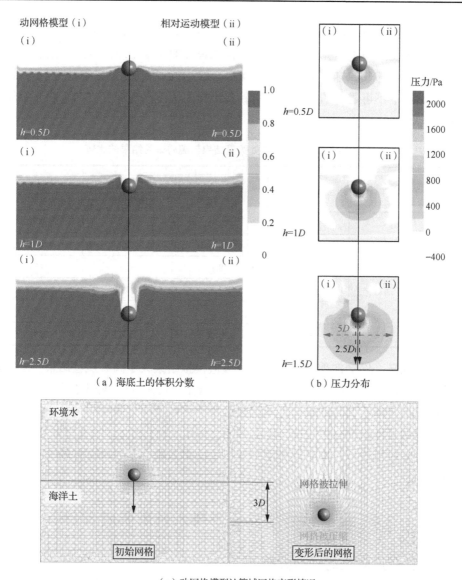

（a）海底土的体积分数   （b）压力分布

（c）动网格模型计算域网格变形情况

图 2.19   相对运动与动网格模型在 Ball 贯入过程中体积分数、压力分布与网格情况

将剪切速率 $0.177s^{-1}$ 的 VST 强度，包括三种高岭土与三种南海土（表2.5），应用于所提出的相对运动模型，开展了 6 种不同工况的数值模拟，如图 2.18 所示。在土样的 VST 强度测试点，相对运动模型模拟的贯入阻力与离心试验测试结果非常接近，如表 2.6 所示，说明 CFD 模型的计算结果是准确的。对于其他未进行 VST 测试的点位，CFD 计算域内海底土强度被统一设置为 VST 测试点的强度，这是导致未进行 VST 测试点位数值模拟所得到的贯入阻力与离心试验结果存在

一定差异的根本原因。反过来也可以说明，用于离心模型试验的土样在沿贯入深度方向的强度分布不是完全均匀的。具体来说，即使采用双面排水固结的方式，模型箱上下两部分的排水条件仍难以保持一致，导致所制备土样不是完全均质的，这也是试验中不可避免的。显然，所制备土样的强度沿着深度方向有明显增加的趋势。

表 2.6　VST 测试点位处数值结果与离心试验结果的比较

土样编号		贯入阻力/kPa		差异
		离心试验	数值模拟	
高岭土	K1	27.3	28.7	5%
	K2	40.3	42.8	6%
	K3	48.7	51.8	6%
南海土	S1	22.9	23.2	1%
	S2	66.8	69.3	4%
	S3	115.5	126.2	8%

一般说来，在 VST 测试点位上方，数值模拟结果大于离心试验结果；在 VST 测试点位处，数值模拟结果非常接近离心试验结果；在 VST 测试点位下方，数值模拟结果小于离心试验结果；这一现象符合上述数值模型强度均匀分布假设以及模型箱固结土样强度分布规律。综上所述，采用 CFD 相对运动模型开展 Ball 的贯入全过程模拟分析，来获取作用于探头上的贯入阻力是完全可行的，模拟结果是准确的。

2.4　海底浅表层软土不排水抗剪强度评价

2.4.1　低强度软土的模拟分析

在原位测试过程中，泥线以下 2m 范围内，即 Ball 直径（113mm）的 18 倍范围内，海底浅表层软土的强度一般不超过 10kPa。由于强度低于 1kPa 的土样难以开展离心贯入试验，因此，上述的离心试验中固结土样的强度覆盖范围是 1.93～10.58kPa。考虑表层海底软土的强度范围，两组具有更低不排水抗剪强度的土样（0.5kPa 与 1kPa）被模拟，模拟结果如图 2.20 所示。结合 2.3.3 节已开展的 6 种不同强度两种类型土体的模拟结果，常见的海底表层软土强度基本被覆盖。

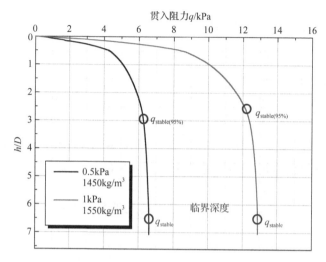

图 2.20　两种低强度（0.5kPa 与 1kPa）海底软土的模拟结果

2.4.2　表层贯入问题的临界深度

根据图 2.18 与图 2.20，对于这 8 种不同强度与密度的均质化海底软土来说，随着贯入深度的增加，贯入阻力 q 持续增加，但增长速率逐渐放缓。当贯入深度达到 6.5 倍 Ball 直径时，贯入阻力达到了稳定状态，即贯入阻力已不随贯入深度增加而增长，Ball 贯入达到稳定状态时的贯入阻力（q_{stable}）、临界深度与贯入阻力系数（$N_{Ball(stable)}$）如表 2.7 所示。此时，该深度被命名为临界深度 $h_{critical}$，临界深度以上为表层贯入，临界深度以下为浅层贯入。当贯入深度继续增加，土体在 Ball 表面实现完全回流后，此时称为深层贯入。由于环境水的作用，达到深层贯入的过程非常漫长，本书不做研究。

表 2.7　Ball 贯入达到稳定状态时的贯入阻力、临界深度与贯入阻力系数

土样编号	稳定状态			非稳定状态	
	q_{stable}/kPa	$h_{critical}$/mm	$N_{Ball(stable)}$	95% q_{stable}/kPa	h/mm
E1	6.60	102（6.5D）	13.20	6.27	47.5（3.0D）
E2	12.87	102（6.5D）	12.87	12.23	42.5（2.7D）
K1	30.28	102（6.5D）	12.67	28.69	40.2（2.6D）
K2	45.28	102（6.5D）	12.61	43.02	39.5（2.5D）
K3	54.48	102（6.5D）	12.61	51.76	40.0（2.5D）
S1	24.41	102（6.5D）	12.65	23.19	40.3（2.6D）
S2	73.13	102（6.5D）	12.61	69.47	40.5（2.6D）
S3	132.90	102（6.5D）	12.56	126.26	39.5（2.5D）

2.4.3　稳定贯入阻力系数评价方法

根据式（1.3），可以计算出贯入阻力系数，当贯入阻力系数达到稳定值时，该系数被称为稳定贯入阻力系数 $N_{Ball(stable)}$。表 2.7 展示了 Ball 贯入达到稳定贯入状态时的贯入阻力、临界深度与贯入阻力系数。基于本节模拟结果，$N_{Ball(stable)}$ 与待测土样的物理力学参数（土性、密度与强度）有关。一般随着土体强度增大和土体密度减小，贯入阻力系数会稍微下降。与均质高岭土相比，南海土具有高液限、高含水量与低密度的特征，因此，模拟结果显示南海土与高岭土的 $N_{Ball(stable)}$ 取值也存在一定差异。

图 2.21 展示了 $N_{Ball(stable)}$ 与经无量纲化处理后稳定贯入阻力 $q_{stable}/(\gamma'D)$ 的关系。

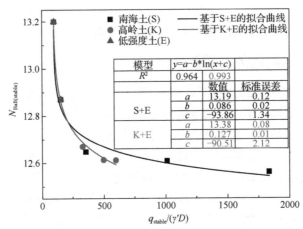

图 2.21　不同类型土 $N_{Ball(stable)}$ 与 $q_{stable}/(\gamma'D)$ 的关系

现有的模拟结果显示，二者呈现反对数的函数关系，如式（2.22）所示。进一步，进行参数分析，给出了高岭土与南海土稳定贯入阻力系数的评价公式，如式（2.23）与式（2.24）所示：

$$N_{Ball(stable)} = A_{Ball(stable)} - B_{Ball(stable)} \cdot \ln\left(\frac{q_{stable}}{\gamma' \cdot D} + C_{Ball(stable)}\right) \tag{2.22}$$

$$N_{Ball(stable)S+E} = 13.19 - 0.086 \cdot \ln\left(\frac{q_{stable}}{\gamma' \cdot D} - 93.86\right), \quad R^2 = 0.964 \tag{2.23}$$

$$N_{Ball(stable)K+E} = 13.38 - 0.127 \cdot \ln\left(\frac{q_{stable}}{\gamma' \cdot D} - 90.51\right), \quad R^2 = 0.993 \tag{2.24}$$

式中：$N_{Ball(stable)}$ 为 Ball 的稳定贯入阻力系数，无量纲量；q_{stable} 为 Ball 的稳定贯入

阻力；$A_{\text{Ball(stable)}}$、$B_{\text{Ball(stable)}}$ 与 $C_{\text{Ball(stable)}}$ 为拟合参数，均为无量纲量；$N_{\text{Ball(stable)S+E}}$ 是基于南海土与低强度土模拟数据所建立 Ball 的稳定贯入阻力系数，无量纲量；$N_{\text{Ball(stable)K+E}}$ 是基于高岭土与低强度土模拟数据所建立 Ball 的稳定贯入阻力系数，无量纲量。

2.4.4 表层贯入阻力系数评价方法

图 2.22 展示了表层贯入阻力系数 $N_{\text{Ball(surface)}}$ 与无量纲化贯入深度 h/D 的关系。当贯入深度达到 Ball 直径的 2.5～3 倍，此时的贯入阻力已达到稳定贯入阻力的 95%。随着土体强度增加，这个贯入深度略有增大，详见表 2.7。可见，从泥线以下到 2.5～3 倍 Ball 直径范围内，$N_{\text{Ball(surface)}}$ 发生了剧烈的变化。若按 $N_{\text{Ball(stable)}}$ 来评价表层软土的强度将严重低估表层软土的不排水抗剪强度。

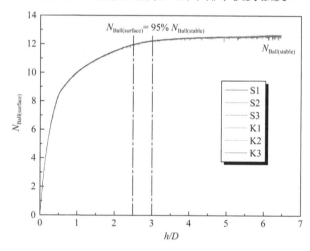

图 2.22 不同类型土 $N_{\text{Ball(surface)}}$ 与 h/D 的关系

以临界深度作为分界线，将贯入阻力系数分为表层贯入阻力系数与稳定贯入阻力系数，给出了表层贯入阻力系数的计算方法，如式（2.25）所示。考虑曲线的趋势，通过多次试算分析，n_{surface} 一般取为 0.75 较为合适。根据式（2.22）、式（2.23）与式（2.24）确定了 $N_{\text{Ball(stable)}}$ 后，只需要一个参数 p_{surface} 就能确定 $N_{\text{Ball(surface)}}$，如式（2.26）所示。图 2.23 展示了不同类型海底土体 $N_{\text{Ball(surface)}}$ 与 h/D 的拟合关系，拟合度均达到 0.99。

进一步地，图 2.24 给出了 p_{surface} 与 $q_{\text{stable}}/(\gamma'D)$ 的拟合关系，具体计算方法如式（2.27）所示。至此，根据式（2.22）与式（2.25）或式（2.23）、式（2.24）、式（2.26）与式（2.27），可以实现 Ball 表层贯入过程中海底软土不排水抗剪强度的连续评价。

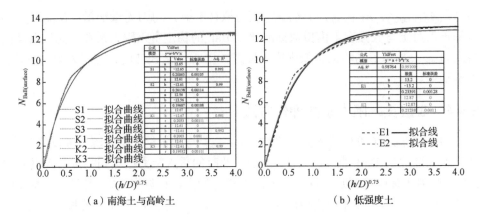

（a）南海土与高岭土　　　　　（b）低强度土

图 2.23　不同类型土 $N_{\text{Ball(surface)}}$ 与 h/D 的拟合关系

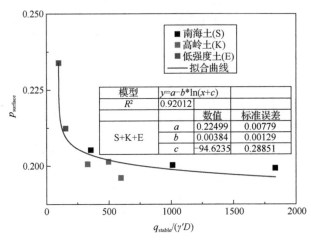

图 2.24　p_{surface} 与 $q_{\text{stable}}/(\gamma'D)$ 的拟合关系

$$N_{\text{Ball}} = \begin{cases} N_{\text{Ball(surface)}} = N_{\text{Ball(stable)}}\left(1 - p_{\text{surface}}^{\left(\frac{h}{D}\right)^{n_{\text{surface}}}}\right), & h < h_{\text{critical}} \\ N_{\text{Ball(stable)}}, & h \geqslant h_{\text{critical}} \end{cases} \quad (2.25)$$

$$N_{\text{Ball}} = \begin{cases} N_{\text{Ball(surface)}} = N_{\text{Ball(stable)}}\left(1 - p_{\text{surface}}^{\left(\frac{h}{D}\right)^{0.75}}\right), & 0 < h < 6.5D \\ N_{\text{Ball(stable)}}, & h \geqslant 6.5D \end{cases} \quad (2.26)$$

$$p_{\text{surface}} = 0.225 - 0.003\,84 \cdot \ln\left(\frac{q_{\text{stable}}}{\gamma' \cdot D} - 94.6\right), \quad R^2 = 0.92 \quad (2.27)$$

式中：$N_{\text{Ball(surface)}}$ 为 Ball 的表层贯入阻力系数，无量纲量；h_{critical} 为临界贯入深度；n_{surface} 与 p_{surface} 为拟合参数。

2.4.5 贯入机理分析

Zhou 等（2013）采用大变形有限元方法，模拟了无水环境 Ball 的表层贯入过程，具体工况为 Ball 表面粗糙度系数为 0.3（本节 Ball 表面粗糙系数为 1），三种工况 $s_u/(\gamma'D)$ 分别取为 2.95、7.38 与 22.12，达到深层贯入的深度分别为 6.83D、13.17D 与 25.14D。根据上述分析可知，由于环境水的作用，本研究不能达到深层贯入，稳定贯入深度与 Zhou 等（2013）的深层贯入深度难以对比。与忽略环境水影响的工况相比，考虑环境水作用下 Ball 更快地达到了稳定贯入状态。图 2.25 展示了在考虑与不考虑环境水影响下，$N_{Ball\,(surface)}/N_{Ball\,(stable)}$ 与 h/D 的关系。图 2.25 中 Zhou 等（2013）的 $N_{Ball\,(stable)}$ 为 Ball 深层贯入的贯入阻力系数。由于环境水的影响，本节没有进行深层贯入分析，不能进行贯入阻力系数的比较。进一步，归一化贯入阻力系数与无量纲化贯入深度的关系存在较为明显的差异，其中，变化趋势的差异也较为显著。

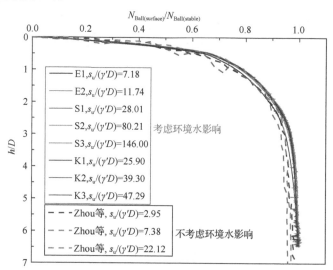

图 2.25　考虑与不考虑环境水影响下 $N_{Ball\,(surface)}/N_{Ball\,(stable)}$ 与 h/D 的关系

根据式（2.10）和式（2.11），在海底软土不排水抗剪强度评价中，贯入阻力计算是根据 Ball 的投影面积（定值）计算获得的。然而，在 Ball 贯入 0.5D_{Ball} 范围内，实际上 Ball 与土体的接触面积是从 0 开始逐渐增大到 Ball 的投影面积。当 Ball 贯入达到 0.5D_{Ball} 后，投影面积才为定值（Ball 的投影面积）。这就导致了表层贯入阻力系数快速增长。随着贯入深度增加，贯入阻力系数增长速度越来越慢，直到达到稳定。图 2.26 展示了随着贯入深度增加土样 S1 速度场与速度矢量的演化云图。显然，Ball 从泥线处开始向下贯入土体的过程中，Ball 下方的土体会被挤压，然后分离，它们向上包裹 Ball。随着贯入深度增加，Ball 两侧加速区先逐

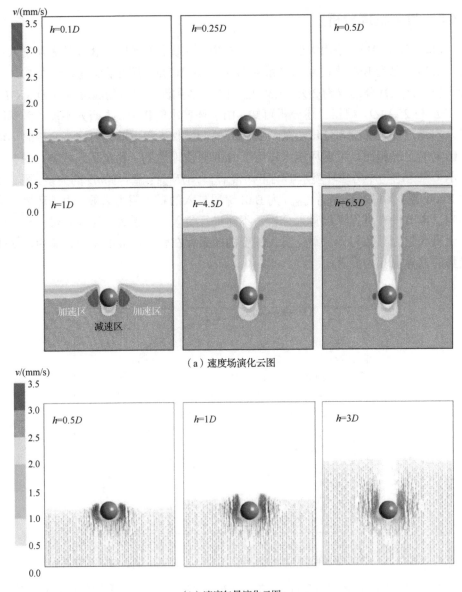

（a）速度场演化云图

（b）速度矢量演化云图

图 2.26　土样 S1 速度场与速度矢量演化云图

渐增大再减弱并达到稳定。

图 2.27 展示了三种土样在贯入达到稳定状态时土体的体积分数云图与流线分布。当贯入达到稳定时，流经 Ball 上方的土体并没有闭合。这是因为在 Ball 的上方形成了一个稳定的水腔，这个水腔随着 Ball 的贯入向下运动，这与离心试验是一致的。由于环境水的存在，Ball 在表层贯入过程中土体是不能实现充分回流的，

全流动状态不能实现。随着贯入深度的持续增加，这个水腔中的水将逐渐与周围土体混合，被周围的土体稀释掉以后，Ball 周围的土体才可以达到完全的全流动状态。

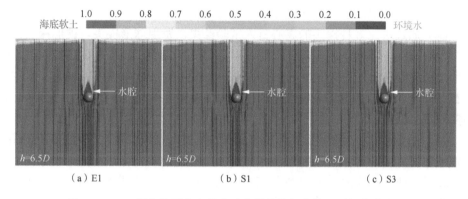

图 2.27　Ball 贯入达到稳定状态时土样的体积分数云图与流线分布

2.5　本 章 小 结

本章首先发展了一种适用于表层软土不排水抗剪强度测试的具有多探头（球形、锥形与流线形）贯入仪，并进行了传感器与仪器标定；其次，制备了南海土与高岭土土样，开展了赋水环境下三种探头的离心贯入模型试验，并通过十字板剪切试验测试了土样的 VST 强度；接着，基于欧拉-欧拉两相流模型，开发了一种 CFD 数值方法，模拟了球形全流动贯入仪在两相材料（环境水与海底软土）表层贯入的全过程，并通过离心试验结果验证了 CFD 数值模型的准确性；最后，基于 CFD 数值模拟结果，开展了 Ball 表层贯入的定量分析，提出了海底浅表层软土不排水抗剪强度评价方法，并进行了相应机理的分析与讨论。基于上述工作，本章主要结论如下。

（1）发展了一种基于二力杆与悬臂梁式结构的具有多种探头（球形、锥形与流线形）的贯入仪，系统地分析了离心环境下探头在表层贯入中受力状态的演化过程，完善了各种荷载的计算公式，讨论了浮力对探头受力的影响，发现本次离心试验中，若不考虑浮力作用，贯入阻力将增加 4%。

（2）开发了基于欧拉-欧拉两相流模型的 CFD 数值模型（动网格模型与相对运动模型），发现相对运动模型更适合 Ball 表层贯入全过程的模拟与分析，然后，基于相对运动模型开展了两种典型软土（南海土与高岭土）的贯入模拟，模拟结果与离心贯入模型试验结果相比，平均差异约为 5%，验证了所提出 CFD 模型的准确性。

（3）通过对不同离心加速度环境下 Ball 贯入过程所受到贯入阻力变化趋势与

土样裂缝发展情况，给出了 Ball 全流动贯入仪的空间影响范围约为 3 倍 Ball 直径的球体区域，离心试验发现当 Ball 贯入深度达到 Ball 直径的 2.5～3 倍时，贯入阻力达到稳定值。同时，CFD 数值模拟结果也显示，当 Ball 贯入深度达到 Ball 直径的 3 倍时，贯入阻力已达到稳定贯入阻力的 95%。

（4）通过对比多种探头的离心贯入试验结果，发现球形探头与锥形探头在拔出过程中探头上部会淤积一部分土体（称为土楔），显然，Ball 在表层贯入过程中探头上部会存在水腔，进一步，通过室内半球试验与 CFD 数值模拟证明了水腔的存在，同时，揭示了由于环境水存在，Ball 在表层贯入过程中土体不会在 Ball 表面实现完全回流。

（5）基于 CFD 结果，给出了 Ball 在浅表层贯入过程中贯入阻力的演化规律：从泥线以下到 2.5～3 倍 Ball 直径，贯入阻力剧烈变化；当贯入深度达到 2.5～3 倍 Ball 直径时，贯入阻力已达到稳定贯入阻力的 95%；当贯入深度达到约 6.5 倍 Ball 直径时，贯入阻力已稳定（称为稳定贯入阻力），该深度被命名为临界深度 $h_{critical}$，临界深度以上称为表层贯入，以下称为浅层贯入，当土体在 Ball 表面实现完全回流时称为深层贯入。并通过计算域速度场、流场与体积分数等分析了 Ball 在浅表层贯入过程贯入阻力的演化机理。

（6）以临界深度 $h_{critical}$ 为分界，将阻力系数分为表层贯入阻力系数 $N_{Ball（surface）}$ 与稳定贯入阻力系数 $N_{Ball（stable）}$。$N_{Ball（stable）}$ 与无量纲化贯入阻力 $q_{stable}/(\gamma'D)$、$N_{Ball（surface）}$ 与无量纲化贯入深度 h/D 的计算公式被给出，并基于上述公式提出了南海土与高岭土的参数取值方法，建立了 Ball 全流动贯入测试海底浅表层软土不排水抗剪强度的方法。

参 考 文 献

范宁, 2019. 海底滑坡体的强度特性及其对管线的冲击作用研究[D]. 大连: 大连理工大学.

范宁, 赵维, 年廷凯, 等, 2017. 一种测试海底泥流强度的新型全流动贯入仪[J]. 上海交通大学学报, 51(4): 456-461.

郭兴森, 2021. 海底地震滑坡易发性与滑坡-管线相互作用研究[D]. 大连: 大连理工大学.

南京水利科学研究院, 1999. 土工试验规程: SL237—1999[S]. 北京: 中国水利水电出版社.

王冉冉, 2013. 全流动贯入仪的室内和离心模型试验研究[D]. 大连: 大连理工大学.

BISCONTIN G, PESTANA J M, 2001. Influence of peripheral velocity on vane shear strength of an artificial clay[J]. Geotechnical Testing Journal, 24(4): 423-429.

BONET J L, BARROS M, ROMERO M L, 2006. Comparative study of analytical and numerical algorithms for designing reinforced concrete sections under biaxial bending[J]. Computers & Structures, 84: 2184-2193.

BOUKPETI N, WHITE D, RANDOLPH M, et al., 2009. Characterization of the solid-fluid transition of fine-grained sediments[C]//International Conference on Offshore Mechanics and Arctic Engineering, Honolulu.

DEY R, HAWLADER B C, PHILLIPS R, et al., 2016. Numerical modelling of submarine landslides with sensitive clay layers[J]. Géotechnique, 66(6): 454-468.

DUNDAR C, TOKGOZ S, TANRIKULU A K, et al., 2008. Behaviour of reinforced and concrete-encased composite columns subjected to biaxial bending and axial load[J]. Building and Environment, 43(6): 1109-1120.

EINAV I, RANDOLPH M F, 2005. Combining upper bound and strain path methods for evaluating penetration resistance[J]. International Journal for Numerical Methods in Engineering, 63(14): 1991-2016.

GUO X, NIAN T, WANG D, et al., 2021a. Evaluation of undrained shear strength of surficial marine clays using ball penetration-based CFD modeling[J]. Acta Geotechnica, 17: 1637-1643.

GUO X, NIAN T, ZHAO W, et al., 2021b. Centrifuge experiment on the penetration test for evaluating undrained strength of deep-sea surface soils[J]. International Journal of Mining Science and Technology, 32(2): 363-373.

LI X, HE S, 2012. Progress in stability analysis of submarine slopes considering dissociation of gas hydrates[J]. Environmental Earth Sciences, 66(3): 741-747.

LIU K, WANG J, 2014. A continental slope stability evaluation in the Zhujiang River Mouth Basin in the South China Sea[J]. Acta Oceanologica Sinica, 33(11): 155-160.

RANDOLPH M F, LOW H E, ZHOU H, 2007. In situ testing for design of pipeline and anchoring systems[C]//Offshore Site Investigation and Geotechnics: Confronting New Challenges and Sharing Knowledge. Society of Underwater Technology, London.

WU S, WANG D, VÖLKER D, 2018. Deep-sea geohazards in the South China Sea[J]. Journal of Ocean University of China, 17(1): 1-7.

YAFRATE N, DEJONG J, DEGROOT D, et al., 2009. Evaluation of remolded shear strength and sensitivity of soft clay using full-flow penetrometers[J]. Journal of Geotechnical and Geoenvironmental Engineering, 135(9): 1179-1189.

ZHANG L, LUAN X, 2013. Stability of submarine slopes in the northern South China Sea: A numerical approach[J]. Chinese Journal of Oceanology and Limnology, 31(1): 146-158.

ZHOU M, HOSSAIN M S, HU Y, et al., 2013. Behaviour of ball penetrometer in uniform single-and double-layer clays[J]. Géotechnique, 63(8): 682-694.

ZHOU M, HOSSAIN M S, HU Y, et al., 2016. Scale issues and interpretation of ball penetration in stratified deposits in centrifuge testing[J]. Journal of Geotechnical and Geoenvironmental Engineering, 142(5): 04015103.

3 海底斜坡浅表层土体稳定性 及区域滑坡易发性评估

3.1 引 言

海底滑坡易发性评估与海底滑坡易发区分布图编制是进行海底工程设施选址、海洋地质灾害防灾减灾等的重要前期工作，尤其是浅表层海底滑坡易发性评估，这对海底管线选线与减灾防护设计十分重要。然而，当前滑坡易发性评估主要针对陆地滑坡，海底滑坡易发性评估鲜有研究，随着对海洋地质灾害重视程度的不断提升，海底地震滑坡易发性评估亟待展开。目前，海底滑坡易发性评估面临很多困难，包括：缺乏可靠的海洋工程地质资料；获取土层物理力学参数非常困难；非确定性分析方法缺少数据支持等。本章重点解决在现有数据不足情况下，建立一种区域海底滑坡易发性评估方法，并将该方法应用于南海北部陆坡区，编制南海北部陆坡浅表层海底地震滑坡易发区分布图（Nian et al., 2019；Guo et al., 2019；郭兴森，2021）。

本章后续内容安排如下：3.2 节为具体站位海底斜坡稳定性评价，考虑双向拟静力地震作用与海底土强度弱化模型，建立基于无限坡滑动模式极限平衡法的多层海底斜坡稳定性分析模型，并开展了离散站位浅表层海底斜坡安全系数计算分析；3.3 节为区域海底滑坡易发性评估方法，提出一种以安全系数作为评价标准，通过空间插值理论将离散站位海底斜坡安全系数拓展到整个研究区的区域海底滑坡易发性评估方法；3.4 节为南海北部陆坡海底地震滑坡易发性评估，整理并分析南海北部地质背景、南海地区地震分布、海底土层物理力学参数，依托 GIS 平台初步建立相应的数据库，然后，考虑海底多土层、水平与竖向地震荷载变化与组合、地震作用下土层的强度弱化效应等条件，开展南海北部陆坡区域浅表层海底滑坡易发性评估。

3.2 具体站位海底斜坡稳定性评价

3.2.1 基于无限坡理论的海底斜坡稳定性分析模型

Prior 和 Coleman（1979）指出大多数海底滑坡发生在斜坡角度较小、长度较长的海底斜坡上。由于海底斜坡的坡度一般较缓，且发生失稳的规模较大（Hance, 2003；Talling et al., 2007），滑动面可以简化为平行于坡面的平面。在工程中，这种类型的海底斜坡稳定性评价常被简化为二维问题，并忽略单元滑块的内部变形，将滑块简化为刚体（Zangeneh，2003；Rashid et al.，2017），很多学者使用基于无限坡滑动模式的极限平衡法进行分析（Leynaud and Mienert，2003；Zangeneh，2003；Ikari et al.，2011；L'Heureux et al.，2013；Rashid et al.，2017）。

无限坡滑动模式是一种基于极限平衡理论的最简单的斜坡稳定性分析模型。无限坡滑动模式的几何特征包括：①海底斜坡的滑动面为平行于坡面的平面；②滑动方向的倾角不变，为海底斜坡的坡角（定值）；③滑动体沿滑动方向的长度远大于滑坡体的厚度（即滑坡体的长度与厚度之比大于 10）。因此，可以将大部分坡面起伏不大的缓坡角海底斜坡简化为长大距离平直斜坡，据此构建简单的分析模型，采用基于无限坡滑动模式的极限平衡法进行海底斜坡稳定性分析。

1）静水条件下海底斜坡稳定性分析模型

基于无限坡滑动模式的极限平衡法是将海底斜坡简化为刚体，假定海底斜坡内存在一平行于坡面的滑动面，根据静力平衡原理，分析斜坡的受力状态，通过滑动面上方块体产生的向下滑动应力与滑动面上土体的抗剪强度之比（安全系数 FS），定量地评价海底斜坡稳定性，如式（3.1）所示（Leynaud and Mienert，2003；Zangeneh，2003；Ikari et al.，2011；L'Heureux et al.，2013；Rashid et al.，2017）。根据陆地安全系数的应用经验（Leynaud and Mienert，2003）：当 $FS>1$ 时，斜坡是稳定的；当 $FS=1$ 时，斜坡处于极限平衡状态；当 $FS<1$ 时，斜坡处于不稳定状态，会发生失稳破坏。

$$FS = \frac{\tau_f}{\tau_u} \tag{3.1}$$

式中：FS 为海底斜坡的安全系数；τ_f 为滑动面上土体的抗剪强度；τ_u 为作用于滑动面上的下滑应力。

海底土层的空间分布受复杂的地质作用和沉积环境影响（Bryn et al.，2005），沿深度方向是分层沉积的（霍沿东，2018），且每层土体的力学性质（强度参数）随深度变化（Wang et al.，2010；Rodríguez-Ochoa et al.，2015）。研究表明（L'Heureux et al.，2012；Rodríguez-Ochoa et al.，2015；霍沿东，2018），软弱层可能是海底滑坡发生的重要前提条件。然而，当前研究较少考虑海底斜坡多层沉积情况，尤其是软弱层。因此，考虑到土层物理力学参数沿深度的变化，将单层无限坡分析模型拓展为多层土海底斜坡稳定性分析模型，如图 3.1 所示。取沿滑坡体滑动方向的单元条形滑块，进行受力分析。根据土层强度指标的两种表达形式，包括：不排水抗剪强度指标与摩尔-库仑总应力强度指标，在静水条件下海底斜坡的安全系数，如式（3.2）所示：

$$FS = \frac{\tau_f}{\tau_u} = \begin{cases} \dfrac{s_u(x)}{0.5 \cdot \sin 2\beta \cdot \int_0^x \gamma'(x)\mathrm{d}x} \\[4mm] \dfrac{c(x) + \cos^2\beta \cdot \tan\varphi(x) \cdot \int_0^x \gamma'(x)\mathrm{d}x}{0.5 \cdot \sin 2\beta \cdot \int_0^x \gamma'(x)\mathrm{d}x} \end{cases} \tag{3.2}$$

式中：s_u 为海底土层的不排水抗剪强度；β 为海底斜坡的坡角；c 为海底土层的黏聚力；φ 为海底土层的内摩擦角；x 为土层的厚度。为简化计算，将积分形式简化为求和形式，具有相同物理力学性质的海底斜坡层被认为是一层，将海底斜坡划分为若干层，单元条形滑块产生的自重与浮重可简化为

$$W = \int_0^h \gamma(x)\mathrm{d}h = \sum_1^i \gamma_i x_i \qquad (3.3)$$

$$W' = \int_0^h \gamma'(x)\mathrm{d}x = \sum_1^i \gamma'_i x_i \qquad (3.4)$$

式中：W 为土层的自重应力；γ 为海底土层的容重；W' 为土层受浮力后的自重应力；式中下标 i 代表海底的第 i 层土。为简化计算，将式（3.3）与式（3.4）代入式（3.2）中。那么，仅在重力条件下，海底斜坡的安全系数计算公式，如式（3.5）所示：

$$FS = \frac{\tau_{fi}}{\tau_{ui}} = \begin{cases} \dfrac{s_{ui}}{0.5\sin2\beta\sum_1^i \gamma'_i x_i} \\[4mm] \dfrac{c_i + \cos^2\beta\tan\varphi_i\sum_1^i \gamma'_i x_i}{0.5\sin2\beta\sum_1^i \gamma'_i x_i} \end{cases} \qquad (3.5)$$

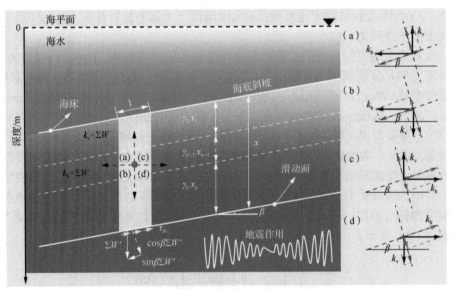

图 3.1　基于无限坡滑坡模式的多层土海底斜坡稳定性分析模型

2）考虑水平地震作用下海底斜坡稳定性分析模型

海底斜坡在自重条件，一般处于稳定状态。根据 1.2.2 节分析可知，诱发海底

斜坡失稳的主要因素是地震荷载（Liu and Wang，2014；马云等，2017；何健等，2018）。由于地震荷载持续时间较短，土层可以认为始终处于不排水状态，地震惯性力同时作用于土颗粒与孔隙水上（Zangeneh，2003），地震惯性力可以通过地震系数乘土层重力来表达。当前，海底斜坡地震稳定性分析主要考虑水平地震作用，此时海底斜坡的安全系数，如下式：

$$FS = \frac{\tau_f}{\tau_u} = \begin{cases} \dfrac{s_u(x)}{0.5 \cdot \sin 2\beta \cdot \int_0^x \gamma'(x)\mathrm{d}x + k_h \cdot \cos^2\beta \cdot \int_0^x \gamma(x)\mathrm{d}x} \\[4mm] \dfrac{c(x) + \cos^2\beta \cdot \tan\varphi(x) \cdot \int_0^x \gamma'(x)\mathrm{d}x}{0.5 \cdot \sin 2\beta \cdot \int_0^x \gamma'(x)\mathrm{d}x + k_h \cdot \cos^2\beta \cdot \int_0^x \gamma(x)\mathrm{d}x} \end{cases} \tag{3.6}$$

式中：k_h 为水平地震系数，是水平地震加速度与重力加速度之比。将式（3.3）与式（3.4）代入式（3.6）中，可以得到简化的计算式（3.7）：

$$FS = \frac{\tau_{fi}}{\tau_{ui}} = \begin{cases} \dfrac{s_{ui}}{0.5\sin 2\beta \sum_1^i \gamma_i' x_i + k_h \cos^2\beta \sum_1^i \gamma_i x_i} \\[4mm] \dfrac{c_i + \cos^2\beta \tan\varphi_i \sum_1^i \gamma_i' x_i}{0.5\sin 2\beta \sum_1^i \gamma_i' x_i + k_h \cos^2\beta \sum_1^i \gamma_i x_i} \end{cases} \tag{3.7}$$

3）考虑双向地震作用下海底斜坡稳定性分析模型

在考虑地震作用时，当前的研究常常忽视竖向地震作用的影响。有研究表明（Ambraseys et al.，1996），陆地上竖向地震作用甚至可以达到水平作用的 2 倍。在海域中，由于缺乏观测资料，且受海水与场地条件等的复杂影响（Ingles et al.，2006；Chen et al.，2017），竖向地震作用难以量化。美国石油协会（American Petroleum Institute，API）（2000）提出，固定海上平台地震分析应输入水平与竖直地震作用组合，并建议竖直地震荷载取为水平地震荷载的一半。显然，竖向地震作用对海底斜坡稳定性的影响仍需进一步探究。考虑拟静力双向地震荷载作用，海底斜坡有四种形式的受力组合，如图 3.1（a）～（d）所示。将双向拟静力地震荷载沿斜坡方向与垂直斜坡方向进行分解，分别建立不同地震荷载组合条件下海底斜坡安全系数计算公式，如式（3.8）～式（3.11），分别对于图 3.1 中（a）～（d）。

$$FS = \frac{\tau_f}{\tau_u} = \frac{s_u(x) + 0.5k_v \cdot \sin 2\beta \cdot \int_0^x \gamma(x)\mathrm{d}x}{0.5 \cdot \sin 2\beta \cdot \int_0^x \gamma'(x)\mathrm{d}x + k_h \cdot \cos^2\beta \cdot \int_0^x \gamma(x)\mathrm{d}x} \tag{3.8}$$

$$FS = \frac{\tau_f}{\tau_u} = \frac{s_u(x)}{0.5 \cdot \sin 2\beta \cdot \int_0^x \gamma'(x)\mathrm{d}x + k_h \cdot \cos^2\beta \cdot \int_0^x \gamma(x)\mathrm{d}x + 0.5k_v \cdot \sin 2\beta \cdot \int_0^x \gamma(x)\mathrm{d}x} \tag{3.9}$$

$$FS = \frac{\tau_\mathrm{f}}{\tau_\mathrm{u}} = \frac{s_\mathrm{u}(x) + 0.5k_\mathrm{v} \cdot \sin 2\beta \cdot \int_0^x \gamma(x)\mathrm{d}x + k_\mathrm{h} \cdot \cos^2 \beta \cdot \int_0^x \gamma(x)\mathrm{d}x}{0.5 \cdot \sin 2\beta \cdot \int_0^x \gamma'(x)\mathrm{d}x} \qquad (3.10)$$

$$FS = \frac{\tau_\mathrm{f}}{\tau} = \frac{s_\mathrm{u}(x) + k_\mathrm{h} \cdot \cos^2 \beta \cdot \int_0^x \gamma(x)\mathrm{d}x}{0.5 \cdot \sin 2\beta \cdot \int_0^x \gamma'(x)\mathrm{d}x + 0.5k_\mathrm{v} \cdot \sin 2\beta \cdot \int_0^x \gamma(x)\mathrm{d}x} \qquad (3.11)$$

式中：k_v 为竖直地震系数；k_h 为水平地震系数。

通过式（3.8）~式（3.11）的对比分析，可以直观地发现当水平地震加速度向外、竖直地震加速度向下时，海底斜坡的安全系数最小即海底斜坡更容易失稳。为了简化计算，将式（3.9）的积分形式简化为求和形式，海底斜坡在拟静力双向地震荷载作用下安全系数的计算，如式（3.12）所示：

$$FS = \frac{s_{\mathrm{u}i}}{0.5\sin 2\beta \sum_1^i \gamma'_i x_i + k_\mathrm{h}\cos^2\beta \sum_1^i \gamma_i x_i + 0.5k_\mathrm{v}\sin 2\beta \sum_1^i \gamma_i x_i} \qquad (3.12)$$

根据海底斜坡的坡度、土层的物理力学参数、土层厚度以及地震系数等信息，代入式（3.5）、式（3.7）或式（3.12），可以计算出每层土的安全系数。然后，比较每层的安全系数（从 1 到 n），得出最小值，即为最危险的滑动面。对于 n 的取值，建议根据实测的真实地层资料进行划分。

3.2.2　考虑地震作用的海底土体强度弱化模型

地震作用可以导致土体孔隙水压力升高，造成土体强度大幅度地下降（Sultan et al.，2004；Boulanger and Idris，2007；闫澍旺等，2010）。对于无黏性土甚至发生局部液化，导致土体强度直接丧失（Biscontin et al.，2004；Boulanger and Idris，2007）。需要指出的是，对于深海软土层，特别是高灵敏性软土，其具有强烈的软化特性，也会造成土体强度大幅下降。显然，海底土层抗剪强度降低将会大幅度削减海底斜坡的稳定性。

然而，海底土层在地震作用下的强度演化过程异常复杂。受到动荷载条件、固结条件、循环振次、应变发展、孔隙水压力等多方面的影响（Amarasinghe et al.，2014；Leng et al.，2018），难以给出一个简单公式应用于海底斜坡稳定性评价，尤其是采用无限坡滑动模式极限平衡法所建立的分析模型。因此，本节提出了地震作用下海底软土强度折减系数，并给出该折减系数的简单计算公式，该公式与地震作用强弱以及海底软土灵敏度有关，如式（3.13）和式（3.14）所示：

$$\zeta = 1 - E_\mathrm{a} \cdot k_\mathrm{h} \qquad (k_\mathrm{h} \leqslant E_\mathrm{b}) \qquad (3.13)$$

$$\zeta = \frac{1}{S_\mathrm{T}} \qquad (k_\mathrm{h} > E_\mathrm{b}) \qquad (3.14)$$

式中：ζ 为地震作用下海底土层的强度折减系数；S_T 为海底土层的灵敏度；E_a 与 E_b 为常数。引入海底土层强度折减系数后，海底斜坡在双向拟静力地震作用下安全系数计算公式，如式（3.15）所示：

$$FS = \frac{\zeta \cdot s_{ui}}{0.5\sin2\beta\sum_{1}^{i}\gamma_i' x_i + k_h\cos^2\beta\sum_{1}^{i}\gamma_i x_i + 0.5k_v\sin2\beta\sum_{1}^{i}\gamma_i x_i} \tag{3.15}$$

强度折减系数是一个理想化的概念，用来简单、直观地诠释地震作用对海底土层强度弱化的影响。对于该公式中参数 E_a 与 E_b 的取值，需要以大量的试验数据作为支撑，并且不同海域、不同土性、不同场地、不同地震特性等都会造成取值的差异。这里参数 E_a 是斜率代表海底土层对地震荷载的抵抗能力，斜率越大抵抗能力越小。参数 E_b 代表地震荷载达到一定程度后，海底土体的抗剪强度取为残余强度。闫澍旺等（2010）对天津滨海软黏土开展不固结不排水动三轴试验，探讨了土样振动后的强度变化特性，发现仅施加 $4\sim8kPa$ 的动应力，强度折减系数可以达到40%。据此，初步给出一个强度折减系数的计算方法，如图 3.2 所示。

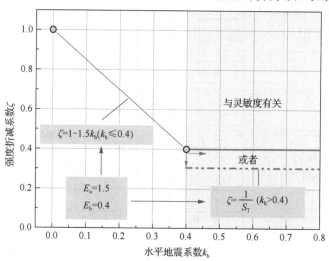

图 3.2   海底软土强度折减系数的计算方法

3.2.3   南海北部陆坡区具体站位斜坡稳定性评价

1）具体站位情况介绍

为了探究地震作用下各因素对海底斜坡稳定性的影响，首先，在南海北部陆坡区三个站位取得 2.4m 长柱状无扰动柱状土样，如图 3.3 中红旗位置所示。然后，将土样运回实验室后，分段对土样开展物理性质测试与全流动贯入测试，其物理与力学参数如表 3.1 所示。其中，基于前人（Yafrate et al.，2009；范宁，2019）

提出的全流动贯入仪第 1 次贯入阻力与第 10 次贯入阻力之比的 1.4 次幂，计算了土样的灵敏度。可以看出，土样不排水抗剪强度沿深度分布很不均匀，总体强度偏小，强度波动幅度较大，存在软弱层，灵敏度 S_T 很高。一旦遭遇强烈扰动，比如地震荷载等，该站位土体强度将大幅度降低。最后，根据上述建立的具体站位海底斜坡稳定性评价方法，在三种工况背景下开展计算分析：①静水条件；②考虑水平地震作用；③考虑双向地震作用与海底土体强度弱化特性。

表 3.1　南海北部陆坡区三个站位无扰动海底土样的物理与力学参数（改自：范宁，2019）

站位 （编号）	位置 水深/m	坡度/ （°）	厚度 x/m	物理与力学参数				相对软 弱层
				土层容重 γ/（kN/m³）	含水量 w/%	抗剪强度 s_u/kPa	灵敏度 S_T	
1 （S8-A8-2）	1220 （115.2°E 19.9°N）	7.1	0.1	14.5	98.8	2.4	20.7	否
			0.5	14.4	102.0	2.2	16.0	否
			0.9	14.4	100.2	4.0	8.4	否
			1.2	14.9	88.24	6.0		否
			1.6	14.4	104.2	2.6	7.0	是
			1.8	14.3	106.9	4.0	9.6	否
			2.0	14.6	97.2	5.0	9.5	否
2 （S7A-3）	1150 （116.0°E 20.0°N）	1.1	0.1	13.9	82.1	8.3	12.2	否
			0.3	14.0	77.4	7.5	16.7	否
			0.5	13.9	80.7	10.0	18.8	否
			0.9	13.8	77.4	6.5	8.6	否
			1.1	13.8	73.8	7.6	10.6	否
			1.6	14.6	78.6	8.9	12.2	是
			2.0	15.0	81.1	13.5	22.5	否
3 （D2-1）	1890 （118.8°E 21.8°N）	2.5	0.1	15.8	127.9	6.6	13.2	否
			0.3	15.6	125.0	10.2	19.1	否
			0.5	15.4	123.9	8.9	10.5	否
			0.9	15.4	133.6	11.2		否
			1.1	15.6	118.4	12.3	18.0	否
			1.6	15.3	94.4	6.2	10.8	是
			2.0	15.2	82.0	9.8	13.0	否

注：相对软弱层是指经公式计算后所有土层中最易发生失稳的土层。

2）静水条件与考虑水平地震作用

海底斜坡稳定性评价被量化为斜坡抗滑力与下滑力比值的相对大小。在评价式（3.15）中，分子部分代表抗滑力，分母代表部分下滑力，分别阐述如下。

在下滑力部分，海底斜坡的地震稳定性主要与海底斜坡的坡度，海底土层的物理性质以及水平地震系数等有关。对于海底斜坡的坡度，在 3.4.1 节南海北部地形进行了细致的叙述，其主要与先天的地质背景及后天海洋底流、滑坡等活动的塑造有关。对于海底土层的物理性质，其主要与沉积历史、沉积环境、物源组成及其演化等密切相关，这是海洋沉积学中的复杂课题。更重要的是地震作用，地震荷载可大幅度降低海底斜坡稳定性。南海北部陆坡区已知海底土体物理力学特征性的站位如图 3.3 所示。本节将水平地震系数 k_h 分别取为 0（无地震作用仅静水条件）、0.05、0.1、0.2、0.3 与 0.4，计算站位 1 在不同 k_h 条件下海底斜坡的安全系数，如图 3.4 所示。随着 k_h 的增大，海底斜坡的安全系数明显下降，水平地震作用显著影响海底斜坡的稳定性。

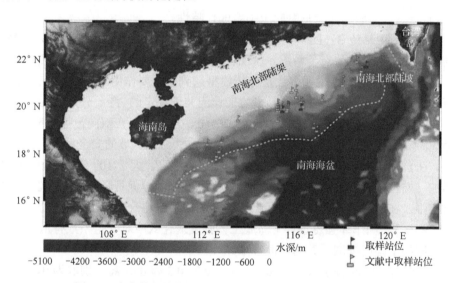

图 3.3　南海北部陆坡区已知海底土体物理力学特征性的站位

在抗滑力部分，海底斜坡的地震稳定性主要与海底土层的不排水抗剪强度有关。目前，海底土层的强度参数获取十分困难。基于现有资料可以看出，不同站位土层强度特性差异较大，同一站位土层沿深度变化情况也十分复杂，甚至存在软弱夹层等情况。如图 3.4 所示，海底斜坡的安全系数沿深度方没有明显的变化规律，其与不同深度处土层强度参数密切相关。因此，通过海洋工程地质调查、原位测试与取样后室内试验，确定海底土层强度沿深度方向的变化规律，对海底斜坡稳定性评价至关重要。

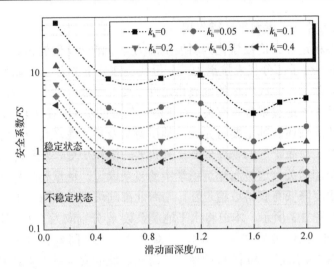

图 3.4　不同 k_h 条件下站位 1 不同深度处的安全系数

3）考虑双向地震作用与海底土强度弱化特性

将表 3.1 中站位 3（D2-1）土层的物理力学参数带入式（3.15），可以计算出不同深度处海底斜坡的安全系数。在现有数据基础上，站位 3 海底斜坡失稳将会发生在 1.6m 深度处，这说明多土层分析模型起到了重要作用。虽然数据有限，但是可以清晰地发现海底斜坡失稳是多方面原因共同决定的。将 k_h 分别取为 0、0.05、0.1、0.2、0.3 和 0.4，k_v 分别取为 0、$0.33k_h$、$0.67k_h$ 和 k_h，在双向拟静力地震荷载与考虑海底土强度弱化特性条件下，计算了站位 3 海底斜坡的安全系数，如图 3.5 所示。在自然状态下站位 3 海底斜坡的安全系数很高，大于 10。随着水平地震荷载增加，站位 3 海底斜坡的安全系数开始大幅度降低，但是竖向地震荷载的影响非常有限。在考虑地震作用与海底土体强度弱化效应耦合条件下，海底斜坡安全系数会不同程度下降，强震条件下海底土体强度弱化效应对安全系数有重大影响，这主要取决于强度折减系数的取值方法。

进一步地，将 k_h 分别取为 0、0.05、0.1、0.2、0.3 和 0.4，k_v 分别取为 0、$0.33k_h$、$0.67k_h$ 和 k_h，在双向拟静力地震荷载与是否考虑海底土体强度弱化特性耦合条件下，计算了三个站位海底斜坡的安全系数，其演化如图 3.6 所示。由于三个取样站位海底斜坡的坡度都比较小，竖向地震荷载沿斜面向下的分量较小，以至于竖向地震作用影响不明显。然而，一旦海底地形变化剧烈，尤其是油气富集的海底峡谷区，那么竖向地震作用的影响将不容忽视。同时，根据图 3.2 提出的方法对地震作用下海底土体的强度进行折减，进一步验证海底土层强度弱化效应对海底斜坡稳定性有十分显著的影响，是影响海底斜坡稳定性的重要因素，尤其是强震作用下。

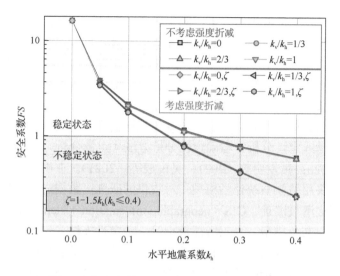

图 3.5 复杂条件下站位 3 海底斜坡的安全系数

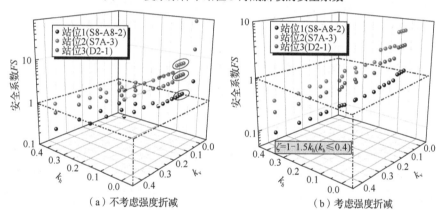

（a）不考虑强度折减 （b）考虑强度折减

图 3.6 复杂条件下三个站位海底斜坡的安全系数演化

3.3 区域海底滑坡易发性评估方法

滑坡易发性（landslide susceptibility）是对某一地区存在或可能发生的滑坡类型、体积（或面积）与空间分布进行定量或定性评估，具体来说，是特定类型和体量滑坡在空间上发生的可能性，主要强调滑坡发生的地点与可能性，是进行滑坡危险性和风险评价的基础，因此滑坡易发性预测是地质灾害研究的热点问题（石菊松等，2008；Chen et al.，2020；黄发明等，2021；吴雨辰等，2021）。滑坡易发区是指具备滑坡发生条件可能发生滑坡的区域。区域滑坡易发性评估就是要在研究区识别出滑坡非易发区、滑坡低易发区、滑坡中易发区及滑坡高易发区。通过对研究区域已发生滑坡进行编录，确定研究区内合适的研究对象，选择合理的分析模型与方法，这是开展滑坡易发性评估的关键。目前，滑坡易发性评估与滑坡易发区识别主要针对陆地滑坡，研究对象最常见的是地震滑坡易发性评估。然而，海底滑坡易发性评估鲜有开展，随着对海洋地质灾害重视程度的不断提高，区域海底地震滑坡易发性评估亟待展开。

根据选择的分析模型，当前的滑坡易发性评估方法主要有两种：非确定性分析方法（半定量或定性分析）与确定性分析方法（定量分析）（石菊松等，2008；Chen et al.，2020；黄发明等，2021；吴雨辰等，2021）。非确定性方法（半定量或定性分析）采用数学与统计学模型，对收集的研究区数据进行分析，主要采用的方法包括历史滑坡编录、GIS（geographic information system）层次分析模型、统计评价模型、灰色模型、人工智能模型等。确定性方法（定量分析）也是基于研究区数据，对研究区斜坡进行稳定性评价，主要采用的斜坡稳定性分析模型包括：无限坡模型、Newmark 累积位移模型等。与确定性分析方法相比，非确定性分析方法虽然更客观，但需要大量数据作为支撑。对于严重缺乏基础数据的海底滑坡易发性评估与区域海底滑坡易发区识别来说，在现有数据条件下开展基于确定性分析方法的海底滑坡易发性评估更为适合。

本节提出了一种以安全系数作为评价标准的区域海底滑坡易发性评估方法。首先，建立影响海底斜坡（地震）稳定性重要因素的数据库，包括研究区内的海底斜坡地形（坡度）、土层物理力学参数（尤其土层强度参数）与地震信息。然后，基于上一节建立的多土层海底斜坡（地震）稳定性分析模型，选取存在土层物理力学参数数据的所有站位，开展不同因素影响下海底斜坡稳定性分析，获取这些离散站位海底斜坡的安全系数。最后，采用空间插值理论，依托地理信息系统，将离散站位海底斜坡安全系数拓展至整个研究区，实现区域海底滑坡易发性评估。

海底斜坡地形（坡度与坡向）数据库建议采用地球物理调查等方式获取更高精度的数据。本节是在全球水深数据基础上，生成不规则三角网（triangulated irregular network，TIN），然后将 TIN 转换为数字高程模型（digital elevation model，DEM），接着采用 GIS 平台进行坡度（slope）与坡向（aspect）计算分析，最后建立海底斜坡坡度与坡向数据库。以南海北部为例，地形坡度与坡向分布云图如图 3.7 所示。

本研究采用的空间插值方法是反距离加权（inverse distance weight，IDW）插值法，如图 3.8 所示。反距离加权插值法是基于相近相似原理，假设待插值点的性质与其周围一定距离已知样本点的性质有关，是一种以待插值点 $FS'(l)$ 与样本点 [已知数值点 $FS(l_i)$] 之间距离 l_i 的函数 λ_i 为权重的插值方法（朱吉祥等，2012；王兴等，2016），如式（3.16）～式（3.18）所示。距离待插值点 $FS'(l)$ 越近的已知

数值点 $FS(l_i)$ 被赋予的权重越大。反距离加权插值法的精度很大程度上得益于样本数据的数量与样本数据的准确性。地震、海底地形与土层物理力学参数在空间分布或空间影响上都存在一定的相近相似性质。因此，采用 IDW 插值法进行区域海底滑坡易发性评估是合适的。

$$\lambda_i = l_i^{-P} \bigg/ \sum_1^j l_i^{-P} \tag{3.16}$$

$$\sum_1^n \lambda_i = 1 \tag{3.17}$$

$$FS'(l) = \sum_1^j \left[\lambda_i FS(l_i) \right] \tag{3.18}$$

式中：λ_i 为权重系数；l_i 为第 i 个样本点与待插值点间的距离；j 为参与计算的已知样本点个数；$FS'(l)$ 为待插值点的安全系数；$FS(l_i)$ 为第 i 个样本点的安全系数；P 为幂指数，它控制着权重系数 λ_i 随待插值点与已知样本点间距离增加而下降的程度。

图 3.8 中，当 $P=0$ 时，所有参与计算的样本点权重相等（均为 $1/j$），该方法变为算术平均值法；当 $P=1$ 时，称为距离反比法，是一种常用而简便的空间插值方法；当 $P=2$ 时，称为距离平方反比法，是最常使用的方法（本研究采用的方法）；当 P 取值很大，接近于正无穷时，待插点的估算值等于离待插点最近的样本点的值，该方法变为最近邻点法。

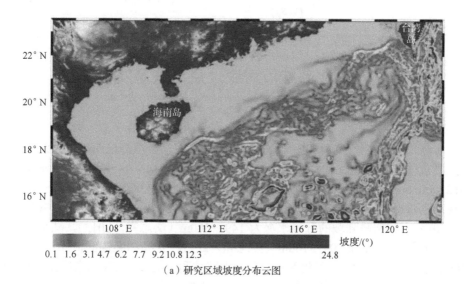

（a）研究区域坡度分布云图

图 3.7 南海北部陆坡的地形坡度与坡向分布云图

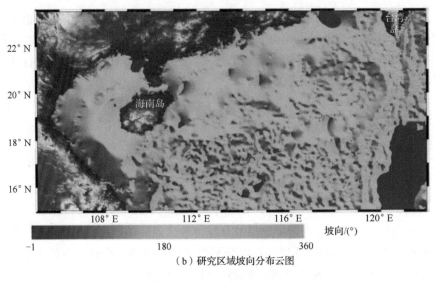

（b）研究区域坡向分布云图

图 3.7　（续）

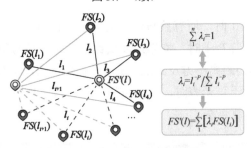

图 3.8　反距离加权插值法

3.4　南海北部陆坡海底地震滑坡易发性评估

3.4.1　南海北部地质背景

　　南海北部陆坡位于我国东南大陆、海南岛以南，台湾岛以西，沿东北向西南方向展布，经度范围为 108°E～120.5°E，纬度范围为 15°N～22.5°N（秦志亮，2012；Liu and Wang，2014；马云，2014）。陆坡全长约 900km，宽 143～342km，呈现东宽西窄与陆架分布格局相反的形态，面积约 23 万 km² （秦志亮，2012；马云，2014）。陆架与陆坡的分界水深为 149～300m（秦志亮，2012），陆架与深海平原的分界水深为 3300～3700m（秦志亮，2012；张亮和栾锡武，2012），以约 1100m 水深为界，可将南海北部陆坡分为上陆坡和下陆坡（张亮和栾锡武，2012），如图 3.9 所示。图 3.9 示出根据水深、地形、地貌与坡度等的变化趋势，结合陆坡走向，南海北部陆坡概况将南海北部陆坡自西向东划分为五大陆坡区，分别为（a）莺琼陆坡区、（b）神狐陆坡区、（c）珠江海谷段陆坡区、（d）东沙陆坡区、

（e）台湾浅滩陆坡区（王海荣等，2008；张亮和栾锡武，2012；卓海腾等，2014），其地貌形态变化如图 3.10 所示。

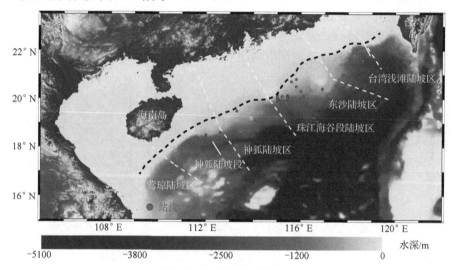

图 3.9　南海北部陆坡概况

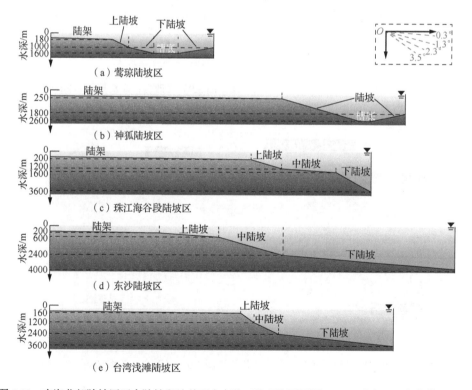

图 3.10　南海北部陆坡区五个陆坡段地貌形态变化（地理位置见图 3.9）（改自：王海荣等，2008）

　　根据多道高精度地震测线资料，地理位置如图 3.9 所示，前人对测线范围的典型局部地形剖面，进行精细化的定量描述，更直观地展示了南海北部陆坡区海底典型地形剖面，如图 3.11 与图 3.12 所示（王海荣等，2008；卓海腾等，2014）。根据陆坡剖面形态特征，发现海底分布着很多古滑坡体，沟壑纵横，其间还发育着水道，海底斜坡可能存在潜在滑动面等（王海荣等，2008；卓海腾等，2014）。

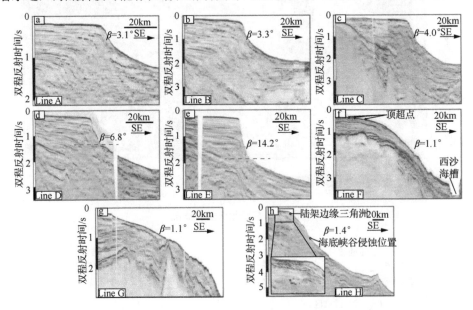

图 3.11　典型地形剖面（一）（地理位置见图 3.9）（改自：卓海鹏等，2014）

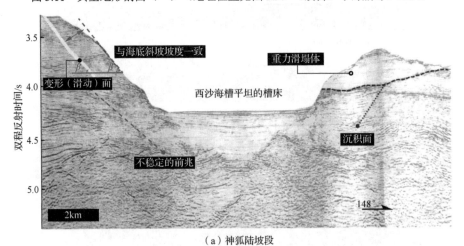

（a）神狐陆坡段

图 3.12　典型地形剖面（二）（地理位置见图 3.9）（改自：王海荣等，2008）

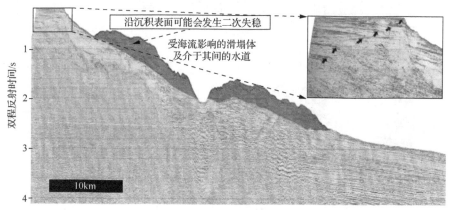

（b）台湾浅滩陆坡段

图 3.12　（续）

3.4.2　南海北部地区地震分布

南海地区位于欧亚板块、太平洋板块与印度板块交会处，地质构造十分复杂，为地震易发、多发地带（王霄飞等，2014；刘科和王建华，2016）。基于中国地震数据中心的基础数据，对南海北部经度范围为 108°E～120.5°E，纬度范围为 15°N～22.5°N 的区域进行地震数据统计分析。

自有记录至 2018 年，南海北部发生 7.0 级以上地震 6 次，6.0～6.9 级 32 次，5.0～5.9 级 155 次，4.0～4.9 级 558 次，南海北部地震分布情况如图 3.13 所示。其中，1970～2018 年，发生的 3.0 级以上的地震 931 次，发生 7.0 级以上地震 1 次，6.0～6.9 级 14 次，5.0～5.9 级 102 次，4.0～4.9 级 535 次，3.0～3.9 级 279 次。分析发现研究区内发生的多为浅源地震，占比达 94.5%。总体来说，南海北部地震活动分布非常不均匀，表现出东强西弱、北强南弱的分布特征。其中，震源在南海北部陆缘的东北部分布较为密集，且密集区附近普遍发育海底滑坡，可见这两者之间存在密切关系（何健等，2018）。根据地震烈度，可以将南海北部陆坡区分为两部分：东部高烈度区域和西部低烈度区域（陈仁法等，2009；刘科和王建华，2016）。南海北部区域 50 年超越概率 10%的地震动峰值加速度也可简化为两部分：东部高烈度区的地震动峰值加速度为 0.263g～0.379g，西部低烈度区的地震动峰值加速度不超过 0.232g（陈仁法等，2009；刘科和王建华，2016）。

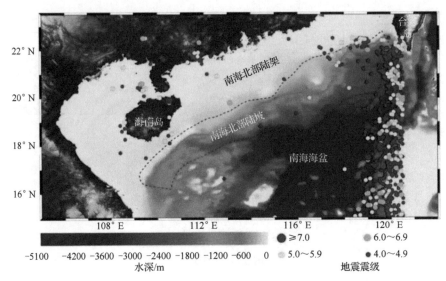

图 3.13　南海北部地震分布情况

3.4.3　海底土层物理力学参数

南海地区工程地质调查结果显示，随着水深加大，从陆坡区上陆坡到深海盆地，海底沉积物颗粒组成由粉砂、粉砂质黏土逐渐演变为深海黏土（栾锡武等，2012；朱超祁等，2017）。通过取样后进行实验室测试发现，南海海底土层表现出含水率高、不排水抗剪强度低、结构性强、渗透性差、海洋生物残骸多等特点。在地震荷载作用下，极易造成海底土层强度下降，进而导致斜坡失稳，形成大规模海底滑坡。根据上述分析，包括不排水抗剪强度在内的海底土层物理力学参数对海底斜坡稳定性评价至关重要（Wu et al.，2011；L'Heureux et al.，2013；Liu and Wang，2014；修宗祥等，2016；Zheng et al.，2019）。基于取样后室内试验结果（表3.1）、已公开发表的文献资料、原位测试结果等，在现有条件下，初步编制了南海北部陆坡区海底土层物理力学参数数据，如表3.2所示。

表 3.2　南海北部陆坡区海底土层物理力学参数数据

数据来源	位置信息					物理力学参数				软弱层
	站位	东经/(°)	北纬/(°)	水深/m	坡度/(°)	土深/m	γ/(kN/m³)	含水量/%	s_u/kPa	
刘文涛等（2014）	4	112.4	18.0	2500	2.3	0.4	14.2		2.5	
						1.1	14.4		1.9	
						1.9	14.4		3.3	
						2.6	14.6		2.3	

续表

| 数据来源 | 位置信息 | | | | | | 物理力学参数 | | | 软弱层 |
	站位	东经/(°)	北纬/(°)	水深/m	坡度/(°)	土深/m	γ/(kN/m³)	含水量/%	s_u/kPa	
刘文涛等(2014)	5	112.5	18.2	2220	1.5	0.4	14.0		2.5	
						1.1	13.6		1.6	
						1.9	14.1		2.2	
	6	112.6	18.6	800	2.0	0.4	13.8		3.6	
						1.1	13.4		1.7	
						1.9	13.8		1.1	
						2.6	14.0		1.6	
朱超祁等(2016)	7	111.0	17.2	1110	4.8	2.2	14.7		10.0	是
						2.6	14.7		15.8	否
	8	111.0	18.0	1500	4.4	0.4	14.7		14.5	否
						1.0	14.7		18.0	否
						2.2	14.7		20.0	是
	9	112.0	18.5	540	2.3	0.4	14.7		20.0	否
						0.6	14.7		23.0	是
	10	115.4	18.9	2390	8.0	0.1	14.7		5.0	否
						0.5	14.7		6.0	否
						0.9	14.7		10.1	是
	11	115.1	19.9	1360	5.8	1.3	14.7		0.9	是
						2.6	14.7		2.1	否
	12	115.4	19.9	1440	2.0	0.8	14.7		11.0	否
						1.2	14.7		13.0	否
						2.2	14.7		13.3	否
						3.0	14.7		13.7	是
	13	115.2	20.1	640	1.6	0.4	14.7		12.8	否
						1.6	14.7		14.2	否
						2.4	14.7		19.0	是
	14	116.9	20.4	540	1.6	0.2	14.7		4.0	否
						1.0	14.7		12.0	否
						2.2	14.7		10.0	是

数据来源	位置信息						物理力学参数			软弱层
	站位	东经/(°)	北纬/(°)	水深/m	坡度/(°)	土深/m	γ/（kN/m³）	含水量/%	s_u/kPa	
朱超祁等（2016）	15	117.8	21.0	970	1.3	0.3	14.7		7.0	否
						0.9	14.7		10.0	是
						1.8	14.7		50.0	否
朱超祁等（2017）	16	115.4	19.9	1440	3.2	0.7	14.0	150.0	11.1	否
						0.9	14.5	155.0	12.0	否
						2.9	15.0	140.0	12.8	是
	17	118.4	22.0	1250	4.4	2.1	16.0	150.0	13.0	否
李光耀（2014）	18	115.0	20.2	550	1.8	1.0	15.6	64.8	9.3	否
						2.0	16.1	54.1	7.9	否
						3.0	16.9	51.0	6.4	是
	19	115.0	20.1	730	2.3	1.0	15.9	60.2	8.8	否
						2.0	15.8	60.7	10.0	否
						3.0	15.6	60.0	10.1	是
	20	115.0	20.0	850	2.0	1.0	15.2	78.5	7.8	否
						2.0	15.0	75.5	7.7	否
						3.0	15.4	71.0	8.5	是
	21	115.0	19.9	930	2.7	1.0	14.2	100.8	4.3	否
						2.0	14.4	92.7	5.3	否
						3.0	14.4	96.0	5.6	是
	22	115.0	19.5	1600	1.6	1.0	13.6	129.0	3.2	否
						2.0	13.7	120.0	4.2	否
						3.0	13.5	120.3	5.2	是
修宗祥等（2016）	23	115.43	20.13	750	8.5	3.0	15.0	—	15.0	
	24	115.43	20.10	850	8.0	3.0	15.0		15.0	
	25	115.43	20.07	1050	15.0	3.0	15.0		5.5	
	26	115.43	20.04	1150	17.0	3.0	15.0		5.5	
	27	115.43	20.01	1250	4.5	3.0	15.0		5.5	
	28	115.43	19.98	1300	11.5	3.0	15.0		5.5	

数据来源	位置信息						物理力学参数			软弱层
	站位	东经/(°)	北纬/(°)	水深/m	坡度/(°)	土深/m	γ/(kN/m^3)	含水量/%	s_u/kPa	
卢博(1996)	29	116.1	20.1	1040	1.4	0.5	15.0	136.0	3.3	
	30	116.0	20.3	800	0.9	0.5	15.0	87.4	3.6	
	31	117.7	19.9	2800	1.6	0.5	15.0	111.8	2.7	
	32	116.6	19.2	2660	2.0	0.5	15.0	115.6	1.7	
	33	115.8	20.5	530	0.7	0.5	15.0	73.7	10.3	
	34	116.7	19.1	3120	2.7	0.5	15.0	117.0	4.2	
	35	118.6	21.6	2100	3.1	0.5	15.0	84.5	2.1	
	36	115.6	20.7	370	0.5	0.5	15.0	35.2	2.0	
	37	115.8	20.8	360	0.5	0.5	15.0	48.7	14.9	
	38	113.3	19.5	250	0.5	0.5	15.0	59.2	11.4	
Hsu 等(2018)	39	120.3	22.3	540	4.2	2.0	17.0	43.0	15.0	
估计值 $s_u = 4.7133h^{0.1928}$ ($h \leqslant 4m$) (李光耀,2014)	40	120.3	21.7	1500	14.4	2.0	15.0		10.0	
	41	118.1	20.5	2300	9.7	2.0	15.0		10.0	
	42	119.3	21.2	2900	7.3	2.0	15.0		10.0	
	43	119.4	22.3	1300	7.1	2.0	15.0		10.0	
	44	118.8	21.0	2600	0.8	2.0	15.0		10.0	
	45	119.9	22.7	400	1.2	2.0	15.0		10.0	
	46	119.3	21.7	2700	0.9	2.0	15.0		10.0	

3.4.4 南海北部陆坡区域海底滑坡易发性评估

南海北部陆坡属于深水陆坡,海疆广阔,富集丰富资源,但该区域地震、海底滑坡多发,对该区域进行海底地震滑坡易发性评估可为海洋资源开发、工程选线与防灾减灾提供参考。本节依靠 GIS 技术获取研究区域海底斜坡的坡度,结合有关部门编制的研究区海底土层物理力学参数数据库,使用 3.2 节建立的具体站位海底斜坡安全系数计算方法,获取研究区内所有离散站位海底斜坡安全系数,然后依托 GIS 平台,基于 IDW 插值理论,将离散站位海底斜坡的安全系数在研究区内实现空间上的拓展,开展以安全系数为评价标准的区域海底滑坡易发性评估。

1）研究区1——南海东北部陆坡

选取南海东北部陆坡区作为研究区1，根据图3.13南海北部地震分布情况可知，研究区1受地震影响更强，取表3.1与表3.2中45个离散站位（站位1～3与5～46），南海东北部陆坡区域海底滑坡易发性分布图如图3.14所示，获得了不同条件下（海底多土层、水平与竖向地震荷载组合、地震作用下土层强度弱化效应）离散站位海底斜坡的安全系数，开展区域海底滑坡易发性评估。

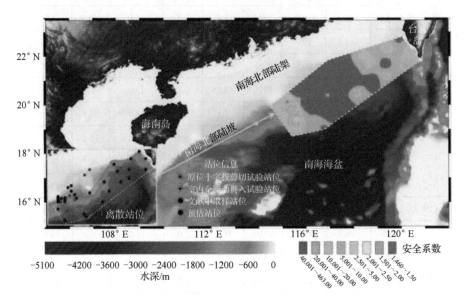

图3.14　南海东北部陆坡区域海底滑坡易发性分布图

图3.14与表3.3清楚展示了南海东北部陆坡海底地震滑坡易发性的演化过程。在现有数据前提下，南海东北部陆坡自然条件下不易发生滑坡，区域海底斜坡稳定性较好，但东北部陆坡的西南部与东南部稳定性相对较差。由于研究区陆坡整体坡度较为平缓，大坡度较少（如局部海底峡谷），竖向地震作用影响有限，但水平地震作用要考虑海底土体强度弱化效应，对整个研究区域内海底斜坡稳定性的影响十分显著，尤其是在强震作用时。具体来说，随着地震作用增强，发生海底滑坡的可能性逐渐增大，海底滑坡覆盖范围越来越广。当 k_h 达到 0.2 时，研究区西南部已变得相当危险；当 k_h 达到 0.3 并考虑强度弱化效应时（或 k_h 达到 0.4 时），整个研究区都可能发生区域性海底滑坡，其易发性的演化过程如表3.3所示。

表 3.3　南海东北部陆坡地震触发海底滑坡易发性的演化过程

地震系数		海底滑坡易发性图	
k_h	k_v/k_h	不考虑强度弱化效应	考虑强度弱化效应
0.05	0		
	1/3		
	2/3		
	1		

续表

地震系数		海底滑坡易发性图	
k_h	k_v/k_h	不考虑强度弱化效应	考虑强度弱化效应
0.10	0		
	1/3		
	2/3		
	1		
0.20	0		

续表

地震系数		海底滑坡易发性图	
k_h	k_v/k_h	不考虑强度弱化效应	考虑强度弱化效应
0.20	1/3		
	2/3		
	1		
0.30	0		
	1/3		

地震系数		海底滑坡易发性图	
k_h	k_v/k_h	不考虑强度弱化效应	考虑强度弱化效应
0.30	2/3		
	1		
0.40	0		
	1/3		
	2/3		

续表

地震系数		海底滑坡易发性图	
k_h	k_v/k_h	不考虑强度弱化效应	考虑强度弱化效应
0.40	1	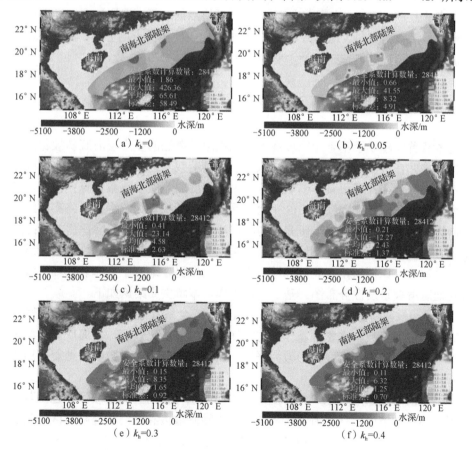	

2）研究区 2——南海北部陆架

选取整个南海北部陆架作为研究区 2，取表 3.1 与表 3.2 中 38 个离散站位（站位 1～38，如图 3.9 所示），分析海底多土层与水平地震作用下离散站位海底斜坡的安全系数，南海北部陆坡海底地震滑坡易发性分布图，如图 3.15（a）～（f）所示。

（a）$k_h=0$　　　　（b）$k_h=0.05$

（c）$k_h=0.1$　　　　（d）$k_h=0.2$

（e）$k_h=0.3$　　　　（f）$k_h=0.4$

图 3.15　南海北部陆坡海底地震滑坡易发性分布图

随着 k_h 增大，海底斜坡的安全系数逐渐降低；当 k_h 达到 0.05 时，仅有神狐陆坡区段与珠江海谷段陆坡区段的两个点状区域出现失稳情况；当 k_h 达到 0.1 时，这两个点状区域开始逐渐扩大；当 k_h 达到 0.2 时，两个点状区域继续扩大，此时失稳范围已经相当大；当 k_h 达到 0.3 时，神狐陆坡区段与珠江海谷段陆坡区段这两大区域的海底斜坡已出现大规模失稳情况，与此同时台湾浅滩陆坡区段的海底斜坡也出现了局部失稳；当 k_h 达到 0.4 时，整个南海北部陆坡区海底斜坡稳定性均较差，五大陆坡区段均有失稳区域出现，其中神狐陆坡区段、珠江海谷段陆坡区段与台湾浅滩陆坡区段失稳范围最广。此外，虽然台湾浅滩陆坡区段地震多发，但是根据现有数据分析可知，该区段土体强度的整体相对较高，所以当地震作用较小时，海底斜坡的地震稳定性较好，然而，当地震作用较大时，海底斜坡稳定性也会快速下降，该区域仍不容忽视。

上述方法的准确性首先取决于海底土层的物理力学参数。其次，它依赖于海底斜坡稳定性分析模型。最后，它高度依赖于空间插值方法和插值点的选择（如插值点的数量、密度、空间分布等）。对于插值点的选择，建议结合海洋工程地质调查和水深数据资料（地形），综合分析来确定最佳插值点的分布。此外，开发更合适的插值模型是后续研究的主要任务。

3.5　本　章　小　结

本章首先建立了基于无限坡滑动模式极限平衡法的多土层海底斜坡稳定性分析模型，并在该模型中考虑了双向拟静力地震荷载与地震作用下海底土体强度弱化效应；随后，开展了具体离散站位浅表层海底斜坡安全系数计算；接着，以安全系数作为评价标准，依托 GIS 平台，通过空间插值理论，提出了将离散站位海底斜坡安全系数拓展到整个研究区的区域浅表层海底滑坡易发性评估方法；最后，将该方法应用于南海北部陆坡区，实现了南海北部陆坡浅表层区域海底地震滑坡易发性评估，识别了南海北部陆坡海底滑坡易发区，编制了南海北部陆坡浅表层海底地震滑坡易发性分布图。基于上述工作，本章主要结论如下。

（1）通过南海三个具体站位海底斜坡进行安全系数计算，发现海底斜坡坡度、海底土层强度参数、水平地震作用与海底土体强度弱化效应，对海底斜坡稳定性影响十分显著，由于海底地形较为平缓，斜坡坡度较小，导致竖向地震作用十分有限。

（2）南海北部陆坡地形相对复杂，自西向东可分为五大陆坡区，包括莺琼陆坡区、神狐陆坡区、珠江海谷段陆坡区、东沙陆坡区和台湾浅滩陆坡区，基于水深数据，依托 GIS 平台，获取了南海北部陆坡区的地形坡度与坡向，整体上海底坡度较缓，但仍存在不少坡度较大的区域，尤其是海底峡谷区。

（3）基于历史地震数据，编制了南海北部地区的地震分布图，发现南海北部地震活动分布非常不均匀，总体表现为东强西弱、北强南弱现象，还发现海底滑坡与地震作用存在密切关系，十分有必要开展南海北部海底地震滑坡易发性评估。

（4）基于海底取样后的室内试验测试结果、已公开发表的文献资料、海底原位测试数据等，初步编制了南海北部陆坡区海底浅表层（小于 3m）土体物理力学参数数据库，发现这些浅表层土体表现出含水率高、不排水抗剪强度低、结构性强等特点，在地震荷载作用下，极易造成海底土层强度下降，形成大规模海底滑坡。

（5）在现有资料前提下，南海东北部陆坡自然条件不易发生海底滑坡，区域海底斜坡的稳定性较好。随着地震作用加强，发生海底滑坡的可能性增大，滑坡覆盖范围越来越广。当 k_h 达到 0.2 时，南海东北部陆坡的西南部已经变得相当危险；当 k_h 达到 0.3 并考虑强度弱化效应时（或 k_h 达到 0.4 时），整个南海东北部陆坡都可能发生区域性滑坡。

（6）在现有资料前提下，随着地震增强，整个南海北部陆坡滑坡区逐渐扩展，起初由神狐陆坡区段与珠江海谷段陆坡区段的点状区域逐渐扩大，当 k_h 达到 0.2 时，失稳范围已经相当大；当 k_h 达到 0.4 时，整个南海北部陆坡区海底斜坡稳定性均较差，五大陆坡区段均有失稳区域出现，其中神狐、珠江海谷与台湾浅滩陆坡区段失稳范围相对较广。

（7）本章提出的区域海底滑坡易发性评估方法的准确性取决于海底土层的物理力学参数，依赖于海底斜坡稳定性分析模型，还高度依赖于空间插值方法和插值点的选择（如插值点的数量、密度、空间分布等）。关于插值点的选择，建议结合海洋工程地质调查和高精度水深数据资料（地形），综合确定插值点的分布。

参 考 文 献

陈仁法, 康英, 黄新辉, 等, 2009. 南海北部地震危险性分析[J]. 华南地震, 29(4): 36-45.

范宁, 2019. 海底滑坡体的强度特性及其对管线的冲击作用研究[D]. 大连: 大连理工大学.

郭兴森, 2021. 海底地震滑坡易发性与滑坡-管线相互作用研究[D]. 大连: 大连理工大学.

何健, 梁前勇, 马云, 等, 2018. 南海北部陆坡天然气水合物区地质灾害类型及其分布特征[J]. 中国地质, 45(1): 15-28.

黄发明, 陈佳武, 唐志鹏, 等, 2021. 不同空间分辨率和训练测试集比例下的滑坡易发性预测不确定性[J]. 岩石力学与工程学报: 1-14.

霍沿东, 2018. 基于极限分析上限方法的海底黏性土边坡地震稳定性评价[D]. 大连: 大连理工大学.

李光耀, 2014. 南海北部陆坡区海底表层沉积物特性浅析[J]. 中国科技纵横(13): 148-150.

刘科, 王建华, 2016. 南海北部新构造活动特征及地震Z带划分参数分析[J]. 海洋地质与第四纪地质, 36(2): 85-92.

刘文涛, 石要红, 张旭辉, 等, 2014. 西沙海槽东部海底浅表层土工程地质特性及水合物细粒土力学性质试验[J]. 海洋地质与第四纪地质, 34(3): 39-47.

卢博, 1996. 东沙群岛海域沉积物及其物理学性质的研究[J]. 海洋学报（中文版）(6): 82-89.

栾锡武, 孙钿奇, 彭学超, 2012. 南海北部陆架南北卫浅滩的成因及油气地质意义[J]. 地质学报, 86(4): 626-640.

马云, 2014. 南海北部陆坡区海底滑坡特征及触发机制研究[D]. 青岛: 中国海洋大学.

马云, 孔亮, 梁前勇, 等, 2017. 南海北部东沙陆坡主要灾害地质因素特征[J]. 地学前缘, 24(4): 102-111.

秦志亮, 2012. 南海北部陆坡块体搬运沉积体系的沉积过程、分布及成因研究[D]. 青岛: 中国科学院研究生院（海洋研究所）.

石菊松, 石玲, 吴树仁, 2008. 利用 GIS 技术开展滑坡制图的技术方法与流程[J]. 地质通报, 27(11): 1810-1821.

王海荣, 王英民, 邱燕, 等, 2008. 南海北部陆坡的地貌形态及其控制因素[J]. 海洋学报（中文版）, 30(2): 70-79.

王霄飞, 李三忠, 龚跃华, 等, 2014. 南海北部活动构造及其对天然气水合物的影响[J]. 吉林大学学报（地球科学版）, 44(2): 419-431.

王兴, 刘莹, 王春晖, 等, 2016. 海洋盐度分布的插值方法应用与对比研究[J]. 海洋通报, 35(3): 324-330.

吴雨辰, 周晗旭, 车爱兰, 2021. 基于粗糙集－神经网络的 IBURI 地震滑坡易发性研究[J]. 岩石力学与工程学报: 1-10.

修宗祥, 刘乐军, 李西双, 等, 2016. 荔湾 3-1 气田管线路由海底峡谷段斜坡稳定性分析[J]. 工程地质学报, 24(4): 535-541.

闫澍旺, 封晓伟, 田俊峰, 2010. 循环荷载下滨海软黏土孔压发展规律及强度弱化特性[J]. 中国港湾建设(z1): 86-89.

张亮, 栾锡武, 2012. 南海北部陆坡稳定性定量分析[J]. 地球物理学进展(4): 1443-1453.

朱超祁, 贾永刚, 张民生, 等, 2016. 南海北部陆坡表层沉积物强度特征研究[J]. 工程地质学报, 24(5): 863-870.

朱超祁, 周蕾, 张红, 等, 2017. 南海北陆架坡表面沉积物的物理力学性质初探[J]. 工程地质学报, 25(6): 1566-1573.

朱吉祥, 张礼中, 周小元, 等, 2012. 反距离加权法在区域滑坡危险性评价中的应用[J]. 水土保持通报, 32(3): 136-140.

卓海腾, 王英民, 徐强, 等, 2014. 南海北部陆坡分类及成因分析[J]. 地质学报, 88(3): 327-336.

AMARASINGHE P M, ANANDARAJAH A, GHOSH P, 2014. Molecular dynamic study of capillary forces on clay particles[J]. Applied Clay Science, 88: 170-177.

AMBRASEYS N N, SIMPSON K A, BOMMER J J, 1996. Prediction of horizontal response spectra in Europe[J]. Earthquake Engineering & Structural Dynamics, 25(4): 371-400.

BISCONTIN G, PESTANA J M, NADIM F, 2004. Seismic triggering of submarine slides in soft cohesive soil deposits[J]. Marine Geology, 203: 341-354.

BOULANGER R W, IDRISS I M, 2007. Evaluation of cyclic softening in silts and clays[J]. Journal of Geotechnical and Geoenvironmental Engineering, 133(6): 641-652.

BRYN P, BERG K, FORSBERG C F, et al., 2005. Explaining the Storegga slide[J]. Marine and Petroleum Geology, 22: 11-19.

CHEN B K, WANG D S, LI H N, et al., 2017. Vertical-to-horizontal response spectral ratio for offshore ground motions: Analysis and simplified design equation[J]. Journal of Central South University, 24: 203-216.

CHEN Z, YE F, FU W, et al., 2020. The influence of DEM spatial resolution on landslide susceptibility mapping in the Baxie River basin, NW China[J]. Natural Hazards, 101: 853-877.

GUO X, ZHENG D, NIAN T, et al., 2020. Large-scale seafloor stability evaluation of the northern continental slope of South China Sea[J]. Marine Georesources & Geotechnology, 38(7): 804-817.

HANCE J J, 2003. Submarine slope stability[D]. Austin: The University of Texas at Austin.

HSU H H, DONG J J, HSU S K, et al., 2018. Back analysis of an earthquake-triggered submarine landslide near the SW of Xiaoliuqiu[J]. Terrestrial Atmospheric & Oceanic Sciences, 29(1): 77-85.

IKARI M J, STRASSER M, SAFFER D M, et al., 2011. Submarine landslide potential near the megasplay fault at the Nankai subduction zone[J]. Earth and Planetary science letters, 312: 453-462.

INGLES J, DARROZES J, SOULA J C, 2006. Effects of the vertical component of ground shaking on earthquake-induced landslide displacements using generalized Newmark analysis[J]. Engineering Geology, 86: 134-147.

LENG J, LIAO C, YE G, et al., 2018. Laboratory study for soil structure effect on marine clay response subjected to cyclic loads[J]. Ocean Engineering, 147: 45-50.

LEYNAUD D, MIENERT J, 2003. Slope stability assessment of the Trænadjupet slide area offshore the mid-norwegian margin[M]. Submarine mass movements and their consequences. Springer, Dordrecht: 255-265.

L'HEUREUX J S, LONGVA O, STEINER A, et al., 2012. Identification of weak layers and their role for the stability of slopes at Finneidfjord, northern Norway[M]. Submarine mass movements and their consequences. Springer, Dordrecht: 321-330.

L'HEUREUX J S, VANNESTE M, RISE L, et al., 2013. Stability, mobility and failure mechanism for landslides at the upper continental slope off Vesterålen, Norway[J]. Marine Geology, 346: 192-207.

LIU K, WANG J, 2014. A continental slope stability evaluation in the Zhujiang River Mouth Basin in the South China Sea[J]. Acta Oceanologica Sinica, 33(11): 155-160.

NIAN T, GUO X, ZHENG D, et al., 2019. Susceptibility assessment of regional submarine landslides triggered by seismic actions[J]. Applied Ocean Research, 93: 101964.

PRIOR D B, COLEMAN J M, 1979. Submarine landslides-geometry and nomenclature[J]. Zeitschrift für Geomorphologie, 23(4): 415-426.

RASHID H, MACKILLOP K, SHERWIN J, et al., 2017. Slope instability on a shallow contourite-dominated continental margin, southeastern Grand Banks, eastern Canada[J]. Marine Geology, 393: 203-215.

RODRÍGUEZ-OCHOA R, NADIM F, HICKS M A, 2015. Influence of weak layers on seismic stability of submarine slopes[J]. Marine and Petroleum Geology, 65: 247-268.

RP2A-WSD A P I, 2004. Recommended practice for planning, designing and constructing fixed offshore platforms-working stress design[M]. Houston: American Petroleum Institute.

SULTAN N, COCHONAT P, CANALS M, et al., 2004. Triggering mechanisms of slope instability processes and sediment failures on continental margins: A geotechnical approach[J]. Marine Geology, 213: 291-321.

TALLING P J, WYNN R B, MASSON D G, et al., 2007. Onset of submarine debris flow deposition far from original giant landslide[J]. Nature, 450(7169): 541-544.

WANG D, WHITE D J, RANDOLPH M F, 2010. Large-deformation finite element analysis of pipe penetration and large-amplitude lateral displacement[J]. Canadian Geotechnical Journal, 47(8): 842-856.

WU S G, QIN Z L, WANG D W, et al., 2011. Analysis on seismic characteristics and triggering mechanisms of mass transport deposits on the northern slope of the South China Sea[J]. Chinese Journal of Geophysics, 54(6): 1056-1068.

YAFRATE N, DEJONG J, DEGROOT D, et al., 2009. Evaluation of remolded shear strength and sensitivity of soft clay using full-flow penetrometers[J]. Journal of Geotechnical and Geoenvironmental Engineering, 135(9): 1179-1189.

ZANGENEH N, 2003. Enhanced Newmark method for seismic analysis of submarine slopes[D]. Saint John: Memorial University of Newfoundland.

ZHENG D, NIAN T, LIU B, et al., 2019. Investigation of the stability of submarine sensitive clay slopes underwave-induced pressure[J]. Marine Georesources & Geotechnology, 37(1): 116-127.

4 海底滑坡体土力学特性及土-水界面相互作用

4.1 引　言

　　海底滑坡是一种自固态向流态呈现阶段式（大致可分为：触发启动阶段、流滑阶段、流动渐停阶段）发展的海洋土体灾害，各阶段滑坡土体所反映出的物理力学特征并不相同。以流滑阶段的滑坡土体为例，其具有土体和流体的双重属性，较之滑坡触发前的海洋软土或触发启动阶段的滑坡体而言，滑坡土体的剪切强度更低、含水率更高，受剪切应变率影响十分显著；且该阶段滑坡体的运动速度往往得到充分发展，速度值和影响范围更大，故本章重点围绕该阶段的滑坡土体展开讨论。至于海底滑坡各阶段间如何发生转变，受当前海下监测设备与海洋环境限制，学者们（Boylan et al.，2009；Boukpeti et al.，2012；Dong，2016）对其仅提出了比较宏观的结论，即海底滑坡的阶段转变主要源自于滑坡土体与其周围水环境间的复杂相互作用。事实上，这种复杂的土（滑坡土体）-水（水环境）相互作用不仅关乎上述海底滑坡发展阶段的转变，也直接影响着海底滑坡灾害的综合特征指标，如海底滑坡的土力学特性、滑动距离、滑动速度、影响范围等，其研究极具工程价值和科研难度，然而，在当前有关海底滑坡的研究中，尤其是海底滑坡运动特征的数值模拟分析（Gauer et al.，2005；Zakeri et al.，2009；Liu et al.，2015）中，往往忽略了该土-水相互作用过程，这可能导致一些分析结果值得商榷。因此，探讨海底滑坡体在运动过程中的土力学特性，揭示滑坡运动的土-水界面作用及其影响，已成为海洋能源开发和灾害评价的当务之急。

　　本章后续内容安排如下：4.2 节为基于全流动贯入仪-流变仪的组合试验方法，用于评价海底滑坡体的土力学特性；4.3 节为海底滑坡土体的流变强度测试与分析，探讨剪切应变率对土体灵敏度的影响；4.4 节为海底滑坡体的分段流变强度模型，基于剪切稀化行为理论，提出分段流变强度模型来描述海底滑坡体从低剪切应变率到中高剪切应变率的流变强度特性；4.5 节为海底滑坡流滑阶段的"滑水效应"分析，讨论该效应的发生条件及其影响下的滑端变形机制；4.6 节为海底滑坡体的界面质量输运过程分析，采用等价模拟方法，对不同流速条件下海底滑坡的土-水界面质量输运通量变化规律进行分析与预测。

4.2　基于全流动贯入仪-流变仪的组合试验方法

4.2.1　滑体流变行为理论基础

受周围水环境的影响，海底滑坡体在流滑阶段中原有土体属性逐渐减弱，而流态属性得到加强，滑坡土体的物理力学性质介于土体和流体之间，表现出较强的流变行为。图 4.1 为海底滑坡体的运动速度场示意图，下面通过图 4.1 对滑体流变行为的理论基础做简要介绍。

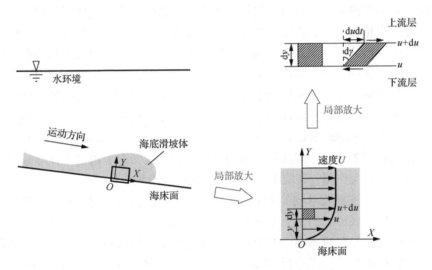

图 4.1　海底滑坡体的运动速度场示意图

当海底滑坡体在海床面（图 4.1 中将自然状态下起伏不一的海床面简化为平整表面）上以某一速度 U 运动（沿 X 方向）时，紧靠海床面的那层流体质点，会黏附于海床表面，速度为 0，而沿海床面法线方向速度很快增大到滑坡体的初始速度 U。因此，滑坡体自海床面向上（沿 Y 方向）形成一个速度递增梯度（du/dy），内部各流层间速度不同，即产生边界层效应（Schlichting and Gersten，2016）。

从流体力学的角度讲（蒋宝军和刘辉，2015），滑坡体内部各流层间存在着的内摩擦力，称为剪切应力 τ（Pa），流体剪切应力大小与速度梯度（du/dy）成正比，表达式见式（4.1）。由于海洋软土大多处于饱和态，从土力学角度而言，土的不排水剪切强度 s_u 与剪切应力 τ 近似相等（Sahdi，2013）。

$$s_u \approx \tau = \mu(du/dy) \tag{4.1}$$

式中：μ 为比例系数，称为动力黏性系数（简称为黏度，Pa·s），式（4.1）也称为牛顿内摩擦定律。为了进一步说明（du/dy）的物理意义，图 4.1 进一步细化，在距离为 dy 的上下两流层间取矩形流体微团（即质点）；微团上下层的速度相差 du，经 dt 时间，微团除位移外，还有剪切变形 dγ（d$\gamma \approx \tan(d\gamma) =$ d$u \cdot$dt /dy），故（du/dy）可表示为

$$(\mathrm{d}u/\mathrm{d}y) = (\mathrm{d}\gamma/\mathrm{d}t) = \dot{\gamma} \qquad (4.2)$$

由此可知，速度梯度（du/dy）实际上是流体微团的剪切变形速度，称为剪切应变率 $\dot{\gamma}$，单位为 s^{-1}，则牛顿内摩擦定律式（4.1）又可以改写为

$$s_\mathrm{u} \approx \tau = \mu\dot{\gamma} \qquad (4.3)$$

式（4.3）所示的剪切应力与剪切应变率关系反映了流体材料的力学性质，即为流变特性；由于本章将重点讨论剪切应变率对不排水剪切强度的影响，称其为流变强度特性。此外，牛顿流体的黏度 μ 在一定的温度和压强下为常数（剪切应力和剪切应变率呈线性关系），但对于海底滑坡体而言，其属于非牛顿流体（Zakeri et al.，2008；Boukpeti et al.，2012），黏度 μ 会随着剪切应变率和剪切作用持续时间而变化，一般称之为非牛顿流体的"表观黏度"。

因此，根据上述对流变特性理论基础的描述［式（4.1）～式（4.3）］可知，海底滑坡体在运动过程中的强度将主要取决于剪切应变率的大小，有必要对其展开研究。

4.2.2 流变仪测试原理

为了测试海底滑坡体的流变强度特性，分析剪切应变率对强度的影响，本章采用流变仪进行试验研究。流变仪是一种常见的流体测试仪器，由于其适用于测量含水率高、强度低的样品，该仪器于 20 世纪 90 年代被引入到泥浆态土体的测试中（Locat，1997；Fakher et al.，1999），近年来其应用愈发广泛，进一步被应用于海洋软土的相关研究中（Zakeri et al.，2010；Boukpeti et al.，2012）。

本章采用的流变仪为 AMETEK Brookfield 公司的 RST 型流变仪（图 4.2），可以实现样品的剪切应力/黏度–剪切应变率关系测试、屈服强度测试、触变性分析等，特别适用于复杂的流变特性研究工作。RST 型流变仪与常见的应力控制型流变仪不同，同时具有剪切应力和剪切应变率两种控制模式，通过应力控制模式，可获得初始状态的不排水剪切强度；通过应变控制模式，可获得不同重塑状态的不排水剪切强度，对本研究的适用性较好。此外，该流变仪还配有智能控制软件——Rheo3000，可以实现智能化测量与数据采集。对于流变仪而言，其测试部件被称为"转子"（按土工类仪器部件命名习惯，可将其理解为探头）。流体测试中转子的种类十分多样，为满足不同的测试需求，本研究采用的是适合于软固态非牛顿流体测试的桨式转子，具有测试扰动小、壁面滑移影响小、剪切应力结果可直接获得等特点（Zakeri et al.，2010）。

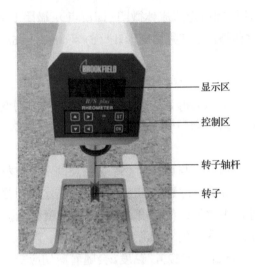

图 4.2　RST 型流变仪

　　流变仪搭配桨式转子工作时，强度测试原理与土工十字板剪切试验基本一致，土样被转子剪切破坏，形成圆柱状剪损面，不排水剪切强度可由下式计算：

$$s_u = \frac{2M}{\pi D_r^2 (H_r + D_r / 3)} \qquad (4.4)$$

式中：M 为扭力，N·m；H_r 和 D_r 分别为转子的高度和旋转直径，mm。

　　在十字板剪切试验中，由于圆柱状剪损面的柱面和水平面的速度不连续，剪切应变率难以确定。Einav 和 Randolph（2005）通过研究认为，十字板剪切试验中，旋转速度 0.1°/s 时所对应的最大剪切应变率约为 $0.05s^{-1}$。而流变仪在剪切应变率的测试方面，测试论据更为严谨，其测试一般在一个圆柱形容器内进行，转子插入并浸没于柱中心位置，由电机控制其旋转后，试样将在内外两个同心圆柱体内剪切，以获得不同剪切应变速率下的剪切应力（图 4.3），剪切应变率由下式获得（Brookfield AMETEK，2017）：

$$\dot{\gamma} = \frac{r_r}{R_r - r_r} \omega' \qquad (4.5)$$

式中：r_r 和 R_r 分别为转子的旋转半径和圆柱形容器的半径，mm；ω'为角速度，rad/s。

　　在使用流变仪进行土体测试时，值得注意的是，测试方法不能完全照搬常见的流体试验，需要考虑到土体与流体性质的差异，如不同转子尺寸对土体的扰动，转子轴杆在土体测试中产生的侧摩阻力、测试过程中剪切应变率增量的控制等。

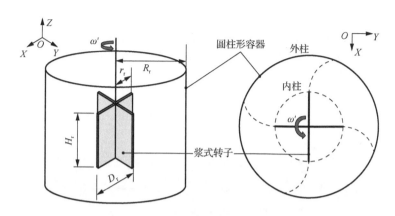

图4.3 流变仪搭配桨式转子的测试原理图

鲁双（2017）针对性状比较稳定的高岭土（采购自英国，粒径大小 0.001～0.003mm，塑限、液限分别为 25.6%、53.8%），通过一系列流变仪试验，对影响测试结果的因素进行探究，得到了一些有价值的结论。①关于转子尺寸。对于单次循环试验（转子的转动经历一次剪切应变率的增加与减小）而言，转子尺寸对测试结果有显著影响，应该根据试验要求进行选择；而对于多次循环试验（转子的转动经历多次剪切应变率的增加与减小）而言，土样最终均会达到完全重塑状态，此时转子尺寸对测试结果基本没有影响。②关于转子轴杆侧摩阻力。土样强度越高，产生的侧摩阻力越大，其所占比例可能超过测试结果的 10%，换言之，轴杆侧摩阻力的存在会使所测强度值偏高，有必要对其修正。③关于剪切应变率增量。不同的剪切应变率增量设置也会测出不同的剪切应力结果，虽然差异较小（一般小于 50Pa），但是对第 2 章所述的极低强度海洋软土而言，这种偏差依然会影响结果的准确性。经比较，$0.2s^{-1}/s$ 剪切应变率增量下，剪切应力与剪切应变率两种控制模式测出的剪切应力结果基本一致，故推荐采用该值进行测试设置。

考虑到上述影响测试结果的因素，本章在进行流变仪试验时，统一采用 V30-15 型桨式转子 [共 4 个桨叶，转子尺寸为 30mm（高度）×15mm（直径），强度测量上限为 4000Pa]，剪切应变率控制模式下的剪切应变率增量统一设置为 $0.2s^{-1}/s$，并配有无桨叶的转子轴杆（图4.4），用于修正转子轴杆侧摩阻力。

4.2.3 组合试验方法操作流程与效果验证

根据 4.2.2 节对流变仪测试原理的介绍可知，流变仪可以比较精确的测量剪切应变率的连续变化，但从强度计算式（4.4）可以看出，其原理与土工十字板剪切试验相同，同样存在圆柱形剪切面与上下表面剪切强度相等的计算假设，而 Dzuy 和 Boger（1985）认为该假设并不合理，尤其在 $H_r/D_r \geq 2$（一般桨式转子的

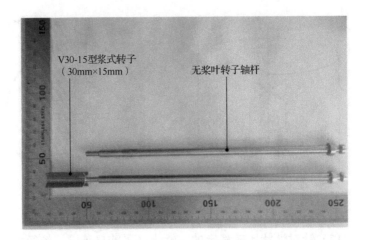

图 4.4　V30-15 型桨式转子与无桨叶转子

H_r/D_r 通常等于 2），故其强度测试结果不够准确；同时，对新型全流动贯入仪而言，虽然可以准确地测出不排水剪切强度值，但其测试剪切应变率范围较小 [理论测试范围小于 $1s^{-1}$；此外，根据 Boukpeti 等（2012）的试验结果，全流动强度试验在剪切应变率小于 $0.01s^{-1}$ 时，测试结果可能出现异常]，且测试时间会随着剪切应变率（在全流动试验中，$\dot{\gamma}=V_F/D_F$，其中 V_F 为探头贯入或拔出的速度，D_F 为探头直径）的降低而大幅度增长，不适合连续的剪切应变率分析。因此，本研究结合流变仪在剪切应变率测试方面的优势和全流动贯入仪在强度测试方面的优势，提出了一种组合试验方法，以满足对海底滑坡体的流变强度特性的测试需求。

　　组合试验方法的操作流程及特点见图 4.5。首先，在测试开始前，需确保全流动强度试验和流变仪试验部分在同一模型箱内、针对同一批次的土样进行测试。然后，根据图示顺序逐步开展全流动试验部分（第一步）和流变仪试验部分（第二步），关于具体的土样制备与试验步骤可见 4.3.1 节。最后，把全流动试验部分在参考剪切应变率（该值可根据工程中常用的测试剪切应变率进行选择，本节采用的参考剪切应变率为 $0.2s^{-1}$）下测得的不排水剪切强度作为标准强度，对相同剪切应变率下流变仪试验部分测得的结果进行强度标定（第三步），强度标定关系见式（4.6）。由此，可以实现对不同剪切应变率条件下不排水剪切强度的可靠测试。

$$s_u = C_{ref} \cdot (1 - f_{shaft}) \cdot s_{u,r} \tag{4.6}$$

式中：f_{shaft} 为测得的轴杆侧摩阻力，N；C_{ref} 为参考剪切应变率下的强度标定系数；$s_{u,r}$ 为流变仪测出的强度，Pa。

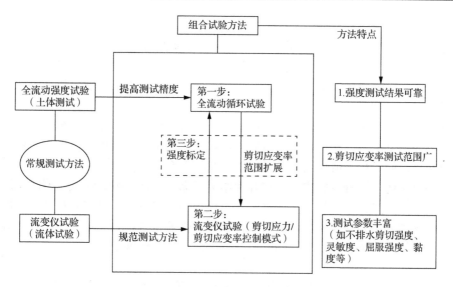

图 4.5 组合试验方法的操作流程及特点

相较于提出新的测试理论或开发新的测试设备，组合试验方法结合了当前两种常规试验的优势，以比较容易实现的方式提供了测试海底滑坡体的流变强度特性的试验基础。为了对组合试验方法的应用效果进行验证，本节针对性状比较稳定的高岭土（含水率为114%～146%），比较了单独使用全流动试验方法与采用组合试验方法的效果验证，如图 4.6 所示，其中，全流动强度试验采用 T 形探头，尺寸为 20mm×5mm，并设置了五种贯入速度（1mm/s、0.5mm/s、0.25mm/s、0.125mm/s、0.0625mm/s，即剪切应变率为 0.025～0.2s^{-1}）。

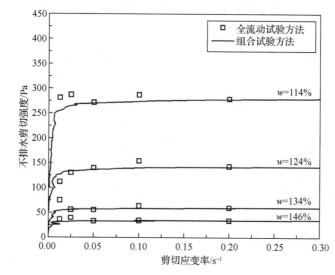

图 4.6 组合试验方法的效果验证

由图 4.6 可见，两种方法的测试结果基本吻合。与单独使用全流动试验方法相比，组合试验方法在不同剪切应变率下强度的数据采集方面表现出了明显的优势，并且可以实现更大范围的剪切应变率测试（与全流动试验方法测得结果比较，图中剪切应变率仅显示至 $0.30s^{-1}$，而事实上，组合试验方法中流变仪试验部分的测试范围可以超过 $100s^{-1}$ 或者小于 $0.001s^{-1}$，这对传统土工试验方法而言很难实现）。图 4.6 中最低测试强度低于 20Pa，展现了组合试验方法中全流动试验部分的强度测试能力。此外，两种试验方法组合后，可以获取更加丰富的土体性质参数结果，如不排水剪切强度、灵敏度、屈服强度、黏度等。

综上所述，组合试验方法具有强度结果可靠、剪切应变率测试范围广、测试参数丰富等特点。尽管目前组合试验方法仅用于室内测试，且需要精细的强度标定，但这种方法为后续研究海底滑坡体的流变强度特性提供了可靠的试验基础，也为海洋软土、海滨吹填土等超软土的力学性质评价提供了参考。

4.3　海底滑坡土体的流变强度特性测试与分析

4.3.1　土样制备与试验步骤

由于海底滑坡通常具有体积大、滑距长、影响广等特点，且所处海洋环境复杂多变，导致其现场监测和实地取样极为困难，采用室内成样的方法，将具有真实海洋软土组构的土样制备成比较均匀的模拟海底滑坡体，该方法已被广泛用于海底滑坡的相关研究中（Zakeri et al.，2008；Sahdi，2013）。该试验共包括三种土样：高岭土（如 4.2 节所述，粒径分布：100%纯黏粒，该土样化学性质不活跃，同批次差异性小，被国内外学者广泛应用于海洋软土的相关研究中）、典型浅海软土（取自渤海，位于大连市金州区附近，水深约 10m，粒径分布：12%细砂+70%粉粒+18%黏粒），以及典型深海软土（取自南海北部陆坡区，水深约 1200m，粒径分布：57%粉粒+43%黏粒），三种土样的基本土工参数见表 4.1。

表 4.1　试验土样的基本土工参数

土样名称	来源	塑限/%	液限/%	土粒密度/(kg/m^3)	有机质含量/%	制备含水率/%
高岭土	英国	25.60	53.80	2.60	0	110～157
典型浅海软土	中国渤海	24.03	42.81	2.68	≈1	86～125
典型深海软土	中国南海	31.23	51.31	2.70	≈8	99～151

为制备混合充分、分布均匀、重现性良好的模拟海底滑坡体土样，采用真空搅拌结合等压固结排水的制样方法。首先，按照 180%的初始含水率配比准备干土和水，在 0.2MPa 真空压力下搅拌 2h，以充分混合；然后，将试样连续、快速地沿滑板滑入模型箱（长×宽×深）（310mm×290mm×210mm）中，使土样从模型箱

内一侧滑向另一侧，逐渐充满模型箱，以减少空气的混入，并在模型箱底部铺设约 8mm 厚的砂层和标准滤纸，顶部盖有塑料排水板，排水板均匀分布排水孔；接下来，将模型箱整体置于塑料袋中，并封口，通过等压固结双向排水的方式，使土样的含水率达到目标值，以此制备出均匀的高含水率土样；最后，定期称量塑料袋内排出水的质量，算出箱内土样含水率的变化，当达到目标值（表 4.1）后，取出模型箱，使用刮土板将试样刮至指定厚度以备用。所制备三种土样的目标含水率（表 4.1），为土样液限的 2～3 倍。

采用 4.2 节所述组合试验方法对制备的土样开展测试，试验点分布图如图 4.7 所示，具体试验步骤为：①全流动强度试验部分在土样中间区域进行。因为全流动强度试验对土样的扰动程度较小，仅为测试探头直径的 2～3 倍（本节采用 T 形探头，尺寸为 40mm×10mm），故其先于流变仪试验部分进行，且测点间保持间距>30mm（3 倍探头直径）即可；为了获取土样的重塑不排水剪切强度和灵敏度，全流动强度试验部分采用循环贯入与拔出的测试方法，共计 10 次循环，探头循环深度和速度分别为 35～65mm 和 2mm/s；此外，每个土样均含有两个全流动强度试验点（包含试验点 F1 和重复试验点 F2），以验证土样的均匀性和结果的准确性。②在土样中插入 4 个薄壁圆柱形钢筒（壁厚 0.5mm，半径 60mm），在筒内开展流变仪试验部分。插入圆筒的目的在于满足 4.2.2 节所述流变仪剪切应变率测试的同心圆柱体剪切原理，筒壁要求较薄，以降低插筒过程对土样的扰动；测试转子包括 V30-15 型桨式转子和无桨叶转子轴杆（用于测试转子轴杆侧摩阻力），分别根据剪切应力控制模式（R1 和 R2）和剪切应变率控制模式（R3 和 R4）开展测试；转子的入土深度与全流动强度试验部分的测试深度应保持一致（35～65mm），确保后续强度标定的结果位于同一土样深度。此外，该研究还提出了一种类似于全流动循环试验的循环剪切流变试验方法，在剪切应变率控制模式下，转子的剪切应变率循环增加（0～20s^{-1}）和降低（20～0s^{-1}）10 次，可以获得土样重塑强度与剪切应变率之间的流变关系。

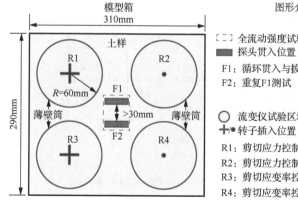

图 4.7　试验点分布图

4.3.2　组合试验结果

　　三种代表性土样的不排水剪切强度与剪切应变率间的流变关系，如图 4.8 所示。图中结果为土样在初始状态下的不排水剪切强度，由组合试验方法的剪切应力控制模式获得，该控制模式下会逐渐增加转子的剪切应力值，并输出对应于剪切应力的剪切应变率数据；该模式的数据采集频率取决于土样的力学性质，故不同土样的数据密度有所不同，且低剪切应变率范围的数据更加密集。

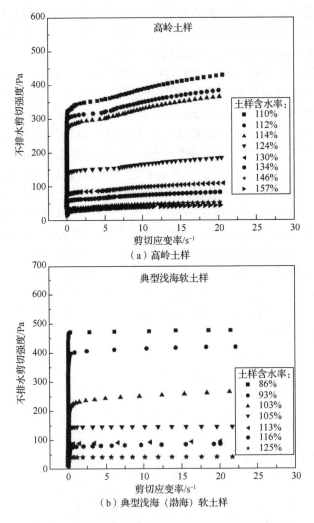

（a）高岭土样

（b）典型浅海（渤海）软土样

图 4.8　不排水剪切强度与剪切应变率间的流变关系

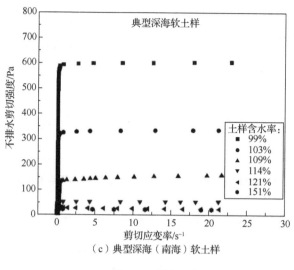

（c）典型深海（南海）软土样

图 4.8 （续）

结果表明，三种土样的不排水剪切强度均随着剪切应变率的增加而呈现出非线性上升的趋势，并在某一低剪切应变率处存在一个明显的转折点（被称为"屈服点"），值得一提的是，三种土样屈服点所处的剪切应变率十分接近，介于 $0.01 \sim 0.02 \text{s}^{-1}$。此外，根据图 4.8 所示的剪切应力-剪切应变率的非线性上升趋势可知，流变曲线上每一个点的斜率（$\mu = \Delta\tau / \Delta\dot{\gamma}$）都不相同，其黏度值不是常数，将随着剪切应变率的增加而降低，故海底滑坡体不仅是一种典型的非牛顿流体，还表现出了剪切稀化流体的特征。

对比不同土样的试验结果发现，高岭土样的强度值在通过屈服点后，其上升趋势强于其他两种土样，这主要是因为该上升趋势与土样中的黏粒含量有关，且黏粒含量越高，表现出的上升趋势越强，该结论与 Zakeri 等（2010）的试验数据规律一致。

4.3.3 流变参数与土体含水率的关联性

海底滑坡体作为一种非牛顿流体，可以承受一定的剪切应力，只发生变形而不产生流动，直到这一剪切应力增大到某一定值时，才开始流动，此时的剪切应力被定义为屈服强度，它是一个非常重要的流变参数，反映了流体从弹性向塑性的转变，屈服强度值所处流变曲线的位置即为上一节所示的屈服点。值得一提的是，随着流体不断被剪切，颗粒间的连接与排列也随之变化，此时测得的屈服强度称为动态屈服强度。经组合试验方法，获得了三种土样在不同含水率状态下的屈服强度结果，屈服强度与含水率/液限的曲线关系如图 4.9 所示。图中，考虑到不同土体的性质差异，采用含水率/液限（w/w_L）来表征土体的含水率综合指标，以期获得一个共性的规律。

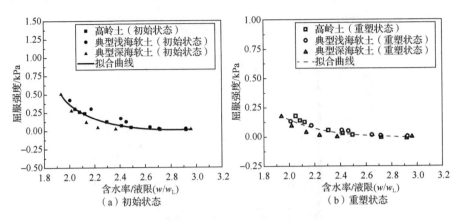

图 4.9　屈服强度与含水率/液限的曲线关系

试验结果显示，在 2～3 倍液限含水率的范围内，三种土样的屈服强度变化规律基本一致，即屈服强度随着 w/w_L 的增大而降低；且对于相同含水率的土样，初始状态下的静态屈服强度明显高于重塑状态下的动态屈服强度，这意味着较低的剪切应力便可能导致高含水率或重塑态的海底滑坡体发生流动。屈服强度与 w/w_L 间的曲线关系为

$$\tau_{y,0} = 133.07(w/w_L)^{-8.44} \quad (R^2=0.86) \tag{4.7}$$

$$\tau_{y,rem} = 11.47(w/w_L)^{-6.16} \quad (R^2=0.82) \tag{4.8}$$

式中：$\tau_{y,0}$ 和 $\tau_{y,rem}$ 分别为初始和重塑状态下的屈服强度，Pa。

另一方面，黏度也是一个重要的流变参数，表征流体流动时分子间产生的内摩擦力，它也常用于区分牛顿流体和非牛顿流体。对于非牛顿流体而言，如 4.2.2 节所述，其黏度值将不再是常数，每个剪切应变率均对应一个黏度值，所以称为表观黏度，在表征结果时，须注明其对应的剪切应变率。表观黏度作为一个重要的流变参数，尤其是屈服点处的表观黏度，很少有学者研究其与土体含水率的关系，本书对此进行了分析，屈服黏度与含水率/液限的曲线关系如图 4.10 所示。图中，由于表观黏度值的量级变化通常较大，故纵坐标采用对数形式。

与屈服强度相似，表观黏度也随着 w/w_L 的增加呈现出降低的趋势，但降低幅度较大；此外，一旦土样剪切至重塑状态，在相同含水率下，其与初始状态的表观黏度相比，降低了约两个数量级。因此，屈服点处的表观黏度取决于土体的结构状态，对于具有高含水率的弱结构或剪切后的重塑次生结构，其值将非常低。同理，屈服黏度值与 w/w_L 间的曲线关系可由下式表示：

$$\eta_{y,0} = 1.04 \times 10^7 (w/w_L)^{-8.39} \quad (R^2=0.84) \tag{4.9}$$

$$\eta_{y,rem} = 5.85 \times 10^4 (w/w_L)^{-6.19} \quad (R^2=0.81) \tag{4.10}$$

式中：$\eta_{y,0}$ 和 $\eta_{y,rem}$ 分别为初始和重塑状态下的屈服点处的表观黏度，Pa·s。

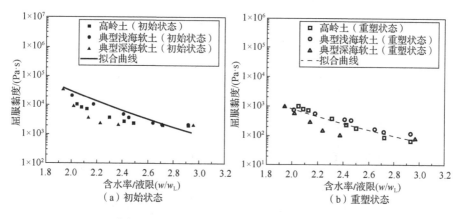

图 4.10　屈服黏度与含水率/液限的曲线关系

由上述分析可知，即便针对不同性质的土样，屈服强度和屈服黏度与 w/w_L 间均表现出良好的归一化关系，基于式（4.7）～式（4.10），可根据海洋软土的基本土工性质（含水率和液限），对海底滑坡流滑过程中的关键流变参数进行预测。

4.3.4　剪切应变率对土体灵敏度的影响分析

土体灵敏度是原状土的抗剪强度与重塑后土的抗剪强度之比，工程上常用灵敏度 S_T 来表征黏性土的结构性强弱，土的灵敏度越高，结构性越强，受扰动后土的强度降低越多。然而，在工程和研究中通过不同的试验方法获取的灵敏度结果并不一致，例如，本章采用的全流动强度试验和流变仪试验，即便在均匀的、同批次的样品中测试，灵敏度结果也不相同。该问题使得有效的评价土体结构性比较困难。

图 4.11 为土体灵敏度随剪切应变率的变化情况，图中示出以高岭土的流变仪试验结果为例，列举了 110%～157%含水率的土样在不同剪切应变率（0.2～20s^{-1}）下的土体灵敏度结果，可见，不同含水率的土样，其灵敏度随剪切应变率的变化趋势基本相同，即低剪切应变率的灵敏度值大于高剪切应变率灵敏度，二者间最大差异超过 20%。因此，剪切应变率不仅会影响土样的不排水剪切强度（如 4.1 节所述），也会影响由强度结果计算得出的土体灵敏度。另外，根据 Boukpeti 等（2012）的研究结果，不同土工试验方法的测试剪切应变率范围，如表 4.2 所示。例如，全流动强度试验的剪切应变率测试范围较低，小于 1s^{-1}，而锥形静力触探试验的剪切应变率测试范围介于 1～10s^{-1}。上述结果从测试剪切应变率的角度出发，这在一定程度上解释了不同测试方法获得土体灵敏度不同的原因。

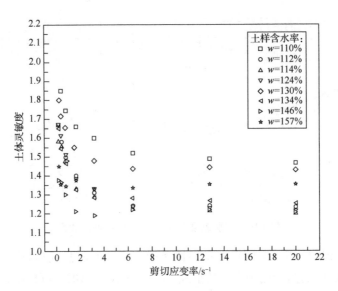

图 4.11　土体灵敏度随剪切应变率的变化情况

表 4.2　不同土工试验方法的测试剪切应变率范围

试验方法	测试剪切应变率范围/s^{-1}
室内单元试验 （直剪实验、三轴试验等）	$\sim 10^{-5}$
静力触探试验	$1\sim 10$
十字板剪切试验	$10^{-2}\sim 10^{2}$
全流动强度试验	<1
流变仪试验	$(<10^{-3})\sim(>10^{2})$

　　根据 4.3.3 节对流变参数的研究可知，屈服点处的剪切强度（屈服强度）在流变关系中为常数，不受剪切应变率的影响，故对于低强度、高含水率、高灵敏度的海洋软土而言，推荐采用土样在初始状态下的屈服强度与重塑状态下的屈服强度之比来评价灵敏度，该方法可以忽略测试剪切应变率的影响。同样，以本节高岭土的试验结果为例，土体灵敏度的比较见表 4.3。可见，基于屈服强度的比值获得的灵敏度不会因剪切应变率的不同而发生改变，且其灵敏度数值与常规全流动循环强度试验测得的灵敏度值基本一致，该方法为软土灵敏度的工程评价提供了新的思路。

表 4.3 基于屈服强度计算出的灵敏度与全流动强度试验测出灵敏度的比较

含水率/%	屈服强度（初始）/Pa	屈服强度（重塑）/Pa	灵敏度 （基于屈服强度）	灵敏度 （基于全流动强度）
110	303.2	194.7	1.6	1.7
112	270.6	160.7	1.7	1.9
114	254.3	144.3	1.8	1.9
124	126.9	75.0	1.7	1.8
130	74.7	48.2	1.5	1.6
134	53.0	36.4	1.5	1.6
146	29.9	18.2	1.6	1.8
157	25.2	14.1	1.8	1.8

4.4 海底滑坡体的分段流变强度模型

由 4.3.2 节组合试验结果可知，海底滑坡体是一种具有剪切稀化特征的非牛顿流体。基于流变学的剪切稀化行为理论（许元泽，1988），可将流变曲线划分为三个区域：第一牛顿区、非牛顿区和第二牛顿区（图 4.12），该划分的依据是宏观层面上剪切应力与剪切应变率（τ-$\dot{\gamma}$）和表观黏度与剪切应变率对数（$\lg\eta$-$\lg\dot{\gamma}$）的曲线特征，以及细观层面上土体颗粒团簇在剪切作用下的变化。

可见在剪切刚开始发生时，剪切应变率较低，尽管有轻微的剪切取向效应，但土体颗粒仍处于原有排列状态，表现出类似牛顿流体的特性，称为第一牛顿区；随着剪切应变率的增大，原有结构状态逐渐发生变化，颗粒沿剪切方向取向，且一些团簇连接被剪破，黏度急剧下降，即进入非牛顿区；当剪切应变率进一步增大至某一值时，颗粒取向达到极限状态，取向程度不再随剪切应变率的增大而变化，黏度渐进地趋于恒定，再次服从牛顿定律，即为第二牛顿区。由于受到高剪切应变率下的黏性流场稳定性限制，自然状态的海底滑坡体一般无法达到第二牛顿区。

与之相似，在土力学研究中，根据 Pusch（1970）对海相软黏土（瑞典西南部 Molndal 的灰色海底高灵敏性黏土）剪切破坏过程的细观研究，同样发现了土体颗粒簇在剪切作用下的链接破坏与取向性特点，剪切稀化行为理论及其对应的微观土体剪切变化如图 4.12 所示。可见，土力学和流体力学框架下的剪切过程微观描述对于海洋软土是相同的，换言之，流体力学框架下的剪切稀化行为理论也适用于描述海底滑坡体的流变特性。

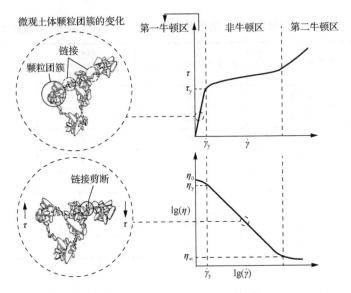

图 4.12　剪切稀化行为理论及其对应的微观土体剪切变化

4.4.1　常规流变模型的比较

目前，常用的流变模型可根据参数的数量分为两参数、三参数和多参数模型（郭小阳和马思平，1997）。基于组合试验结果，以 110%含水率高岭土样为例，使用常规流变模型对其进行拟合，其结果如图 4.13 所示。

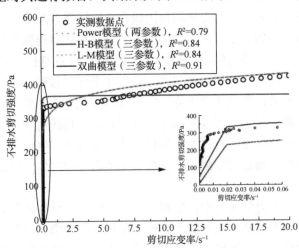

图 4.13　常规流变模型拟合结果（以 110%含水率的高岭土样为例）

从图 4.13 中可以看出，①两参数模型的拟合效果明显低于三参数模型，这是由于两参数模型形式简单，或缺少非线性控制项，或缺少屈服强度项，无法用于全剪切应变率范围的模拟；②三参数模型的拟合程度与曲线形式较好，最优拟合曲线关系除双曲模型外，基本重合，其中双曲模型拟合度最高，可以较好地描述较低剪切应变率的流变特性（见局部放大图），但由于该模型无法表示曲线变化的缓慢程度，其中高剪切应变率下，强度保持不变，与事实相悖；Herschel-Bulkley模型（简称 H-B 模型）的拟合度较高，但其拟合公式中的屈服强度值与实测相差很大，不能完全代表海底滑坡体的流变特性；L-M 模型结合了 H-B 模型和 Casson模型的优势，但针对本研究实测结果，其拟合效果并未有明显改进。多参数模型由于参数较多，模拟复杂，且拟合过程中迭代易发散，故此处并未对比。

根据上述分析可知，常规流变模型并不能很好地描述海底滑坡体的流变特征，且拟合出的物理参数意义不明确。其主要原因在于低剪切应变率范围内，试样的剪切应力在达到屈服强度之前，处于第一牛顿区，呈现近似线性的关系（图 4.13的局部放大图），在屈服点处有明显的拐点，导致上述流变模型的整体拟合效果较差。为证实该分析的准确性，将小于 $0.1s^{-1}$ 的测试数据忽略，重新采用上述流变模型进行模拟，其拟合结果如图 4.14 所示。可以看出，常规流变模型的整体拟合效果大幅提升，尤其是三参数模型表现出了其优越性，R^2 值均在 0.97 以上。

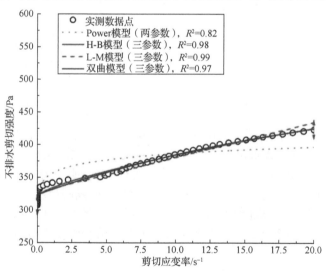

图 4.14 忽略剪切应变率小于 $0.1s^{-1}$ 数据后的拟合结果

4.4.2 分段流变模型的提出

由于当前常规流变模型难以兼顾不同剪切应变率范围内的流变强度特性，根据剪切稀化行为理论，对海底滑坡体的流变关系进行阶段划分，并采用适合各阶段的流变模型进行分段拟合，以充分描述海底滑坡体在全剪切应变率范围内的流变特性。考虑到自然状态下海底滑坡体很难达到非常高的剪切应变率，该研究在阶段划分时仅讨论第一牛顿区和非牛顿区，故试验中剪切应变率的范围取 $0.001 \sim$ 20s^{-1}。接下来，同样以 110%含水率高岭土样的试验结果为例，介绍流变关系的阶段划分过程，如图 4.15 所示。图中（a）和（b）分别展示了剪切强度-剪切应变率（$\tau\text{-}\dot{\gamma}$）曲线和表观黏度-剪切应变率（$\eta\text{-}\dot{\gamma}$）双对数关系曲线。

在图 4.15（a）中，当剪切应变率小于 0.015s^{-1} 时，剪切强度与剪切应变率之间可以看到明显的线性增长关系，并且该线性趋势在 0.015s^{-1} 处逐渐转变为非线性，增长速率大幅度降低。与之相对应的，在图 4.15（b）中，表观黏度-剪切应变率曲线同样也在 0.015s^{-1} 处发生转折，故剪切应变率 $\dot{\gamma} = 0.015\text{s}^{-1}$ 为该土样的屈服点，该点所对应的强度和表观黏度即为屈服强度和屈服黏度。因此，该屈服点被视为第一牛顿区和非牛顿区的阶段划分点。

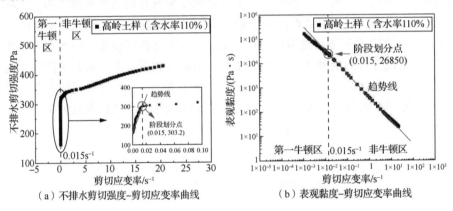

（a）不排水剪切强度-剪切应变率曲线　　　　（b）表观黏度-剪切应变率曲线

图 4.15　阶段划分过程（以 110%含水率的高岭土样为例）

在确定了阶段划分点后，剪切强度-剪切应变率曲线的两个区域便可采用适合各阶段的流变模型进行表示。由于第一牛顿区为线性增长趋势，黏度值较高，Bingham 模型可以很好地描述该流变关系；而对于非牛顿区域，推荐采用 H-B 模型进行拟合，因为该模型中可以直观地反映出流变曲线的屈服强度和非线性增长趋势，在模拟一些碎屑或泥浆类非牛顿流体方面有显著优势（Coussot et al., 1998）。因此，基于剪切稀化行为理论，海底滑坡体的分段流变强度模型的理论形式如下：

$$s_{\text{u},0} = \begin{cases} \tau_{\text{I}} + \eta_{\text{I}}\dot{\gamma}, & \dot{\gamma} < \dot{\gamma}_{\text{y}} \\ \tau_{\text{y},0} + \eta_{\text{II}}\dot{\gamma}^{n_0}, & \dot{\gamma} \geqslant \dot{\gamma}_{\text{y}} \end{cases} \tag{4.11}$$

式中：τ_{I} 为第一牛顿区的强度参数，Pa；η_{I} 和 η_{II} 分别为第一牛顿区和非牛顿区的黏度参数，Pa·s；n_0 为初始状态下的流性指数；$\dot{\gamma}_{\text{y}}$ 为屈服点所对应的剪切应变率，s^{-1}。该流变模型适用于描述初始状态下的海底滑坡体强度。但是，在外部扰动（持续剪切）作用下，滑坡体的初始结构状态将被破坏，强度逐渐降低，直至完全重塑，形成稳定的次生结构。因此，对于重塑态的海底滑坡体，第一牛顿区基本消失，其强度可直接由 H-B 模型表示：

$$s_{u,\text{rem}} = \tau_{y,\text{rem}} + \eta_{\text{III}}\dot{\gamma}^{n_{\text{rem}}} \tag{4.12}$$

式中：η_{III} 为重塑状态下的黏度参数，Pa·s；n_{rem} 为重塑状态下的流性指数。

进一步，采用与上述例子相同的阶段划分方式，获得具有不同含水率的三种土样的阶段划分结果，如表 4.4 所示。可见，不同含水率的高岭土样的阶段划分点范围为 $0.011 \sim 0.015\text{s}^{-1}$、渤海土的阶段划分点范围为 $0.012 \sim 0.020\text{s}^{-1}$、南海土的阶段划分点范围为 $0.011 \sim 0.020\text{s}^{-1}$；这些阶段划分点所处的临界剪切应变率与土样含水率间并无明显的相关性；但渤海土与南海土的临界剪切应变率变化范围略大于高岭土，这可能是因为具有真实组构（含有粉粒和海洋生物残骸）的海洋软土具有较强的结构性，导致土样从弹性转变为塑性需要更大的剪切应变率。

表 4.4　三种测试土样的阶段划分点处参数结果

土样	含水率/%	剪切应变率/s⁻¹	不排水剪切强度/Pa	表观黏度/（Pa·s）
高岭土	110	0.015	303.2	26 850
	112	0.011	270.6	23 967
	114	0.011	254.3	21 569
	124	0.012	126.9	10 096
	130	0.013	74.7	5 944
	134	0.011	53.0	4 147
	146	0.011	29.9	1 897
	157	0.015	25.2	1 245
典型浅海软土（渤海）	86	0.012	429.8	36 833
	93	0.013	305.2	27 616
	103	0.020	170.4	11 352
	105	0.014	127.3	8 600
	113	0.014	56.3	4 010
	116	0.018	32.4	1 602
	1.25	0.016	38.0	1 999
典型深海软土（南海）	99	0.013	521.1	40 190
	103	0.013	281.8	21 526
	109	0.020	120.1	8 990
	114	0.013	45.7	4 126
	121	0.011	28.4	2 523
	151	0.013	21.3	1 644

4.4.3　模型参数分析与公式应用

为了量化理论形式的分段流变强度模型，式（4.11）和式（4.12）中的强度和表观黏度参数分别由它们各自的屈服值进行归一化处理，其结果如图4.16所示。结果表明，随着 w/w_L 的增加，图4.16（a）中三种土样的强度参数 $\tau_I/\tau_{y,0}$ 将在一个较小的范围内波动（0.41～0.65，数据的平均值为0.54）。同理，图4.16（b）～（d）中表观黏度参数（η_I，η_{II}，η_{III}）随 w/w_L 的变化情况类似于强度参数，也在一定范围内波动，应用时推荐取各范围内的平均值：$\eta_I/\eta_{y,0}$ 为 0.48（范围 0.28～0.68）、$\eta_{II}/\eta_{y,0}$ 为 0.002（范围 0.001～0.004）、$\eta_{III}/\eta_{y,rem}$ 为 0.032（范围 0.016～0.046）。

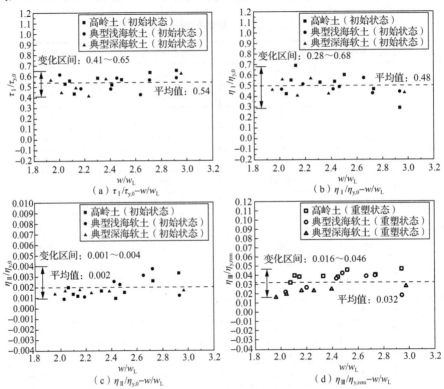

图 4.16　分段强度模型参数的归一化结果

因此，将各参数的推荐取值代入式（4.11）和式（4.12），便可获得半理论半经验形式的分段强度模型：

$$s_{u,0} = \begin{cases} 0.54\tau_{y,0} + 0.48\eta_{y,0}\dot{\gamma}, & \dot{\gamma} < \dot{\gamma}_y \\ \tau_{y,0} + 0.002\eta_{y,0}\dot{\gamma}^{n_0}, & \dot{\gamma} \geqslant \dot{\gamma}_y \end{cases} \tag{4.13}$$

$$s_{u,rem} = \tau_{y,rem} + 0.032\eta_{y,rem}\dot{\gamma}^{n_{rem}} \tag{4.14}$$

应用该公式需要说明的是,在归一化参数分析过程中,图 4.16 所示的强度和黏度参数在数据分布上存在一定的离散性,主要由于该研究中的三种土样具有不同的颗粒级配特点,尤其是海底真实土样(渤海土和南海土),它们含有黏粒和海洋生物残骸,会对结果产生一定的影响。然而,本节所提出的分段强度模型仍然具有以下优势:①该模型的提出基于流体力学中的非牛顿流体剪切稀化行为理论,具有理论依据,且剪切强度-剪切应变率流变曲线通过细观剪切过程的分析得到了可靠的解释。②该模型可以同时反映出不同剪切应变率下海底滑坡体的流变强度特性,即便是剪切应变率非常低的情况(~0.001s^{-1}),适用范围广。③理论形式的式(4.11)和式(4.12)中模型参数(屈服强度和屈服黏度)均具有明确的物理意义,可以直接通过组合试验方法测出;此外,在没有实测条件的情况下,参考式(4.13)和式(4.14)的推荐取值,并结合 4.3.3 节流变参数与土体含水率的经验关系,可以使分段流变强度模型简化为剪切应变率和 w/w_L 的函数,即 $s_u = f(\dot{\gamma},(w/w_L))$,该关系不仅从侧面反映了海底滑坡体具有土体和流体双重特征的特点,也可以在其他试验或研究之前对海底滑坡体的流变强度特性进行初步评估。

4.5 海底滑坡流滑阶段的"滑水效应"分析

4.5.1 "滑水效应"理论基础及对应试验系统设计

"滑水效应"最早出现在 20 世纪 60 年代(Horne and Dreher,1963;Horne and Joyner,1965)的海底滑坡体运动相关研究中,随后 Mohrig 等(1998,2015);Mohrig 和 Marr(2003)、Blasio 等(2004)、Ilstad 等(2004)等学者对其开展了大量研究,该效应可以在一定程度上反映出海底滑坡体与陆上滑坡体的差异,也是解释海底滑坡体滑行距离通常较远的原因之一,属于典型的滑坡土体与周围水环境的相互作用。

如图 4.17 所示,在海底滑坡体运动过程中,由于滑坡体密度与水相近[二者密度比值通常为 1~2(Mohrig et al.,1998)],滑坡体端部将在动水阻力的作用下抬升,周围水层挤入滑坡体与海床之间,于是在滑坡体底部形成了一薄层"水垫",减小了滑坡体与海床间的运动阻力,使得滑坡体的滑行距离变得更远,甚至会提高滑动速度。总结而言,当动水阻力比滑坡体自身压力大时,"滑水效应"就可能发生,图 4.17 中动水阻力 P_f 和滑坡体自身压力 P_d 可分别由下式计算:

$$P_f \approx \frac{\rho_w V^2}{2} \tag{4.15}$$

$$P_d = (\rho - \rho_w) g h_a \cos \beta \tag{4.16}$$

式中：ρ 和 ρ_w 分别为滑坡体与水的密度，kg/m^3；h_a 为滑坡体主体平均厚度，m；β 为坡脚，（°）。

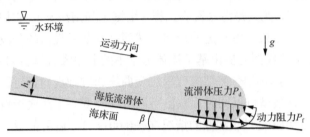

图 4.17　"滑水效应"形成原理图示

根据式（4.15）和式（4.16）便可近似得出"滑水效应"发生的临界流速 V_{crit}（Blasio et al.，2004）的条件：

$$V_{crit} \approx Fr_{crit}\left[\frac{(\rho-\rho_w)gh_a\cos\beta}{\rho_w}\right]^{1/2} \qquad (4.17)$$

式中：Fr_{crit} 为临界弗劳德数，表征流体惯性力与重力之比，可由式（4.18）计算，Mohrig 等（1998）通过室内水槽试验得出在实验室尺度下 Fr_{crit} 约为 0.3；其余参数意义同上。

$$Fr = \frac{V}{\sqrt{gh_a\left(\dfrac{\rho}{\rho_w}-1\right)}} \qquad (4.18)$$

为了实现对上述"滑水效应"进行监测与分析，本节设计了一套水槽试验系统，包含以下四个部分，即动力供料装置（集料筒+动力泵+空压机+喷头）、滑槽装置（水环境箱+U 形水槽）、测试装置（水下摄像头测速+刻度尺测距）和其他辅助装置，其中动力供料装置部分在有关学者（Mohrig et al.，1998；Zakeri et al.，2008）仅靠重力提供滑坡体速度的基础上，增加动力泵送过程，以提高滑坡体的速度测试范围，并使得流速稳定，动力泵为 QBY-K40PF 不锈钢气动泵，最大扬程 60m，最大流量 $8m^3/h$；水环境箱尺寸为 2m×2m×0.7m，且将尺寸为 1.6m×0.2m×0.3m 的 U 形水槽置于其中，确保试验过程中滑坡体的运动完全处于水下环境；摄像头为高清摄像头，视频图像分辨率为 1920×1080，成像速率为 30 帧/s。

另外，本节所使用的测试土样为取自渤海的典型浅海软土（大连市金州区附近，取样水深约 10m），其基本土工参数信息如表 4.1 所示。在土样的制备过程中，考虑到测试过程中的动力泵送过程，制样环节仅采用真空搅拌的方式（在 0.2MPa 真空压力下搅拌 2h，以充分混合）制备出均匀的重塑态土样，所制备土样的含水率为 113%，不排水剪切强度为 0.03kPa，密度为 1405kg/m³。需要说明的是，在试验开始前，预先于 U 形水槽内铺设一层厚度约为 15mm 的模拟海床土层。

4.5.2 "滑水效应"的发生条件及其影响下滑端变形机制

通过调节空压机输送气压以改变气动泵泵送速率，可形成不同厚度（h_a）的运动滑坡体，本节针对两种比较有代表性的情况进行分析：$h_a \approx 12$mm（滑层较厚，对应动水阻力作用较弱的情况，P_f/P_d 相对较低）和 $h_a \approx 4$mm（滑层较薄，对应动水阻力作用较强的情况，即 P_f/P_d 相对较高），试验过程中的"滑水效应"如图 4.18 所示。

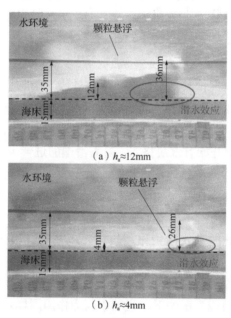

（a）$h_a \approx 12$mm

（b）$h_a \approx 4$mm

图 4.18 试验过程中的"滑水效应"

由图 4.18（a）可见，滑坡体运动过程中发生了显著的"滑水效应"，此时滑动速度约 0.33m/s（由摄像图测得出），滑端在动水阻力的作用下挤压变形、向上抬升，滑端厚度由主体平均厚度 $h_a \approx 12$mm 增加至最大厚度 $h_h \approx 36$mm，增厚约 3 倍；此外，在滑坡体底部存在明显水层，且滑坡体顶部伴有颗粒悬浮浊流。图 4.18（b）也表现出了类似的"滑水效应"，滑动速度约 0.28m/s，但与上述滑坡体较厚的情况有所不同，滑坡体端部在动水阻力的作用下，并未有明显的挤压变形，而是发生了强烈、快速的翻转卷动，翻转高度增加倍数（约 6 倍）更大，且水层挤入的距离较短。

根据上述测试结果，有关学者（Blasio et al.，2004）提出的"滑水效应"发生临界条件检验，如表 4.5 所示。表中共关注了三项检验指标，分别为受力情况 [式（4.15）和式（4.16）]、弗劳德数 [式（4.17）] 和滑动速度 [式（4.18）]。结果表明，图 4.18 所示的两个案例均满足"滑水效应"的发生临界条件检验，即动水阻力高于滑坡体压力、弗劳德数大于临界弗劳德数、滑动速度大于临界滑动速度，与试验观测结果一致，故有关学者所提出的"滑水效应"发生临界条件的想法比较可靠。

表 4.5　　"滑水效应"发生临界条件检验

滑层厚度	受力情况		弗劳德数		滑动速度	
	P_f/Pa	P_d/Pa	Fr	Fr_{crit}	V/（m/s）	V_{crit}/（m/s）
$h_a{\approx}12$mm	54.50	47.63	1.51	0.30	0.33	0.06
$h_a{\approx}4$mm	39.20	15.88	2.22	0.30	0.28	0.03

进一步，根据该研究试验结果，对"滑水效应"影响下滑坡体端部的变形机制进行了完善，其端部变形示意图如图 4.19 所示。Mohrig 等（1998）认为滑坡体在动水阻力的作用下，首先在 S 点处（其被称为滞留点）引起变形，滑坡体端部厚度增加、滑坡体底部开始有水层挤入；随着滑端的进一步变形，水层持续深入，使得滑端滑行速度增加，滑颈处发生收缩；直至滑端在滑颈处断裂，导致滑端与滑坡体主体分离，如图 4.19（a）所示，且 Ilstad 等（2004）认为分离块体的大小取决于滑坡体材料的强度。上述滑端变形机制与图 4.18（a）中监测到的厚层滑坡体运动（$h_a{\approx}12$mm，此时动水阻力作用较弱，$P_f/P_d=1.14$）过程相符，但对薄层滑坡体 [图 4.18（b）] 的运动过程（$h_a{\approx}4$mm，此时动水阻力作用较强，$P_f/P_d=2.47$）而言并非完全一致，在此基础上，该研究给出了适用于强动水阻力作用的滑端变形机制，即在"滑水效应"影响下，强动水阻力作用同样始于滞留点 S，但滑端变形较小、过程发展较快、水层来不及持续深入，滑端便发生了大幅度的翻转卷动，因此其与弱动水阻力作用下滑坡体运动不同的是，滑坡体未有显著的滑颈收缩、断裂过程，而滑端则以较快的速度翻转，其中一部分转变为颗粒悬浮浊流，另一部分并入滑坡体，卷动滑行。

综上所述，该研究成功实现了对海底滑坡流滑过程中"滑水效应"的图像捕捉与监测，且通过试验结果检验了"滑水效应"发生临界条件的可靠性，并完善了滑坡体端部在"滑水效应"影响下的变形机制，为深入探讨高速、远距离滑行的海底滑坡运动分析提供了借鉴。

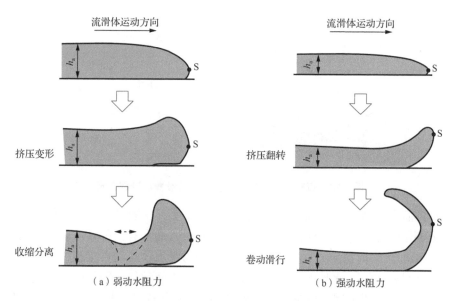

图 4.19 "滑水效应"影响下滑坡体端部变形示意图

4.6 海底滑坡体的界面质量输运过程分析

4.6.1 土-水界面质量输运过程的理论基础

如 4.5.2 节所述,运动过程中的滑坡土体表现出流态特征,加之其与水环境密度间存在差异,致使滑坡土体与水环境接触界面处可能发生质量传递,该过程被称为质量输运(颗粒从高密度材质迁移至低密度材质,反映了流体的扩散性)。以往学者(王虎等,2014;文明征等,2016)对于这种海洋土-水界面质量输运过程的研究大多针对静态海床与动态海洋水体(如波浪、海流等海洋动力作用)之间的相互作用,而对于流滑态滑坡土体与水环境的质量输运过程研究较少,Mohrig和 Marr(2003)认为由于海底滑坡体与水环境间存在浓度差,滑坡体运动中必然会伴有质量输运过程的发生(图 4.20)(4.5 节的试验结果中也显示出了颗粒悬浮浊流现象),且滑坡土体颗粒向水环境扩散的质量 [式(4.19)等号左侧] 应该等于形成悬浮浊流 [式(4.19)等号右侧第一项] 与浊流再沉积 [式(4.19)等号右侧第二项] 的质量之和,如下:

$$R_{\mathrm{h}} L_{\mathrm{h}} \varepsilon_{\mathrm{p}} t = (A_{\mathrm{t}} \varepsilon_{\mathrm{t}}) + (A_{\mathrm{r}} \varepsilon_{\mathrm{r}}) \tag{4.19}$$

式中:R_{h} 为滑坡体端部受水流作用侵入后,土颗粒向外扩散的速度,m/s;L_{h} 为滑端弧长,m;t 为该过程经历的时间,s;ε_{p}、ε_{t}、ε_{r} 分别为滑坡体、悬浮浊流、浊流再沉积部分的浓度,kg/m^3;A_{t} 和 A_{r} 为悬浮浊流和浊流再沉积部分的截面积,m^2。

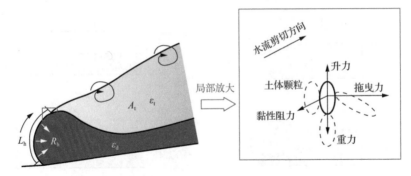

图 4.20　海底滑坡体运动过程中的质量输运过程图示

具体而言，滑坡体土颗粒之所以扩散进入水流，主要是水动力条件达到了滑坡体土颗粒的临界起动条件，一般对这种临界状态通常有三种具体表达方法（王虎等，2014），即剪切应力、流速和功率，其中与滑坡体运动直接相关的是剪切应力，即在滑坡体的土-水界面处形成的水流剪切力与滑坡体土颗粒的临界抗剪切力间的关系，其本质上属于力学平衡问题（图 4.20 中局部放大图）。以单个土体颗粒（此处以椭圆形体指代细粒土）为例，沿水流作用方向，其主要受到水流的剪切力（拖曳力和升力）、自身重力和其他颗粒的黏性阻力共同作用，一旦颗粒所受界面剪切力超过其重力和黏性阻力，便会脱离滑坡体进入水中，形成颗粒悬浮浊流，一部分随同海底滑坡体运动，另一部分发生沉积。因此，滑坡体土颗粒的临界抗剪切力对于评价土-水界面质量输运过程十分重要，对于黏性海洋土的临界剪切应力可以根据 Shields 方法估算（文明征等，2016）：

$$\tau_{cr} = g\theta_{cr}(\rho - \rho_w)d_{50} \tag{4.20}$$

$$\theta_{cr} = \frac{0.3}{1+1.2D_*} + 0.055(1 - e^{-0.02D_*}) \tag{4.21}$$

$$D_* = \left[\frac{g(s-1)}{\eta_w^2}\right]^{1/3} d_{50} \tag{4.22}$$

式中：τ_{cr} 为临界剪切应力，Pa；θ_{cr} 为土颗粒启动时的临界 Shields 系数；d_{50} 为土体中值颗粒粒径，m；s 为流滑土体与水的密度比；D_* 为无量纲粒径数；η_w 为水流运动黏滞系数，m^2/s。

4.6.2　质量输运通量试验系统与步骤

由 4.6.1 节土-水界面质量输运理论可见，测试运动状态下滑坡体与水环境界面处的质量输运通量十分困难，有关学者对此作了许多尝试，如 Mohrig 等（1998）在水槽内壁安装了多组虹吸管，利用虹吸作用对水体进行采样，以获取滑坡体运动过程中水环境浓度的改变，从侧面反映质量输运过程的强弱；Mohrig 和 Marr（2003）进一步采用声像探测技术，对海底泥屑流向浊流的转变过程展开了研究，通过声学反射频率差异来识别运动的碎屑流与土颗粒受剪脱离形成的悬浮浊流；Ilstad 等（2004）通过粒子示踪技术，捕捉到土体颗粒脱离进入水中的过程，并探讨了土体材质对滑坡体运动特征的影响。然而，上述虹吸采样、声学频率、粒子示踪等方式依然无法实现对土-水界面质量输运通量这一量化指标进行有效测量。

基于此，本研究利用土体电阻率试验方法在静态土体监测方面的优势，以及有关学者（Sahdi，2013；Blasio et al.，2004）在涉及海底滑坡运动的研究中使用的"等价模拟方法"，将动态滑坡体在静态水中的运动过程，等价模拟为动态水中静态滑坡体的改变，详细的等价关系介绍与检验，并由此提出了一套用于土-水界面质量输运通量测试的试验系统（图 4.21），以实现对滑坡体土颗粒向水环境扩散的体积［即式（4.19）等号左侧部分］进行测试。其具体试验系统包括动力供水装置（储水箱+变频水泵+喷头）、水环境装置（水环境箱+U 形水槽）、测试装置（流速测量装置+土体电阻率测量装置+水下图像监测装置）和其他辅助装置（集水箱、水管、支架等），各部分装置参数如下。

（1）动力供水装置。在变频水泵（功率为 18～180W，最大流量为 15 000L/h，最大扬程为 7m）的控制下，动力供水装置可以实现恒流调速，对应水流速度范围：1.16～2.05m/s，储水箱尺寸为 1.4m×0.8m×0.8m。

（2）水环境装置。U 形水槽（尺寸为 1.0m×0.3m×0.2m）内置于水环境箱（尺寸为 1.4m×0.7m×0.6m）中，以确保测试土样位于水下环境。

（3）测试装置。流速测试装置为超声波流量计，适用的流速测量范围±0.01～±25m/s，传感器标定后零点误差<0.005m/s；本试验系统测试土-水界面质量输运通量的核心部分使用土体电阻率测量装置，采用二相电极法双探针入土测试，详细原理见 4.6.3 节，该装置的电流测试部分采用 2602A 型数字源表，最小电流测试精度可低至 1pA，特别适用于高含水率土样这种电流十分微弱的材质，其也提供了供电功能；图像监测装置所用高清摄像头同 4.5.1 节。

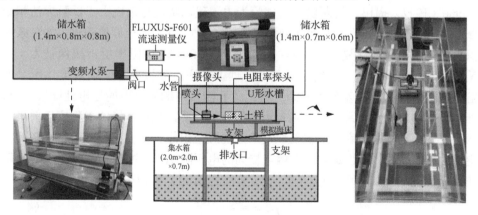

图 4.21 用于土-水界面质量输运通量测试的试验系统

本节所使用的测试土样为高岭土，其液限和塑限分别为 53.80%和 25.60%，更详细的土体参数信息见表 4.1。土样制备过程与 4.5.1 节相似，所制备的土样含水率分别为 112%（约为 2 倍液限）和 157%（约为 3 倍液限），土样密度分别为1347kg/m^3 和 1262kg/m^3。试验步骤如下：在试验开始前，先在储水箱内蓄满水，关紧入水阀口；然后将土样铺放在水槽内模拟海床（此处模拟海床由木板代替，以避免土质海床对质量输运通量测量的影响，该方法参考自 Zakeri 等（2008）的水槽试验）之上，近似保持土样截面积为 200mm×80mm（高含水率土样可能轻微塌落），并在土样一侧插入电阻率探头，使数字源表进入供电与电流监测工作状态；关紧环境水箱的排水口，向环境水箱注满水，此时土样已完全浸没于水中一定深度。试验开始后，先打开入水阀口，使得连接水管内水体连通，确保流速测量仪进入工作状态；启动变频水泵至目标流速挡位，并打开环境水箱的排水口；随着水流的持续作用，土样的质量输运过程开始，逐渐形成颗粒悬浮浊流，直至电阻率探头所覆盖电场范围内的土体全部流失（数字源表中电流不再改变），停止试验。待集水箱内水体静置洁净后，由水泵抽入储水箱中，循环利用水资源、避免浪费。

另外，关于本试验涉及的模型相似比尺关系，可参考 Mohrig 和 Marr（2003）的研究结论：水槽模型试验系统得出的水下滑坡体质量输运过程与原型相似，并基于重力相似准则，推导出了模型试验与原型滑坡体的土-水界面质量输运通量的相似准则，即 $M_{s,m}=\lambda^{0.5}M_{s,p}$（式中 $M_{s,m}$ 和 $M_{s,p}$ 分别为模型试验与原型单位面积的质量输运量，kg/m^2；λ 为相似准数），该相似准则有利于研究成果在实际工程中的应用。

4.6.3　土体电阻率测试装置及标定

土体电阻率测试是一种用于分析土体组成和结构特征的测试方法，最早由Archie（1942）提出，初期以室内试验为主，现已实现与常规土工试验方法相结合，如三轴试验、压缩试验等（刘松玉等，2006），并拓展至原位测试，如海床蚀积电阻率监测装置（夏欣，2009；郭秀军等，2004）、电阻率层析成像技术（刘国华等，2004）等。土体电阻率测试原理上是通过分析施加电场内土体所呈现出的电阻差异（这种差异主要源自于土体孔隙水与颗粒表面的导电性能），并与土体固有物性建立联系，用以确定土体的力学性质，具有良好的工程应用前景。一般而言，土体电阻率数值主要取决于土的颗粒组成、结构和孔隙水特征，其在测试过程中通过测量恒定电流下两电极间的电压降 ΔU，并基于欧姆定律，便可获得土体的电阻 R，因此电阻率 ρ_R（单位为 $\Omega\cdot m$）可由下式计算：

$$\rho_R = \frac{RS}{L} = \frac{\Delta US}{IL} \tag{4.23}$$

式中：S 为电极面积，m^2；ΔU 为电压降，V；L 为电极间距，m；I 为电流强度，A。

一般而言，土体电阻率测试方法可根据电极数量分为二相电极法和四相电极法两大类，土体电阻率测试原理如图 4.22 所示，其中四相电极法 [图 4.22（a）]又分为一些具体的电极模型，如 Wenner 和 Schlumberger（Herman，2001），外部两个电极用于电流流通，中间两个电极用于电极间土体电压降的测试，但该方法在土样扰动程度、电极距确定等方面存在一定不足；而二相电极法 [图 4.22（b）]可直接测出土样的电压降来计算土体电阻率，操作简单，装置易于实现，但测试结果会在一定程度上受到电极与土样之间的接触条件影响。综合比较两类电极布设方法后发现，二相电极法对本研究所要测试的高含水率、流态、软质的土样而言，测试稳定性和可重复性更好，因此后续试验过程中均采用二相电极法双探针进行测试，探针尺寸为 0.02m（长）×0.001 25m（直径），两电极间距 L 为 0.0185m。

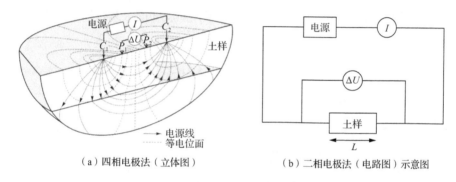

（a）四相电极法（立体图）　　　　（b）二相电极法（电路图）示意图

图 4.22　土体电阻率测试原理

为实现 4.6.2 节试验步骤中提及的电阻率测试结果向土-水界面质量输运通量的转换，试验前需采用土体电阻率测试装置对二者间转换关系进行标定，标定试验装置如图 4.23（a）所示。首先将测试土样置于有机玻璃盛土盒内，盛土盒长为0.20m、宽为 0.08m，高为 0.20m 使土样尺寸与正式试验中保持一致，且盛土盒表面预留探针孔；将电阻率探头（包含两根电极探针、固定板和防水封胶）插入盛土盒中，并固定；测试探头经电线与数字源表（数字源表既提供 5V 恒定电压，又进行电流监测）相连接；然后，沿刻度尺逐渐改变土样在盛土盒内的高度，并在剩余空间注满水，使得探针形成的测试电场内材质经历"全为土体-土/水混合-全为水体"的渐变过程，以模拟土体颗粒逐渐向水流传递的土-水界面质量输运过程；最后，记录上述过程中的电流变化情况。

下面详细阐述高岭土试样的土体电阻率与土-水界面质量输运通量的标定关系确认方法，如图 4.23（b）所示。图中土样含水率为 110.5%～160.1%（共 6 组），该含水率范围可以覆盖正式试验中的测试土样（4.6.2 节）。结果可见，图 4.23（b）中不同含水率土样的电阻率数据与水体高度（H_w，以盛土盒顶面为 0m 计算，沿盛土盒底部方向增加）的变化趋势基本一致，均分布于三个不同的特征区域，根据电阻率两极探针位置可大致分为：土体影响区域 A_s（水体高度 $0\sim0.0175\text{m}$）、土水交互影响区域 A_{sw}（探针之间距离，即水体高度 $0.0175\sim0.036\text{m}$）和水体影响区域 A_w（水体高度>0.036m）。在 A_s 区域内，两极探针间材质依然全部为土体，电阻率数据间的差异主要与含水率有关，且基本满足电阻率随着含水率增大而减小的趋势，但由于土样含水率很高（约 2 倍液限以上），该趋势并不显著，该研究中不同含水率的电阻率最大差异约为 $0.3\Omega\cdot\text{m}$；而在 A_w 区域中，两极探针全处于水中，此时电阻率为水体电阻率，约为 $5.33\Omega\cdot\text{m}$；对于二者间的灰色区域 A_{sw}，随着水体高度的增加，两极探针间的土体比例逐渐减小，土体电阻率呈现幂律增加趋势；此外，两极探针形成的电场范围不仅包含探针之间的土体，也会覆盖探针外一定范围的土体，该研究中电阻率探头的电场影响范围约至探针外 0.0025m。因此，针对本节两极探针影响范围 $0.015\sim0.0385\text{m}$，水平向以 0.015m、垂向以 $2.72\Omega\cdot\text{m}$ 作为起始点归 0，则土体电阻率与水体高度间的关系可以表达为

$$\rho_R = 111.06 \cdot H_w \tag{4.24}$$

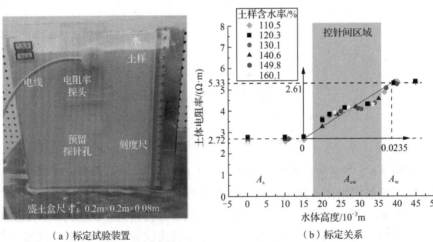

（a）标定试验装置　　　　　　　　（b）标定关系

图 4.23　土体电阻率与质量输运通量的标定试验装置与标定关系

　　根据盛土盒内土体尺寸，可将水体高度 H_w 转变为土–水界面单位面积质量输运通量 M_w（$H_w = V_w/A_w = m_w/A_w\rho_w = M_w/\rho_w$，式中 M_w 的单位为 kg/m^2，V_w 和 m_w 分别代表流失土体的体积和质量，m^3 和 kg；A_w 为盛土盒横截面积 0.016m^2；ρ_w 为含水率 w 的土样密度，kg/m^3），于是，在该研究中土体电阻率测试装置提供的电场影响范围内，高岭土样的电阻率与土–水界面质量输运通量的标定关系见式（4.25）。在后续正式水槽试验中，便可根据该标定关系确定测得土体电阻率变化情况所对应的土–水界面质量输运通量。

$$\rho_R = 111.06 \cdot \frac{M_w}{\rho_w} \tag{4.25}$$

4.6.4　基于 CFD 数值方法的等价模拟关系建立

如前所述，本节试验分析过程中涉及了"等价模拟方法"，即将动态流滑土体在静态水中的运动过程，等价模拟为动态水中静态滑坡体的改变。为了对该等价模拟的合理性进行检验，并给出两者在土-水界面质量输运通量参数上的等价关系，根据黏性海洋土质量输运理论中的界面质量输运通量与剪切力的关系（Partheniaces，1965）[式（4.26）]，该研究采用比较稳定的商业 CFD 软件 ANSYS-CFX 模拟分析了等价模拟前后流滑土体与水环境界面处的流速场与剪切力场。

$$\frac{\mathrm{d}M_{\mathrm{w}}}{\mathrm{d}t} = M'\left(\frac{\tau_{\mathrm{b}}}{\tau_{\mathrm{cr}}} - 1\right) \tag{4.26}$$

式中：$\mathrm{d}M_{\mathrm{w}}/\mathrm{d}t$ 为单位时间内单位面积上的颗粒输运悬浮通量，$\mathrm{kg/(m^2 \cdot s)}$；$\tau_{\mathrm{b}}$ 和 τ_{cr} 分别为水流剪切应力与土颗粒临界剪切应力，Pa；M' 为悬浮常数。

FX 求解器采用的算法为有限体积法（finite volume method），有关该数值方法的详细理论基础可参考后面的论述。本节采用 CFX 数值软件，分别模拟了动态流滑土体在静态水中的运动（原型）和动态水中静态滑坡体的改变（等价模拟后）两类情况，建模过程如下。

1）几何构型设置（图 4.24）

流体计算域按照 U 形水槽尺寸建立，即 1m（x 轴方向）×0.2（y 轴方向）×0.3m（z 轴方向），其中海底流滑土体的 xy 截面尺寸同样与试验相同，即 0.2m（x 轴方向）×0.08m（y 轴方向）×0.08m（z 轴方向），其余空间充满水。

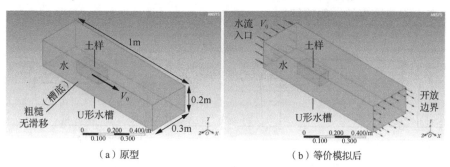

（a）原型　　　　　　　　　　（b）等价模拟后

图 4.24　几何构型设置

2）网格划分设置

该研究采用 ANSYS Workbench 中的 ICEM-CFD 模块划分网格，整个计算域内划分为非结构化网格（四面体单元），单元数约 12 万，其中最大网格尺寸为 0.02m。

3）流体计算域和材料属性设置

使用不可压缩两相流进行模拟,其中流滑土体材料的设置根据 4.5.2 节所述的测试土样属性, 以及上述提出的海底滑坡体流变强度模型式（4.14）（$s_{u,rem} = \tau_{y,rem} + 0.032\eta_{y,rem}\dot{\gamma}^{n_{rem}}$）,在 CFX 中的材料流变模型强度设置部分,土样的强度模型分别为: 112%含水率的高岭土 $s_{u1} = 125 + 20\dot{\gamma}^{0.2}$ 和 157%含水率的高岭土 $s_{u2} = 16 + 2.5\dot{\gamma}^{0.2}$ ；而水为牛顿流体, 密度取海水密度 1025kg/m^3 ，黏度取 0.001 67Pa·s。

4）边界条件设置

图 4.24（a）中计算域底部为粗糙无滑移边界,等效粗糙度 k_s 设为 0.5mm(Zakeri et al.，2009),计算域其余四周边界为自由滑移边界;而流滑土体设置为以一定初始速度（V_0）开始运动。图 4.24（b）中沿 x 方向的左侧边界设置为稳定流入、速度（V_0,与流滑土体速度相同）一定的水流入口边界,而右侧为开放边界;滑坡土体初始保持静止,其余边界设置与图 4.24（a）相同。

5）求解设置

采用瞬态分析方法,计算总时长为 0.1s,步长取 0.001s。

根据上述 CFX 数值建模设置,分别对动态流滑土体在静态水中的运动（原型）和动态水中静态滑坡体的改变（等价模拟后）进行了模拟,流滑土体或水流的速度模拟范围 0.2～10m/s,以 1m/s 的速度条件下的 157%含水率高岭土试样为例,原型与等价模拟后的流滑土体与水环境相互作用的速度场如图 4.25 所示。图中关注两个部分的速度,一部分是流滑土体质心处（点位 1）的运动速度,另一部分是流滑土体与水环境交界面处的水流速度（取 xz 截面点位 2～8 处的速度值宏观表示界面水流速度的一般特征）。

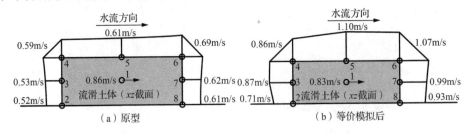

图 4.25　流滑土体与水环境相互作用的速度场

结果表明,原型与等价模拟后流滑土体点位 1 处的速度分别为 0.86m/s 和 0.83m/s,数值接近,且运动方向一致;此外,比较土-水界面 7 个点位处的速度分布情况可知,虽然原型与等价模拟后界面速度的数值并不相同,但二者的速度场分布规律一致,其中流滑土体顶面速度最大,且速度运动方向一侧的侧面速度高于另一侧。因此,根据该案例下流速场的比较分析可知,原型与等价后的流滑土体与水环境相互作用相似,使用等价模拟方法具有合理性。

进一步，通过 CFX 数值建模后处理模块输出滑坡体土-水界面 7 个点位处的剪切应力并取平均，可以得到原型与等价后流滑土体的土-水界面平均水流剪切应力，分别为：$2.90 \times 10^{-2} \mathrm{Pa}$ 和 $5.90 \times 10^{-2} \mathrm{Pa}$，由 4.6.1 节所述 Shields 方法 [式（4.20）～式（4.22）]，可得此案例中的临界启动剪切应力约为 $0.14 \times 10^{-2} \mathrm{Pa}$，满足土-水界面质量输运过程的发生条件；再根据式（4.26），便可得出原型与采用等价模拟方法间的滑坡体土-水界面质量输运通量的等价关系，即：$M_s = 2.09 M_w$。

下面综合两种含水率的高岭土样与不同的速度条件，采用与上述示例相同的分析方法，得到了针对流滑土体土-水界面质量输运通量的等价模拟关系式：

$$M_w = \Delta \cdot M_s \tag{4.27}$$

式中：Δ 为等价模拟系数，本节两种含水率土样与速度条件下的等价模拟系数随流速条件的变化曲线如图 4.26 所示。由图 4.26 可见，等价系数随流速增加的变化趋势一致，即先增大后降低，转折位置在 1m/s 附近；但相同速度条件下，含水率为 157% 的土样等价模拟系数均高于 112% 的土样，这意味着土样的含水率越高，其结构性越弱、抗剪强度越低，在土-水界面相同的流速条件下，等价系数越大。另外，等价模拟系数均大于 1，说明等价模拟测试中的土-水界面质量输运作用更强烈。

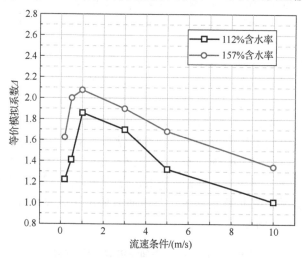

图 4.26   等价模拟系数随流速条件的变化曲线

4.6.5   土-水界面质量输运通量的变化规律与预测模型

根据 4.6.3 节的土体电阻率与土-水界面质量输运通量的标定关系 [式（4.25）] 与 4.6.4 节基于 CFD 数值方法得出的等价模拟关系 [式（4.27）]，便可通过 4.6.2 节所述的试验系统，实现对海底滑坡流滑过程中的土-水界面质量输运通量进行测试。以含水率为 157% 的高岭土样为例，不同流速条件（1.16～2.05m/s）下流滑土体的电阻率随时间变化情况，如图 4.27 所示。

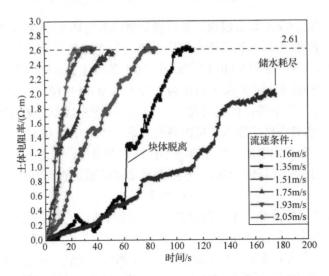

图 4.27　试验过程中流滑土体电阻率随时间变化情况

由上述结果可见，各流速条件下土体电阻率均随着时间增长而逐渐增大，其中流速 1.35～2.05m/s 所对应的总电阻率变化量相同，均在 2.61Ω·m 附近，与图 4.23 所示的标定试验结果一致，而当流速为 1.16m/s 时，即便储水箱内供水已耗尽，土体电阻率也未达到总电阻率变化量。此外，流速越高，电阻率达到最终电阻率值的速度越快，根据土体电阻率与土-水界面质量输运通量的标定关系，这意味着土-水界面质量输运过程越强烈。需要指出的是，在 1.35m/s 流速条件下，电阻率-时间变化曲线存在一处显著的数据激增现象，主要是由于流滑土体在水流作用下突然出现一部分块体的脱离，电阻率瞬间提高。

根据图 4.27 中的土体电阻率随时间变化结果，采用标定关系式（4.25）与等价模拟关系式（4.27）进行转换，便可得到该案例中原型土-水界面输运通量参数结果，如表 4.6 所示。从表 4.6 可见，随着流速的增加，海底滑坡体在运动过程中的土-水界面质量输运通量逐渐增大，且该研究提出的试验系统成功实现了对土-水界面质量输运通量的测试。

表 4.6　原型土-水界面输运通量参数结果

流速/ (m/s)	变化电阻率/ (Ω·m)	变化时间/s	单位时间内界面输运通量 dM_w/dt/ [kg/ (m²·s)]	等价模拟系数	原型土-水界面输运通量 dM_s/dt/ [kg/ (m²·s)]
1.16	2.01	175	0.131	2.06	0.063
1.35	2.61	102	0.291	2.05	0.142
1.51	2.62	78	0.382	2.03	0.188
1.75	2.58	48	0.611	2.01	0.304
1.93	2.63	28	1.067	2.00	0.534
2.05	2.60	22	1.343	1.99	0.675

进一步，借助 Zakeri 等（2008）给出的非牛顿流体雷诺数计算公式，见式（4.28），对流滑土体与水环境相互作用过程中的流速条件进行归一化处理，得到了高含水率高岭土样的土-水界面质量输运通量与雷诺数间的曲线关系，如图 4.28 所示。

$$Re_{\text{non-Newtonian}} = \frac{\rho \cdot V^2}{\mu_{\text{app}} \cdot \dot{\gamma}} = \frac{\rho \cdot V^2}{s_{\text{u}}} \qquad (4.28)$$

式中：$\dot{\gamma}$ 为剪切变形速率，其值取滑坡体速度与土-水相互作用特征长度的比值，此处特征长度取试验土样宽度 0.08m；μ_{app} 为表观黏度，Pa·s，其推导公式如下：

$$\mu_{\text{app}} = \frac{s_{\text{u}}}{\dot{\gamma}} = \frac{\tau_{\text{y}}}{\dot{\gamma}} + K \cdot \dot{\gamma}^{n-1} \qquad (4.29)$$

由图 4.28 可知，对于两种不同含水率（2 倍和 3 倍土样液限）的高岭土样，其土-水界面质量输运通量随着雷诺数的变化趋势基本一致，呈现出上升趋势，这反映出了土-水质量输运通量与水流作用和流滑土体强度有关的本质特征，即滑坡体运动速度越快（遭受的界面水流作用越强）、自身土体抗剪强度越低，导致运动过程中的土-水质量输运通量越大，土颗粒脱离进入水中悬浮的体积越多。由此，可以得出适用于高含水率黏性土样的土-水界面处质量输运通量预测模型为

$$\frac{\mathrm{d}M_s \cdot W / \mathrm{d}t}{\mu_{\text{app}}} = 2.06 \times 10^{-8} Re_{\text{non-Newtonian}}^{2.7} \quad (R^2 = 0.992) \qquad (4.30)$$

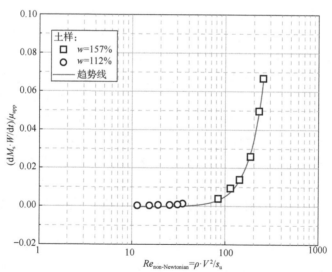

图 4.28 土-水界面质量输运通量与雷诺数间的曲线关系

综上所述，本节通过自主设计的水槽试验系统和与之相应的标定、等价关系，成功实现了对海底滑坡流滑过程中的土-水界面质量输运通量的测试，并针对高岭

土样，初步进行了质量输运通量的量化分析，一定程度上填补了相关领域的空白，并为海底滑坡的数值模拟与综合灾害特征分析提供了参考。

4.7　本　章　小　结

本章首先引入了一种适用于剪切应变率分析的流变仪，在结合流变仪试验与全流动强度试验各自优势的基础上，提出了一种组合试验方法，并对该方法的应用效果进行了检验。随后，采用组合试验方法，对模拟海底滑坡体在不同剪切应变率下的流变强度特性进行了多组试验研究，分析了流变参数（屈服强度和屈服黏度）与土体含水率的相关性，并探讨了剪切应变率对土体灵敏度的影响。进一步，基于剪切稀化行为理论，提出了一种分段流变强度模型，可以用来描述海底滑坡体从低剪切应变率到中高剪切应变率的流变强度特性，并通过模型参数分析使其易于工程应用。另外，针对海底滑坡流滑过程中的土-水界面作用，具体开展了两方面研究：一方面探讨了海底滑坡端部"滑水效应"，并通过水槽试验设计成功实现了对"滑水效应"的图像捕捉与监测，进而讨论了该效应的发生条件与滑端变形机制；另一方面，关注于海底滑坡与水环境接触界面部分的质量输运过程，基于土体颗粒的临界剪切应力启动条件，采用等价模拟方法，提出了一套用于测试土体颗粒向水环境扩散的试验系统，并通过土体电阻率测试与计算流体动力学（CFD）数值方法，给出了试验过程中的标定关系与等价模拟关系，进而对不同流速条件（1.16~2.05m/s）下海底滑坡体的土-水界面处质量输运通量变化规律进行了分析与预测。基于上述工作，本章主要结论如下。

（1）由流变特性的理论基础可知，海底滑坡在流滑过程中的强度特性主要取决于剪切应变率的大小，故引入流体分析中的流变仪进行剪切应变率测试。在使用流变仪进行土体测试时，需要注意转子尺寸、转子轴杆侧摩阻力、剪切应变率增量等因素对测试结果的影响。进一步，结合流变仪在剪切应变率测试和全流动贯入仪在强度测试方面的优势，提出了一种组合试验方法，并对该方法的应用效果进行了验证。组合试验方法具有强度结果可靠、剪切应变率测试范围广、测试参数丰富等优点，以比较容易实现的方式，为研究海底滑坡体的流变强度特性提供了试验基础。

（2）针对三种具有代表性的海洋软土样（高岭土、渤海海域典型浅海软土、南海海域典型深海软土），采用组合试验方法，对模拟海底滑坡体在不同剪切应变率下的流变强度特性进行了试验研究，流变关系显示出海底滑坡体不仅是一种典型的非牛顿流体，还表现出了剪切稀化流体的特征；并且关键流变参数（屈服强度和表观黏度）均随着含水率综合指标 w/w_L 的增大而呈现出幂律降低的趋势，二者间的归一化关系对不同的土样适用性良好。

（3）上述结果表明，剪切应变率不仅会影响土样的不排水剪切强度，也会影响由强度结果计算得出的土体灵敏度，这从测试剪切应变率差异的角度，解释了不同试验方法获得土体灵敏度不同的原因。因此，推荐采用与剪切应变率无关的屈服强度作为评价海洋软土体灵敏度的强度基础，以忽略测试剪切应变率不同对结果的影响，该方法有助于土体结构性的工程评价。

（4）根据宏观流变关系曲线特征和微观土体颗粒团簇在剪切作用下的变化情况，对海底滑坡体的剪切稀化行为进行了描述。经比较发现，流体力学框架下的剪切稀化行为理论也适用于描述海底滑坡体的流变特性。

（5）由于当前常规流变模型难以兼顾不同剪切应变率范围内的流变强度特性，基于剪切稀化行为理论和自然状态下海底滑坡体的剪切应变率范围，提出了一种分段流变强度模型，其具有理论依据充分、剪切应变率适用范围广、参数物理意义明确且便于测出或由土体基本参数预测等特点，该模型有助于海底滑坡体在全剪切应变率范围内的流变强度特性分析，为海底滑坡流滑过程的模拟与力学性质评价提供了参考。

（6）针对海底滑坡在流滑过程中滑端可能产生的"滑水效应"，该研究设计了一套水槽试验系统，成功实现了对"滑水效应"的图像捕捉与监测，且根据受力情况、弗劳德数和滑动速度三项指标，对"滑水效应"发生的临界条件进行了讨论，并在该研究试验结果的基础上，分析了强动水阻力作用下滑坡体端部的变形特点，完善了海底滑坡流滑过程中受"滑水效应"影响的滑坡体端部变形机制，为深入探讨高速、远距离滑行的海底滑坡运动特征提供了借鉴。

（7）基于土体颗粒的临界剪切应力启动条件，采用等价模拟方法，提出了一套用于测试土体颗粒向水环境扩散的试验系统，以实现对海底滑坡流滑过程中土-水界面处质量输运通量的测试与分析；试验系统的核心测试部分为土体电阻率测量装置，通过构建土体电阻率与土-水界面质量输运通量间的标定关系，实时监测试验过程中水流作用下的质量输运通量变化情况。此外，基于计算流体动力学数值方法，对所采用的等价模拟方法的合理性进行了检验，并给出了质量输运通量的等价模拟关系。

（8）采用上述试验系统，对不同流速条件下海底滑坡体的土-水界面处质量输运通量进行了分析，结果表明：质量输运通量与水流作用和流滑土体抗剪强度有关，随着流速的增加或土体强度的减弱，海底滑坡体在运动过程中的土-水界面处质量输运作用逐渐增强。此外，借助非牛顿流体的雷诺数计算公式，对流速与强度因素进行了归一化处理，得出了适用于高含水率黏性土样的土-水界面处质量输运通量预测模型，为海底滑坡的数值模拟与滑坡灾害特征评价提供了参考。

参 考 文 献

郭小阳, 马思平, 1997. 非牛顿液体流变模式的研究[J]. 天然气工业, 17(4): 43-49.

郭秀军, 贾永刚, 黄潇雨, 等, 2004. 利用高密度电阻率法确定滑坡面研究[J]. 岩石力学与工程学报, 23(10): 1662-1669.

蒋宝军, 刘辉, 2015. 流体力学[M]. 北京: 化学工业出版社.

刘国华, 王振宇, 黄建平, 2004. 土的电阻率特性及其工程应用研究[J]. 岩土工程学报, 26(1): 83-87.

刘松玉, 查甫生, 于小军, 2006. 土的电阻率室内测试技术研究[J]. 工程地质学报 6, 14(2): 216-222.

鲁双, 2017. 海积超软土强度与流变特性试验研究[D]. 大连: 大连理工大学.

王虎, 刘红军, 王秀海, 2014. 考虑渗流力的海床临界冲刷机理及计算方法[J]. 水科学进展, 25(1): 115-121.

文明征, 单红仙, 张少同, 等, 2016. 海底边界层沉积物再悬浮的研究进展[J]. 海洋地质与第四纪地质, 36(1): 177-188.

夏欣, 2009. 基于电阻率测量的海床蚀积过程原位监测技术研究[D]. 青岛: 中国海洋大学.

许元泽, 1988. 高分子结构流变学[M]. 成都: 四川教育出版社.

ARCHIE G E, 1942. The electrical resistivity log as an aid in determining some reservoir characteristics[J]. Trans, American Institute of Mining Metallurgical and Petroleum Engineers, 46: 54-61.

BLASIO F V D, ELVERHØI A, ISSLER D, et al., 2004. Flow models of natural debris flows originating from overconsolidated clay materials[J]. Marine Geology, 213(1-4): 439-455.

BOUKPETI N, WHITE D J, RANDOLPH M F, et al., 2012. Strength of fine-grained soils at the solid-fluid transition[J]. Géotechnique, 62(3): 213-226.

BOYLAN N, GAUDIN C, WHITE D, et al., 2009. Geotechnical centrifuge modelling techniques for submarine slides[C]// International Conference on Offshore Mechanics and Arctic Engineering Honolulu.

BROOKFIELD AMETEK, 2017. More solutions to sticky problems, official guide for the rheometer from Brookfield[M]. Middleborough, Massachusetts: Brookfield AMETEK.

COUSSOT P, LAIGLE D, ARATTANO M, et al., 1998. Direct determination of rheological characteristics of debris flow[J]. Journal of Hydraulic Engineering, 124(8): 865-868.

DONG Y K, 2016. Runout of submarine landslides and their impact to subsea infrastructure using material point method[D]. Perth: University of Western Australia.

DZUY N Q, BOGER D V, 1985. Direct yield stress measurement with the vane method[J]. Journal of Rheology, 29(3): 335-347.

EINAV I, RANDOLPH M F, 2005. Combining upper bound and strain path methods for evaluating penetration resistance[J]. International Journal for Numerical Methods in Engineering, 63(14): 1991-2016.

FAKHER A, JONES C J F P, CLARKE B G, 1999. Yield stress of super soft clays[J]. Journal of Geotechnical & Geoenvironmental Engineering, 126(8): 754-757.

GAUER P, KVALSTAD T J, FORSBERG C F, et al., 2005. The last phase of the Storegga Slide: Simulation of retrogressive slide dynamics and comparison with slide-scar morphology[J]. Marine and Petroleum Geology, 22(1-2): 171-178.

HERMAN R, 2001. An introduction to electrical resistivity in geophysics[J]. American Journal of Physics, 69(9): 943.

HORNE W B, DREHER R C, 1963. Phenomena of pneumatic tire hydroplaning[M]. Washington, D.C. National Aeronautics and Space Administration Technical.

HORNE W B, JOYNER U T, 1965. Pneumatic tire hydroplaning and some effects of vehicle performance[M]. New York: Society of Automotive Engineers Technical.

ILSTAD T, ELVERHØI A, ISSLER D, et al., 2004. Subaqueous debris flow behaviour and its dependence on the sand/clay ratio: A laboratory study using particle tracking[J]. Marine Geology, 213(1-4): 415-438.

ILSTAD T, MARR J G, ELVERHØI A, et al., 2004. Laboratory studies of subaqueous debris flows by measurements of pore-fluid pressure and total stress[J]. Marine Geology, 213(1-4): 403-414.

LIU J, TIAN J L, YI P, 2015. Impact forces of submarine landslides on offshore pipelines[J]. Ocean Engineering, 95(1): 116-127.

LOCAT J, 1997. Normalized rheological behaviour of fine muds and their flow properties in a pseudoplastic regime[C]//Deloris-Flow Mitigation-Mechanics Prediction, and Assessment. San Francisco, USA.

MOHRIG D, ELLIS C, PARKER G, et al., 1998. Hydroplaning of subaqueous debris flows[J]. Geological Society of America Bulletin, 110(3): 387-394.

MOHRIG D, ELVERHØI A, PARKER G, 2015. Experiments on the relative mobility of muddy subaqueous and subaerial debris flows, and their capacity to remobilize antecedent deposits[J]. Marine Geology, 154(1-4): 117-129.

MOHRIG D, MARR J G, 2003. Constraining the efficiency of turbidity current generation from submarine debris flows and slides using laboratory experiments[J]. Marine & Petroleum Geology, 20(6-8): 883-899.

PARTHENIACES E, 1965. Erosion and deposition of cohesive soils[J]. Journal of the Hydraulics Division, 91(1): 105-139.

PUSCH R, 1970. Microstructural changes in soft quick clay at failure[J]. Canadian Geotechnical Journal, 7(1): 1-7.

SAHDI F, 2013. The changing strength of clay and its application to offshore pipeline design[D]. Perth: University of Western Australia.

SCHLICHTING H, GERSTEN K, 2016. Boundary-layer theory[M]. Berlin: Springer.

ZAKERI A, HØEG K, NADIM F, 2008. Submarine debris flow impact on pipelines—Part I: Experimental investigation[J]. Coastal engineering, 55(12): 1209-1218.

ZAKERI A, HØEG K, NADIM F, 2009. Submarine debris flow impact on pipelines—Part II: Numerical analysis[J]. Coastal engineering, 56(1): 1-10.

ZAKERI A, SI G, MARR J D G, et al., 2010. Experimental investigation of subaqueous clay-rich debris flows, turbidity generation and sediment deposition[C]//Submarine Mass Movements and Their Consequences. Dordrecht, Holland.

5 深海滑坡体的低温-含水量耦合流变模型及流态分析

5.1 引　言

海底滑坡的流变特性、流变模型及流态分析是描述海底滑坡体运动特征、建立海底滑坡数值分析模型、进行海底滑坡防灾减灾的重要依据。然而，正如 1.2 节国内外相关工作研究进展所述，即准确描述流态化海底滑坡体这种材料的真实流变特性是极具挑战性的工作，并且海底滑坡体的流态分析也尚属空白，尤其是对管线等工程结构破坏相对严重的海底泥流。本章聚焦于海底真实温度环境，采用南海北部陆坡海底滑坡易发区内海底泥流试样，基于低温流变试验方法，开展海底泥流试样温度-含水量的耦合分析，建立泥流试样的流变模型，提出流态化海底滑坡体的流态分析方法（郭兴森等，2019；Guo et al.，2020，2021；郭兴森，2021）。

本章后续内容安排如下：5.2 节为海底滑坡低温流变试验，考虑海底真实的温度环境，基于低温流变试验方法，开展具有代表性的南海北部陆坡海底滑坡易发区内四种不同含水量海底泥流试样的流变试验；5.3 节为海底滑坡低温-含水量耦合流变模型，分析海底泥流试样流变曲线在不同温度与含水量条件下的变化规律，并通过布朗运动与粒际作用揭示流变曲线的演化机理，在赫歇尔-巴尔克利（Herschel-Bulkley）流变模型基础上建立海底泥流试样的低温-含水量耦合流变模型；5.4 节为海底滑坡流态分析方法，在流体力学理论框架下，基于流变试验原理，推导流变试验中流态化海底滑坡体的雷诺数，并以临界雷诺数为标准，提出划分海底滑坡层流与湍流状态的方法，并揭示海底泥流试样流态转捩的内在机理。

5.2 海底滑坡低温流变试验

5.2.1 试验材料

依托国家自然科学基金南海共享航次计划（NORC2015-05），采用重力式柱状取样技术，在南海北部陆坡海底滑坡易发区台湾浅滩陆坡区段采集了海底浅表层原状土样（取样深度为泥线垂直向下至 2.4m），命名为 D2-1，沉积物取样位置与海底温度情况如图 5.1 所示（Meng et al.，2018）。该区域具备海底滑坡形成的地形条件，海底地质灾害发育，油气资源丰富，极具研究价值。依据土工试验规程（南京水利科学研究院，1999），将该原状土样定名为高液限黏土，其天然状态为流塑态，物理力学性质指标如表 5.1 所示，其中不排水抗剪强度采用全流动贯入测试确定。作为在天然环境（深水环境、高压、低温）下形成的强结构性海底软黏土，其具有高灵敏度、高含水率、高液限等特点。

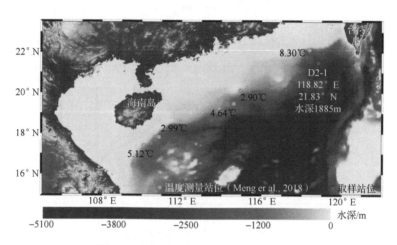

图 5.1　沉积物取样位置与海底温度情况

表 5.1　试验土样的物理力学性质指标

天然含水量/%	塑限/%	液限/%	塑性指数	液性指数	有机质含量/%	密度/（g/cm³）	不排水抗剪强度/kPa	灵敏度	孔隙比
72.8～85.8	27.5	50.3	22.8	1.8～2.5	2.0	2.7	8.2～16.9	10.5～19.1	2.0～2.3

采用马尔文粒度分析仪（型号：Hydro2000Mu）得到土样的黏粒约占 34%，粉粒约占 55%，局部含有砂粒，D2-1 土样的颗粒级配曲线如图 5.2 所示。通过 X 射线衍射仪（Bruker D8）获得了土样的矿物组成，包括石英、云母、绿泥石、方解石、高岭石等。采用 NOVA Nan450 型场发射扫描电镜，对原状土样进行微观结构分析，分别放大 3000 倍与 10 000 倍，D2-1 原状土微观电镜扫描如图 5.3 所示，可看出土样中有明显的海洋生物残骸（红圈），虽然孔隙率较高，但较大颗粒周围被片状黏粒包裹，呈松散团粒状并聚集在一起，形成明显的粒际作用（王裕宜等，2014），导致了原状土样结构性强，不排水抗剪强度相对较高，反映出该站位海底软黏土的特殊物理力学性质。从上述参数可清晰看出，南海北部陆坡浅表层结构性软黏土重塑后形成的海底泥流试样，与以往研究的河口、水库、湖泊、海湾泥沙、泥石流样本、高岭土等材料（Berlamont et al.，1993；Coussot and Piau，

1994；Si，2007；Santolo et al.，2010；王裕宜等，2014）有显著差异。采用该土样制备的海底泥流试样具备深海土层演化形成海底滑坡体的真实性，具备代表性与独特性。

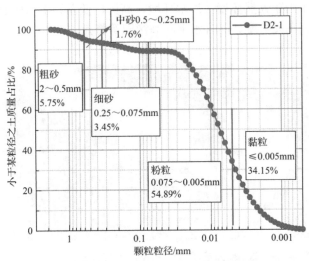

图 5.2　D2-1 土样的颗粒级配曲线

图 5.3　D2-1 原状土微观电镜扫描

5.2.2　试验仪器及原理

　　该试验设备采用 RST 流变仪，并配备专用的智能控制软件 Rheo3000 进行控制与数据采集。配备 V60-30 型桨式转子，转子尺寸为 60mm×30mm，剪应力测试范围为 15～505Pa，剪切速率测试范围为 0～235.5s^{-1}，RST 流变仪及 V60-30 型桨式转子如图 5.4 所示。桨式转子常被用于非牛顿流体流变特性的测试，适用于黏土泥流材料（Barnes and Nguyen，2001；Randolph et al.，2012），并定量的评估其流变行为（Santolo et al.，2010）。鲁双等（2017）通过微固结高岭土的流变强度测试，验证了 RST 流变仪应变控制测试方法的准确性与可靠性。采用 RST 流变仪搭配桨式转子开展海底泥流试样的流变试验测试其流变特性，已得到广泛认可。

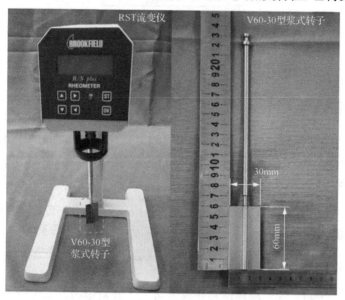

图 5.4　RST 流变仪及 V60-30 型桨式转子

RST 流变仪强度测试理论为剪切柱体理论，测试时将桨式转子插入装有试样的圆柱形容器内，使用软件 Rheo3000 控制桨式转子旋转，试样在内外两个同心圆柱体内进行剪切，并通过内部传感器采集并记录桨式转子的转动力矩与角速度（图 5.5）。

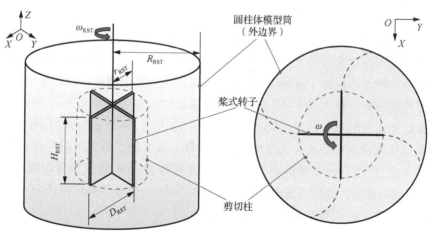

图 5.5　RST 流变仪的测试

剪应力、剪切速率与表观黏度的计算公式如式(5.1)～式(5.3)所示(Randolph et al.，2012；范宁，2019)：

$$\tau = \frac{2M_{\text{RST}}}{\pi D_{\text{RST}}^2 \left(H_{\text{RST}} + \dfrac{D_{\text{RST}}}{3}\right)} \tag{5.1}$$

$$\dot{\gamma} = K_{\gamma} \cdot \omega_{\text{RST}} \tag{5.2}$$

$$\mu_{\text{app}} = \frac{\tau}{\dot{\gamma}} \tag{5.3}$$

式中：τ为海底滑坡的剪应力；M_{RST}为RST流变仪测得桨式转子受到的扭矩；H_{RST}和D_{RST}分别为桨式转子的高度和直径；$\dot{\gamma}$为海底滑坡的剪切速率；K_{γ}为剪切速率常数，建议取$K_{\gamma} = 0.2094 / \left[1 - \left(r_{\text{RST}} / R_{\text{RST}}\right)^2\right]$，其中，$r_{\text{RST}}$和$R_{\text{RST}}$分别为桨式转子和模型筒的半径，该研究模型筒半径取为5cm；ω_{RST}为RST流变仪的角速度；μ_{app}为海底滑坡的表观黏度。

5.2.3　试验程序

Einsele(1990)认为海底沉积物含水量大于其液限时，有流动的趋势。考虑到原状土样的天然含水量与流变仪(桨式转子)的测试量程，经多次测试，泥流试样的含水量被设置为90.0%～151.2%(1.8～3.0倍液限)，海底泥流试样的含水量、含水比与密度如表5.2所示。根据1.2.3节所述海底温度情况，如图1.11和图5.1所示，确定了试验温度分别为0.5℃、4.5℃、8℃、12℃和22℃。另外，海底管线直径一般为0.1～1.0m，海底泥流运动速度最大可达30m/s(李宏伟等，2015)，故剪切速率测试范围取为0～100s^{-1}。

原状土样被烘干(75℃)后，去除贝壳等杂质，充分搅拌保证均匀性，然后加纯水调配到原状土样的天然含水量，再加海水配制成表5.2设置的四种含水量，接着用搅拌枪匀速搅拌10min，将海底泥流试样滑入模型筒中，振动排出气泡后，覆盖保鲜膜密封，移入DW-40高精度低温恒温试验箱中，静置3h，保证海底泥流试样达到设置的试验温度，其制备过程如图5.6所示。取出模型筒，利用TE-1310温度测试仪测试当前海底泥流试样的温度，插入桨式转子后采用应变控制模式，以每秒0.2s^{-1}的剪切速率增量测试500s，通过软件Rheo3000采集剪切速率为0～100s^{-1}的试验数据，低温流变测试程序如图5.7所示，试验结束后再次测定海底泥流试样的温度，将试验温度取平均值。

表 5.2 海底泥流试样的含水量、含水比与密度

编号	含水量 $w/\%$	含水比 w/w_L	密度/ (kg/m³)
1	90.0	1.8	1468
2	100.2	2.0	1423
3	123.8	2.5	1356
4	151.2	3.0	1312

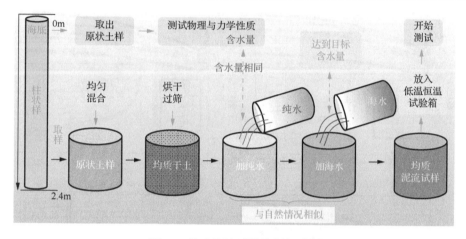

图 5.6 海底泥流试样的制备过程

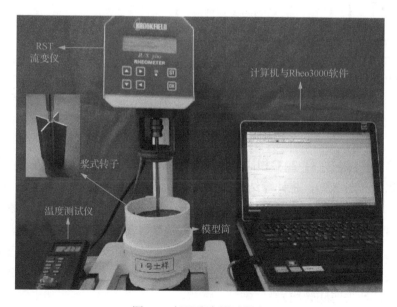

图 5.7 低温流变测试程序

5.2.4　流变试验结果

在上述五种温度环境下，通过低温流变试验得到了四种不同含水量共计 20 条海底泥流试样的流变曲线，如图 5.8 所示。显然，除了含水量以外，温度对海底泥流试样的流变曲线影响也十分显著。在 0～100s^{-1} 剪切速率范围内，随着剪切速率的增加，低温 0.5℃与室温 22℃海底泥流试样剪应力与表观黏度的差距越来越大。

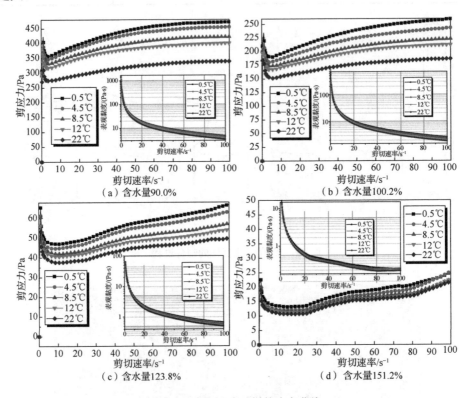

（a）含水量90.0%　　　　　（b）含水量100.2%

（c）含水量123.8%　　　　　（d）含水量151.2%

图 5.8　海底泥流试样的流变曲线

计算了四组与室温 22℃相比低温 0.5℃的海底泥流试样剪应力及其与表观黏度的变化量（图 5.9），将计算结果加权平均后，发现低温条件下含水量 90.0%、100.2%、123.8%和 151.2%的海底泥流试样，其剪应力与表观黏度分别提高了 36.3%、32.7%、27.8%和 21.0%。因此，探究温度与含水量变化对海底泥流试样流变特性的影响机理，建立考虑低温与含水量耦合效应的海底泥流试样流变模型是十分必要的，尤其是在海底滑坡运动速度快、剪切速率大的极端危险工况下（海底泥流高速冲击海底管线）。

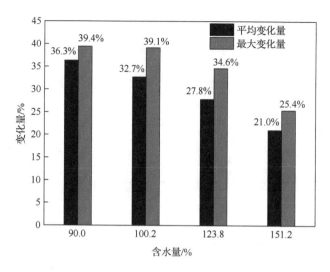

图5.9 与室温22℃相比低温0.5℃的海底泥流试样剪应力及其与表观黏度的变化量

5.3 海底滑坡低温-含水量耦合流变模型

5.3.1 非牛顿流体流变模型

牛顿流体（Newtonian fluid）是指满足牛顿黏性实验定律的流体，牛顿流体的剪应力与剪切速率之比为定值，被称为黏度。非牛顿流体（non-Newtonian fluid）的剪应力与剪切速率之间为非线性关系，也就是式（5.3）所述的黏度不是定值，被称为表观黏度，流变模型如图5.10所示。非牛顿流体流变模型是描述非牛顿流体剪应力与剪切速率关系的力学模型，用以反映材料的流变行为及其变化过程。图5.10中曲线①表示牛顿流体的流变行为，其黏度为定值，不随剪切速度发生变化。图5.10中曲线②～⑤表示具有不同流变行为的非牛顿流体，曲线②为具有剪切稀化行为的非牛顿流体（假塑性流体）；曲线③为具有剪切增稠行为的非牛顿流体（胀塑性流体）；曲线④为具有屈服应力和剪切稀化行为的非牛顿流体（黏塑性流体）；曲线⑤具有屈服应力的非牛顿流体［宾厄姆（Bingham）塑性流体］。

目前，常用来描述海底泥流流变行为的非牛顿流体流变模型主要有剪切稀化非牛顿流体（假塑性流体）的幂律（power-low）流变模型，如式（5.4）所示（Zakeri et al.，2008），Bingham塑性流体的Bingham流变模型，如式（5.5）所示（Zakeri et al.，2008），以及黏塑性流体的Herschel-Bulkley流变模型，如式（5.6）所示（Zakeri et al.，2008）：

$$\tau = K\dot{\gamma}^n \tag{5.4}$$

$$\tau = \tau_y + K\dot{\gamma}^n \tag{5.5}$$

$$\tau = \tau_y + K\dot{\gamma} \tag{5.6}$$

上述式中：τ_y 为海底泥流的屈服应力；K 为海底泥流的稠度系数；n 为流变指数。

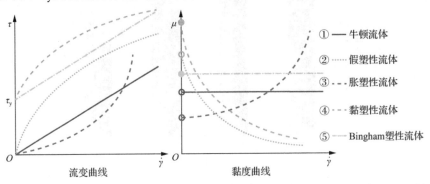

图 5.10　流变模型（改自：Santolo et al.，2010）

5.3.2　流变曲线的变化规律

1）初始阶段相态转化

海底泥流作为一种非牛顿流体中的黏塑性流体，其可承受一定的剪应力只发生变形而不产生流动（Randolph et al.，2012）。对比海底泥流试样的测试结果，可以将流变曲线分为三个阶段。含水量 90.0%海底泥流试样的流变曲线的局部放大图，如图 5.11 ［图 5.8（a）的局部放大图］所示，具体分析如下。

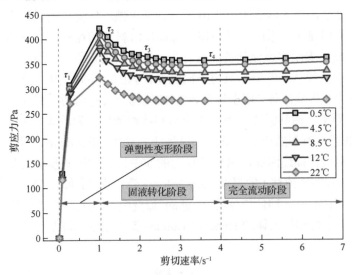

图 5.11　含水量 90.0%海底泥流试样流变曲线的局部放大图

类固态阶段，也就是弹塑性变形阶段，在极低剪切速率作用下，海底泥流试样的剪应力随剪切速率先线性增长至τ_1，然后非线性增长至最大值τ_2，海底泥流试样在该阶段先表现出弹性变形特征，然后表现出塑性变形特征，属于类固体特性。

固液转化阶段，在较低剪切速率作用下，剪应力随剪切速率先线性降低至τ_3，再非线性降低至极小值τ_4，该阶段可认为海底泥流试样处于固液相态并存状态，表现出兼具固体与流体的双重特性。实际上，从τ_2开始，海底泥流试样已表现出流体特性并逐渐发展为完全的流动行为。

完全流态阶段，该阶段海底泥流试样的剪应力随剪切速率的增加开始增长，这一阶段属于海底泥流试样的常规运动阶段，也是分析海底滑坡运动的重要阶段。

2）加荷作用

值得注意的是，流变仪应变控制模式出现了明显的上述三个阶段，而前人使用的应力控制模式（鲁双等，2017）则没有明显的阶段性，其原因主要与两种试验方法的加载速率有关。流变仪应力控制模式为施加设定的剪应力以获取剪切速率，而应变控制模式为施加设定的剪切速率以获取剪应力。应力控制模式在低剪切速率条件下测试稳定，但一旦测试高剪切速率时会出现精度差、不稳定等情况，适合测试微固结的土样；应变控制模式在极低剪切速率测试时可能存在应力过冲现象，但对于中、高剪切速率测试稳定、可靠，适合测试流态化滑坡体。应变控制模式初始阶段类似对试样施加冲击荷载，剪应力的响应会有一定增加，这与王裕宜等（2003）和杨闻宇（2014）的研究结果一致。另外，对比图5.8与图5.11四种不同含水量试样的τ_2/τ_4值不同，究其原因也是试样对冲击荷载的抵抗能力不同，含水量越低，黏度越大、强度越高、抵抗能力越强。同一含水量试样随温度降低τ_2/τ_4值有变小的趋势，是温度降低，黏度变大、强度增高、抵抗能力变强造成的。流变曲线在低剪切速率的反应规律，应结合上述两种原因来理解。

3）剪切稀化特征

非牛顿流体的黏度随剪切速率变化而变化，可以将其定义为表观黏度，如式(5.3)所示。表观黏度反映了试样内部结构抵抗变形与阻碍流动的特性。图5.8清晰展示出随着剪切速率的增加，泥流试样的表观黏度迅速下降，表现出强烈的剪切稀化行为。在相同含水量条件下，泥流试样的温度越低，表观黏度越大，剪切强度越高。

绘制0.5℃低温条件下四种不同含水量海底泥流试样表观黏度与剪切速率的关系，如图5.12所示。海底泥流试样的含水量越高，表观黏度就越小。表观黏度与剪切速率在双对数坐标下，可近似为线性关系。与含水量151.2%海底泥流试样相比，含水量90.0%海底泥流试样的表观黏度平均提高了24倍，在$0\sim100\mathrm{s}^{-1}$剪切速率范围内，随着剪切速率增加，剪应力与表观黏度的差距逐渐缩小至18倍。可见，与温度相比，含水量对海底泥流试样表观黏度的影响更为强烈。

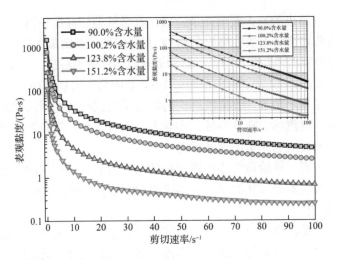

图 5.12　0.5℃海底泥流试样表观黏度与剪切速率的关系

5.3.3　机理分析与讨论

1. 布朗运动

众所周知，作为典型的牛顿流体，水的黏度随温度降低而快速增加（25℃ → 0℃，黏度提高了 100.5%），水的黏度与温度的关系如图 5.13 所示。

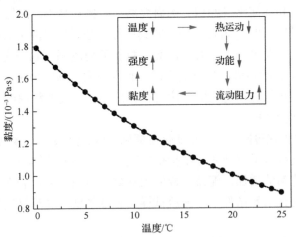

图 5.13　水的黏度与温度的关系

随着温度的降低，四组海底泥流试样均出现了剪应力与表观黏度增大的现象。从微观角度可以解释这一现象，随着温度降低，布朗运动即各种粒子热运动将减弱，海底泥流试样中固相颗粒与液体水分子的动能均会减少。这将导致泥流流动的阻力增大（Davison et al.，1999），即表现为流体的"惰性"更强，从而使海底泥流试样流动变得更加困难，表现为宏观的剪应力与表观黏度增大的现象，也再次证明了表观黏度反映了海底泥流试样抵抗变形和流动的能力。

2. 粒际作用

粒际作用主要是指土颗粒由于表面带电引起的静电斥力（与粒径和矿物组成有关）和分子间的作用力（范德华力）（与土颗粒间的距离有关）（费祥俊和康志成，1991；王裕宜等，2014）。细颗粒与含有离子的水结合会形成絮团，细颗粒含量稍高后，絮团连接形成絮网结构，便有一定的承载能力。研究表明（费祥俊和康志成，1991），颗粒粒径小于 0.03mm 的土颗粒最易出现絮凝现象，颗粒粒径大于 0.05mm 絮凝现象已非常微弱。含水量不同，意味着海底泥流试样中自由水的含量不同，土颗粒（尤其是黏粒与粉粒）间距离也就不同，所形成的絮网结构，以及进而形成缔合空间网的程度就有所差异，如图 5.14（a）所示。基于扫描电镜（SEM）对四种不同含水量海底泥流试样进行微观结构分析，采用 Image-Pro Plus软件进行处理，深色部分为孔隙，灰黑色部分为土颗粒，如图 5.14（b）所示。显然，海底泥流试样含水量降低，絮网结构与缔合空间网连接程度都将大大增加，海底泥流试样的剪应力与表观黏度就会升高。不同海底泥流试样的剪应力与表观黏度随温度与剪切速率变化的幅度不同，亦是因缔合的空间网架结构在链接、破坏与重组程度上有所不同造成的。

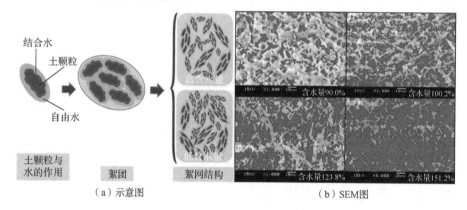

（a）示意图　　　　　　　　　　（b）SEM图

图 5.14　粒际作用分析

5.3.4　低温-含水量耦合流变模型

1. 流变模型参数拟合

Zakeri 等（2008）指出了流变模型中参数的拟合问题，尽管 Power-Low 模型与 Herschel-Bulkley 模型在拟合较低剪切速率数据方面存在一定缺陷,但对剪切速率高于 $4s^{-1}$ 的试验数据非常适合，这正是海底滑坡与管线相互作用研究所感兴趣的范围。因此,基于应用广泛的 Herschel-Bulkley 流变模型(Berlamont et al.,1993;Si,2007;Zakeri et al.,2008;Sueng et al.,2010;Randolph et al.,2012;Jeong et al.,2014),对每条流变试验曲线进行参数拟合,得到每条流变曲线的流变指数。理论上,海底泥流试验的流变指数不随温度变化。因此,对不同温度条件下相同含水量泥流试样的流变指数取平均值,然后,将这个平均值作为一个固定参数(与含水量有关)。在固定了流变指数前提下,再次将每条流变曲线进行拟合,最终得到了基于 Herschel-Bulkley 流变模型的 20 条流变曲线拟合结果,如表 5.3 所示。

表 5.3　Herschel-Bulkley 流变模型的拟合结果

编号	温度/℃	Herschel-Bulkley 模型			
		屈服应力 τ_y/Pa	稠度系数 K/(Pa·s^n)	流变指数 n	拟合度(R^2)
1-1	0.5	264.112	60.99		0.98
1-2	4.5	262.938	56.218		0.98
1-3	8.5	260.998	47.078	0.275	0.98
1-4	12	255.140	42.330		0.99
1-5	22	219.646	34.381		0.98
2-1	0.5	137.068	28.646		0.99
2-2	4.5	134.106	25.436		0.99
2-3	8.5	133.609	21.070	0.320	0.99
2-4	12	131.012	19.272		0.99
2-5	22	123.844	14.800		0.99
3-1	0.5	43.133	0.599		0.99
3-2	4.5	41.276	0.563		0.99
3-3	8.5	39.191	0.464	0.794	0.98
3-4	12	38.083	0.412		0.98
3-5	22	35.299	0.384		0.97
4-1	0.5	11.867	0.118		0.97
4-2	4.5	10.876	0.115		0.94
4-3	8.5	10.021	0.112	1.000	0.95
4-4	12	9.766	0.109		0.93
4-5	22	9.494	0.105		0.94

2. 温度与流变参数的关系

温度对海底泥流试样流变曲线的影响相当明显,除了定性地给出温度对试样流变特性的影响程度与机理外，还需定量建立它们之间的函数关系。将表 5.4 中与温度相关的流变参数拟合结果进行分析，发现屈服应力、稠度系数都与温度呈线性关系，如图 5.15 所示。据此，建立了温度与屈服应力的量化关系，如式（5.7）所示，建立了温度与稠度系数的量化关系，如式（5.8）所示：

$$\tau_y = A_H T + B_H \quad (5.7)$$

$$K = C_H T + D_H \quad (5.8)$$

式中：T 为温度，℃；A_H 为屈服应力的温度调整系数，Pa/℃；B_H 为 0℃海底泥流的屈服应力，Pa；C_H 为稠度系数的温度调整系数，Pa·s^n/℃；D_H 为 0℃海底泥流的稠度系数，Pa·s^n。式中的斜率 A_H、C_H，截距 B_H、D_H 都与海底泥流材料的组构有关。

表 5.4 与温度相关的流变参数拟合结果

试样		Herschel-Bulkley 流变模型					
编号	含水量/%	屈服应力 τ_y/Pa			稠度系数 K/（Pa·s^n）		
		A_H	B_H	R^2	C_H	D_H	R^2
1	90.00	−2.112	272.630	0.86	−1.267	60.241	0.95
2	100.20	−0.602	137.640	0.97	−0.642	27.939	0.96
3	123.80	−0.361	42.827	0.97	−0.011	0.585	0.85
4	151.17	−0.104	11.396	0.78	−0.0006	0.118	0.97

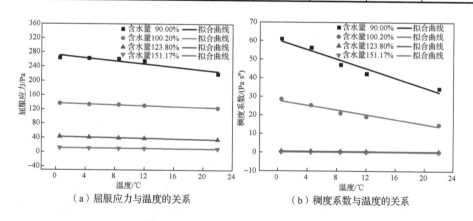

（a）屈服应力与温度的关系　　　（b）稠度系数与温度的关系

图 5.15 流变参数与温度呈线性关系

3. 含水量与流变参数的关系

根据表 5.4 流变参数的拟合结果可清晰地看出，式（5.7）中屈服应力的温度调整系数 A_H 与式（5.8）中稠度系数的温度调整系数 C_H，对不同含水量海底泥流试样的调整程度有显著区别，呈非线性变化。0℃海底泥流试样的屈服应力 B_H 与稠度系数 D_H 也是如此。下面分别将这四个流变参数与含水量的关系进行分析。

（1）屈服应力。为探究含水量对屈服应力的影响，将表 5.4 中屈服应力的温度调整系数 A_H 与 0℃试样的屈服应力 B_H，分别拟合 w/w_L 进行分析，如图 5.16 所示，结果呈现幂律关系，量化关系如式（5.9）与式（5.10）所示：

$$A_\mathrm{H} = A_1 \times \left(\frac{w}{w_\mathrm{L}}\right)^{-A_2} \tag{5.9}$$

$$B_\mathrm{H} = B_1 \times \left(\frac{w}{w_\mathrm{L}}\right)^{-B_2} \tag{5.10}$$

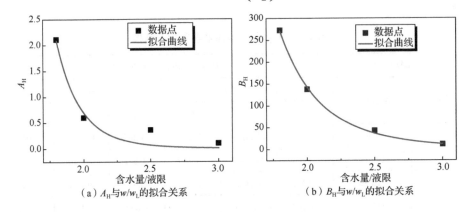

（a）A_H 与 w/w_L 的拟合关系　　　　（b）B_H 与 w/w_L 的拟合关系

图 5.16　$A_\mathrm{H}(B_\mathrm{H})$ 与 w/w_L 的拟合关系

（2）稠度系数。为探究含水量对稠度系数的影响，将表 5.4 中稠度系数的温度调整系数 C_H 与 0℃试样的稠度系数 D_H，分别拟合 w/w_L 进行分析，如图 5.17 所示，其结果也呈现幂律关系，量化关系如式（5.11）与式（5.12）所示：

$$C_\mathrm{H} = C_1 \times \left(\frac{w}{w_\mathrm{L}}\right)^{-C_2} \tag{5.11}$$

$$D_\mathrm{H} = D_1 \times \left(\frac{w}{w_\mathrm{L}}\right)^{-D_2} \tag{5.12}$$

（3）流变指数。流变指数表示非牛顿流体的非线性程度。对于具有剪切稀化特征的非牛顿流体，其取值范围通常为 0～1.0。由表 5.4 可知，海底泥流试样的流变指数随含水量增加逐渐增大，表明含水量越高泥流越接近牛顿流体。显然，当含水量无穷大时，海底泥流的土颗粒消失，表现为水的特性。海底泥流试样流变指数和 w/w_L 呈线性关系，如式（5.13）所示：

$$n = N_1 \times \left(\frac{w}{w_\mathrm{L}}\right) - N_2 \tag{5.13}$$

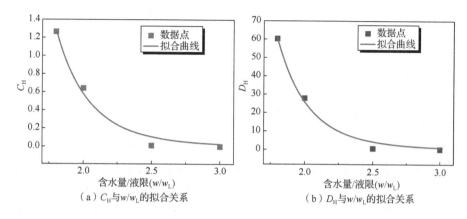

（a）C_H 与 w/w_L 的拟合关系　　　　（b）D_H 与 w/w_L 的拟合关系

图 5.17　$C_H(D_H)$ 与 w/w_L 的拟合关系

与含水量相关的流变参数拟合结果如表 5.5 所示。

表 5.5　与含水量相关的流变参数拟合结果

式（5.9）		式（5.10）		式（5.11）		式（5.12）		式（5.13）	
A_1/（Pa/℃）	A_2	B_1/kPa	B_2	C_1/（kPa·s^n/℃）	C_2	D_1/（kPa·s^n）	D_2	N_1	N_2
35.67	5.26	9.80	6.08	19.09	15.66	148.67	13.01	0.65	0.92
R^2=0.93		R^2=1.00		R^2=0.99		R^2=0.98		R^2=0.97	

4. 低温–含水量耦合流变模型的建立

将上述所建立的公式联合起来，可以得到海底泥流试样在不同含水量与温度条件下的 Herschel-Bulkley 流变模型。据此，建立了海底滑坡体低温-含水量耦合流变模型，如式（5.14）所示。式（5.14）描述了温度与含水量耦合条件下海底泥流试样的流变行为，并量化了流变参数之间的关系。但需指出的是，该流变模型提供了一个半理论和半经验的框架，对于不同海域的海底滑坡，有必要根据本节介绍的方法通过简单的流变学测试，对公式中的具体参数进行取值，即

$$\tau = \underbrace{\left(\underbrace{A_1 \times \left(\frac{w}{w_L}\right)^{-A_2} \cdot T}_{A_H} + \underbrace{B_1 \times \left(\frac{w}{w_L}\right)^{-B_2}}_{B_H} \right)}_{\tau_y} + \underbrace{\left(\underbrace{C_1 \times \left(\frac{w}{w_L}\right)^{-C_2} \cdot T}_{C_H} + \underbrace{D_1 \times \left(\frac{w}{w_L}\right)^{-D_2}}_{D_H} \right)}_{K} \times \dot{\gamma}^{\frac{N_1 \cdot \left(\frac{w}{w_L}\right) - N_2}{n}}$$

（5.14）

5.4　海底滑坡流态分析方法

5.4.1　海底滑坡流态分析的价值与意义

　　基于 1.2 节国内外相关工作研究进展分析与图 1.12 的概括，处于流态化阶段的海底滑坡体在长距离运移过程中会从非牛顿流体逐渐演化过渡到牛顿流体，整个过程海底滑坡体的流变特性十分复杂。基于 5.3 节介绍的海底滑坡体流变试验方法，可以获取海底滑坡体的流变曲线，建立相应的流变模型，来描述海底滑坡运动过程中滑坡体剪应力与剪切速率的关系。然而，在实际分析海底滑坡体运动过程中，只有流变曲线（流变模型）是远远不够的，必须要确定海底滑坡体的流动状态。

　　流体的流动状态（简称流态）有层流与湍流两种，这是描述流体运动最重要的模型之一。若流体质点一直沿彼此平行的流线运动，不发生相互混杂，其运动轨迹是有规则的光滑曲线（最简单的情况流线为直线），流体的这种流动状态称为层流。若流体质点在运动过程中，互相混杂、穿插地流动，包括主体流动及各种大小、强弱、方向不同的旋涡，流体的这种流动状态称为湍流。总体来说，海底滑坡体的流动状态为层流时，海底滑坡体的流动状态更为稳定，一般速度相对较低。相反，海底滑坡体的流动状态为湍流时，流体质点速度相对较快，运动方向紊乱，动量相对更大。

　　目前，分析流态化海底滑坡运动时，多基于流体力学的理论框架，但很少深入探讨处于流态化海底滑坡的流动状态，多以层流模型来简单描述这些滑坡体的流态，这很可能导致理论分析与数值模拟缺少理论支持，一旦错误选择流态模型，甚至会导致计算结果失真。因此，开展海底滑坡流态分析对认识海底滑坡的运动演化过程，开展试验结果分析，进行相关理论推导，优化数值建模具有十分重要的意义。

5.4.2　基于流变试验的滑坡流态分析方法

1. 流体运动行为与黏滞性

　　流体的物理性质是决定流体运动行为的内在原因，与流体运动相关的流体物理性质主要有惯性、黏滞性与压缩性。对于流态化海底滑坡这种流体来说，其压缩性可以忽略。另外，作为惯性大小的量度，海底滑坡的质量可较为方便地计算得出。因此，黏滞性是确定海底滑坡流动行为的重要因素，也是测试、分析与数学描述的难点。流体的黏性是指流体黏附于某种物质的性质，是流体的固有特性之一。牛顿内摩擦定律指出，流体的剪应力与速度梯度成正比，与流体的性质有关，如式（5.15）所示：

$$\tau = \mu \frac{\mathrm{d}u}{\mathrm{d}y} \tag{5.15}$$

式中：$\mathrm{d}u/\mathrm{d}y$ 为速度在流层法线方向的变化率，称为速度梯度，也就是上述提到的剪切速率。为了进一步说明速度梯度的物理意义，取经典的平板剪切试验上下层间的矩形流体单元的速度场分布作为分析对象，如图 5.18 所示，单元中微团的上下层速度相差 $\mathrm{d}u$，经时间 $\mathrm{d}t$，微团的剪切变形 $\mathrm{d}\gamma$，三者的关系如式（5.16）所示：

$$\mathrm{d}\gamma \approx \tan(\mathrm{d}\gamma) = \frac{\mathrm{d}u \cdot \mathrm{d}t}{\mathrm{d}y} \tag{5.16}$$

将式（5.16）变形后，可以得到式（5.17）：

$$\frac{\mathrm{d}u}{\mathrm{d}y} = \frac{\mathrm{d}\gamma}{\mathrm{d}t} \tag{5.17}$$

式中：t 为剪切时间；$\mathrm{d}\gamma$ 为微团的剪切变形。显然，速度梯度 $\mathrm{d}u/\mathrm{d}y$ 实际上就是流体微团的剪切应变率（剪切速率），式（5.15）可以改写为式（5.3）。正如 5.3 节所述，每种流体的流变特性都可以通过图 5.10 或式（5.3）进行定量化的数学描述。

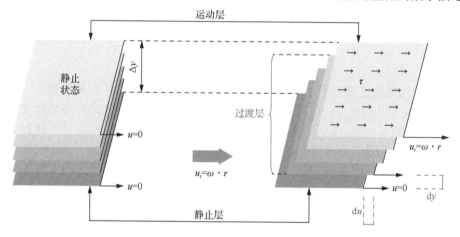

图 5.18 剪切区内某一流体微团单元的速度场分布

2. 雷诺实验与雷诺数

英国物理学家雷诺通过流体力学经典实验"雷诺实验"发现，流体的流态不同，流体流动过程中阻力的变化规律不同，水头损失的规律也不同。进一步，雷诺经过大量的试验分析，发现雷诺数是判断流态变化最有效的方法，而且该方法应用起来十分方便。雷诺数是衡量流体质点所受惯性力与黏性力相对强弱的一个无量纲量，如式（5.18）所示。雷诺数越大表示惯性力相对黏性力更占主导作用，当流体的惯性力越占主导作用时，湍流作用也就越剧烈。因此，海底滑坡体运动过程中会存在一个临界雷诺数（理想条件下），使得海底滑坡体的流态发生转捩。

$$Re = \frac{\rho \cdot U_\infty \cdot d_r}{\mu} \tag{5.18}$$

式中：Re 为雷诺数，无量纲量；U_∞ 为剪切区速度；μ 为绝对黏度；d_r 为水力半径，计算方法如下：

$$d_r = \frac{A_s}{\chi} \tag{5.19}$$

式中：A_s 为过流断面的面积；χ 为过流断面上流体与边界接触的周长，称为湿周。

3. 流变试验的雷诺数

由 5.3 节可知，通过流变试验测试海底滑坡体的流变曲线是描述滑坡体运动行为与黏滞性必不可少的环节。因此，基于流变试验原理，推导了海底滑坡体在不同剪切速率（剪切速率反映了海底滑坡在运动过程中应变与时间的关系）条件下的雷诺数，据此判断处于不同运动条件下海底滑坡的流态。

基于流变试验原理可知，流变试验剪切区纵剖面为边长 Δy 与 H_{RST} 组成的矩形，其剪切区分布概化如图 5.19 所示，剪切速率计算方法如式（5.20）所示：

$$\dot{\gamma} = \frac{\Delta u}{\Delta y} = \frac{u_r - u_w}{\Delta y} \tag{5.20}$$

式中：Δy 为剪切区纵剖面水平方向的长度；u_r 为桨式转子最外层的线速度，也就是剪切区最内层的速度，以及剪切区的最大速度；u_w 为剪切区最外层的速度，也是剪切区的最小速度。根据图 5.18 与图 5.19 所述的剪切机制，可以给出剪切区内外层的速度，如式（5.21）与式（5.22）所示：

$$u_r = \omega_{RST} \cdot r_{RST} \tag{5.21}$$

$$u_w = 0 \tag{5.22}$$

将式（5.2）、式（5.21）与式（5.22）带入式（5.20）中可以得到 Δy 的表达式如下：

$$\Delta y = \frac{r_{RST}}{K_\gamma} \tag{5.23}$$

根据式（5.19）水力半径 d_r 的定义，流变试验的水力半径计算方法如下：

$$d_r = \frac{\Delta y \cdot H_{RST}}{2\Delta y + 2H_{RST}} \tag{5.24}$$

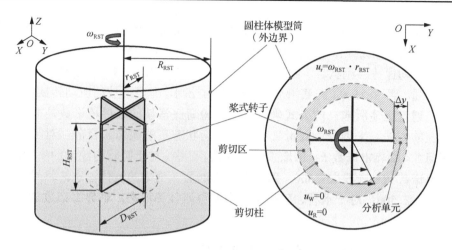

图 5.19　流变试验的剪切区分布概化

由于流变试验剪切区内海底滑坡体的速度不是定值，且其分布很难给出。考虑到流变试验剪切区的范围非常小（mm 量级），剪切区速度被取为剪切区内层与外层边界的平均速度，如式（5.25）所示：

$$U_{\infty} = \frac{1}{2}(u_r - u_w) = \frac{1}{2} \cdot \omega_{RST} \cdot r_{RST} \tag{5.25}$$

将式（5.2）、式（5.3）、式（5.23）和式（5.24）分别带入式（5.18）中，如式（5.26）所示，进一步化简，如式（5.27）所示

$$Re_{\text{non-Newtonian}} = \frac{\rho \cdot U_{\infty} \cdot d_r}{\mu_{app}} = \frac{\rho \cdot 0.5 \cdot \omega_{RST} \cdot r_{RST}^2}{\tau \cdot \dot{\gamma}^{-1} \cdot K_{\gamma}} \left(\frac{H_{RST}}{2\Delta y + 2H_{RST}} \right) \tag{5.26}$$

$$Re_{\text{non-Newtonian}} = \frac{\rho \cdot \omega_{RST}^2 \cdot r_{RST}^2}{4\tau} \left(\frac{H_{RST}}{\Delta y + H_{RST}} \right) \tag{5.27}$$

在流变试验测试过程中，与桨式转子高度（cm 量级）相比，剪切区水平方向长度 Δy 可以忽略，因此式（5.27）可以简化如下：

$$Re_{\text{non-Newtonian}} = \frac{\rho \cdot \omega_{RST}^2 \cdot r_{RST}^2}{4\tau} \tag{5.28}$$

对式（5.28）进行量纲分析，显然推导的公式量纲是平衡的，如式（5.29）所示：

$$Re_{\text{non-Newtonian}}\text{量纲} = \frac{kg}{m^3} \times \frac{m^2}{s^2} \div \frac{1}{Pa} \tag{5.29}$$

4. 临界雷诺数

随着雷诺数的增加，海底滑坡的运动越来越不稳定，海底滑坡流态逐渐由层

流转捩为湍流，这里存在一个临界雷诺数 Re_c 来划分层流与湍流。当 $Re<Re_c$，海底滑坡的流动受黏性作用的控制，使海底滑坡因受扰动所引起的紊动衰减，海底滑坡的流动保持层流状态。随着 Re 的增大，黏性作用减弱，惯性对紊动的激励作用增强。当 $Re>Re_c$，海底滑坡受惯性作用控制，海底滑坡的流动转捩为湍流。因此，通过上述所建立的公式确定流变试验海底滑坡的临界雷诺数是非常有效且便捷的方法，来划分海底滑坡在不同剪切状态下的流态。目前，对于不同的物理问题，临界雷诺数 Re_c 的取值是不同的。其中，对于圆管内流动的牛顿流体，临界雷诺数 Re_c 一般取 2300；对于非圆形断面流道中的流体流态，临界雷诺数 Re_c 一般取 500；对于水利、矿山工程中明渠流体的流态，临界雷诺数 Re_c 一般取 300。

5.4.3　南海北部陆坡海底泥流流态划分

1. 试验结果分析

根据 5.4.2 节流变试验结果，绘制了四种不同含水量海底泥流试样的流变曲线（试验温度为 4.5℃），如图 5.20 所示。

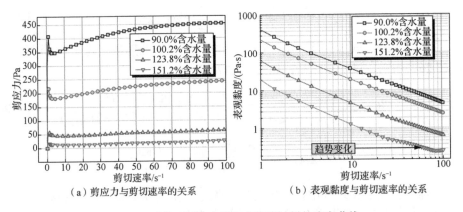

（a）剪应力与剪切速率的关系　　（b）表观黏度与剪切速率的关系

图 5.20　四种不同含水量海底泥流试样的流变曲线

随着剪切速率的增加，海底泥流试样的表观黏度逐渐下降，流动的阻力越来越小，流动变得更加容易，流动的不稳定性增加。在高剪切速率条件下，含水量为 151.2%的海底泥流试样的流动状态出现明显的不稳定情况，黏度不再发生变化，展现出牛顿流体特征，表现出了湍流特性。将图 5.20（a）中含水量为 151.2%的海底泥流试样的流变曲线放大，如图 5.21 所示。在剪切速率为 60s⁻¹ 附近，含水量为 151.2%的海底泥流试样的流动趋势发生了改变，这也是划分海底泥流试样层流与湍流的一种方法。

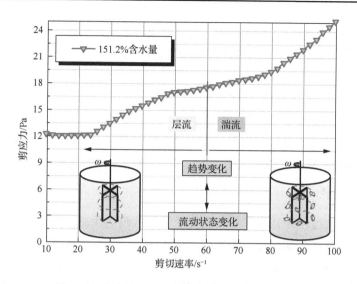

图 5.21　含水量 151.2%海底泥流试样的流变曲线

将四组流变试验结果代入所建立划分海底滑坡流态的雷诺数计算式（5.28）中，可以得出不同剪切速率条件下海底泥流试样的雷诺数，如图 5.22 所示。

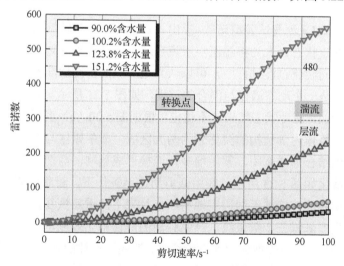

图 5.22　不同剪切速率条件下海底泥流试样的雷诺数

含水量为 90.0%、100.2%和 123.8%的海底泥流试样的雷诺数随着剪切速率的增加逐渐增大，雷诺数的增加趋势是一致的，没有出现转捩点，且雷诺数均较小。然而，对于含水量 151.2%海底泥流试样来说，雷诺数的变化趋势在剪切速率为 $60s^{-1}$ 时，出现明显的流变曲线趋势的变化（从区域平缓转变为开始上升），结合黏度的变化规律，该点被认为是海底泥流试样从层流流动到湍流流动的临界点，即定量化的流态转捩点。一般说来，海底滑坡的运动速度越快，滑坡体的剪切速率就越大，雷诺数就越高，滑坡体的流动状态就越不稳定。当达到临界雷诺数时，滑坡体的流态从层流转化为湍流。可以预测在某一高剪切速率条件下，含水量为90.0%、100.2%与123.8%的海底泥流试样也会达到临界状态，在本次试验中这三组海底泥流试样的流态可以认为均是层流。基于图 5.22 还可以明确得出，当雷诺数为 300 时，海底泥流试样处于层流向湍流的转捩状态。对于本例来说，当含水量 151.2%海底泥流试样的剪切速率大于 $60s^{-1}$ 时，可认为其从层流转捩为湍流。

2. 机理讨论

流体在流动过程中其内部结构决定了流体的流动状态，在这里起决定性作用的就是湍动强度。湍动强度主要采用雷诺数作为判据，此外，湍动强度还与流体接触壁面的相对粗糙度有关。在相同雷诺数前提下，相对粗糙度越大，湍动强度越大，所受的阻力越大，流体的流动状态就越不稳定。本节基于流变试验定义了流体雷诺数，这里可以认为相对粗糙度是一致的。因此，需要探究湍动强度的演化机制，分析湍动强度问题主要就是解释流体流动过程中内部结构的演化过程。

5.4 节通过定义流变试验雷诺数，提出了定量化的流态转捩点，即临界雷诺数。但这仅限于理想状态，人为将湍流与层流在这个转捩点独立划分。实际上，海底滑坡体从层流向湍流过渡过程中，可以认为是层流的密度逐渐减少，湍流的密度逐渐增加，这是一个动态演化与混合的过程，如图 5.21 所示。宏观上，表现为湍动强度逐渐增加，流动状态越来越不稳定。根据图 5.20（b）表观黏度随剪切速率的变化可以将流体内部结构的演化分为两大区域，非牛顿区与牛顿区。土颗粒与含有离子的水结合形成絮团，絮团增多，连接形成絮网，剪切过程中海底滑坡体的微观结构演化如图 5.23 所示。在中低剪切速率条件下，随着剪切速率的提高，絮团间及絮团内的连接被不同程度地剪断，且来不及重新恢复，这样可使海底滑坡体的表观黏度降低三个数量级，产生强烈的剪切稀化效应，属于非牛顿区。在高剪切速率条件下，随着剪切速率持续增加，海底滑坡体的表观黏度已降至极小，黏度不再随剪切速率增加而下降 [图 5.20（b）]，絮团内的缠结结构在高剪切作用下已被拉直，表现出牛顿流体的性质，属于牛顿区。如果剪切速率再提高，就会出现流动不稳定的现象，这种不稳定流动就是湍流形成的重要标志，这就初步解释了海底滑坡流态的演化过程。

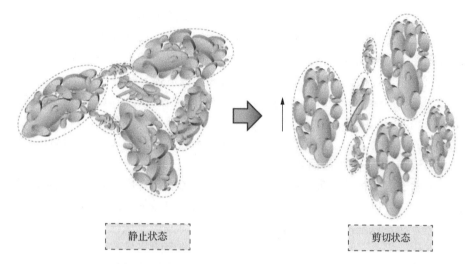

静止状态　　　　　　　　　　剪切状态

图 5.23　剪切过程中海底滑坡体的微观结构演化

5.5　本章小结

　　本章首先考虑海底真实温度环境，采用低温流变试验方法，开展了具有代表性的南海北部陆坡海底滑坡易发区内四种不同含水量海底泥流试样的流变试验；然后，分析了流变曲线在不同温度与含水量条件下的变化规律，并基于布朗运动与粒际作用揭示了流变曲线的演化机理；接着，在 Herschel-Bulkley 流变模型基础上，建立了海底滑坡体的低温-含水量耦合流变模型；最后，在流体力学理论框架下，推导了流变试验中海底滑坡体雷诺数的计算公式，以临界雷诺数为标准，提出了划分海底滑坡层流与湍流流动状态的方法。基于上述工作，本章主要结论如下。

　　（1）含水量对海底泥流试样流变曲线的影响十分显著，海底泥流试样的含水量越高，表观黏度就越小，与含水量 151.2%海底泥流试样相比，含水量 90.0%海底泥流试样的剪应力与表观黏度平均提高了 24 倍，基于粒际作用原理，解释了含水量对海底泥流试样流变特性的影响机理。

　　（2）温度对海底泥流试样的流变曲线影响也十分显著，与 22℃常温条件相比，0.5℃低温条件下含水量 90.0%、100.2%、123.8%和 151.2%海底泥流试样的剪应力与表观黏度分别提高了 36.3%、32.7%、27.8%和 21.0%，基于布朗运动原理，解释了温度对海底泥流试样流变特性的影响机理。

　　（3）基于流变曲线特征，提出了海底泥流试样在低剪切速率条件下的相态转化过程，包括：类固态阶段，即弹塑性变形阶段，表现出类固体特性；固液转化阶段，即海底泥流试样处于固液相态并存状态，表现出兼具固体与流体的双重特性；完全流态阶段，这是分析流态化海底滑坡运动的重要阶段。

（4）在双对数坐标下，海底泥流试样的表观黏度与剪切速率可近似为线性关系，海底泥流试样表现出强烈的剪切稀化特征，且具有明显的屈服应力，符合具有屈服应力和剪切稀化行为的非牛顿流体（黏塑性流体）特征。

（5）基于 Herschel-Bulkley 流变模型，对海底泥流试样的流变参数进行分析，提出了海底泥流试样屈服应力与稠度系数随温度变化的线性公式，流变指数随含水量变化的线性公式，以及拟合流变参数随含水量变化的幂律公式，据此建立了海底泥流试样低温-含水量耦合流变模型。

（6）基于流变试验原理，推导了流变试验中流态化海底滑坡体雷诺数的计算公式，并建立了以临界雷诺数作为评价标准，海底滑坡体层流与湍流流动状态划分的具体方法。以南海北部陆坡海底滑坡易发区海底泥流试样为例，通过流变曲线黏度变化，提出了海底泥流试样从层流转捩到湍流的临界雷诺数是 300。

（7）基于海底泥流试样表观黏度曲线的宏观变化特征与海底泥流试样内部结构演化的微观分析，提出了在不同剪切速率条件下海底泥流试样絮团内及絮团间土颗粒结构的变化过程，以及流变曲线牛顿区与非牛顿区演化过程，初步揭示了海底泥流试样流态转捩的内在机理。

参 考 文 献

范宁, 2019. 海底滑坡体的强度特性及其对管线的冲击作用研究[D]. 大连: 大连理工大学.

费祥俊, 康志成, 1991. 细颗粒浆体、泥石流浆体对泥石流运动的作用[J]. 山地学报, 9(3): 143-152.

郭兴森, 2021. 海底地震滑坡易发性与滑坡-管线相互作用研究[D]. 大连: 大连理工大学.

郭兴森, 年廷凯, 范宁, 等, 2019. 低温环境下南海海底泥流的流变试验及模型[J]. 岩土工程学报, 41(1): 161-167.

李宏伟, 王立忠, 国振, 等, 2015. 海底泥流冲击悬跨管道拖曳力系数分析[J]. 海洋工程, 33(6): 10-19.

鲁双, 范宁, 年廷凯, 等, 2017. 基于流变仪测试超软土强度的试验方法[J]. 岩土工程学报, 39(S1): 91-95.

王裕宜, 詹钱登, 韩文亮, 等, 2003. 黏性泥石流体的应力应变特性和流速参数的确定[J]. 中国地质灾害与防治学报, 14(1): 9-13.

王裕宜, 詹钱登, 严璧玉, 2014. 泥石流体的流变特性与运移特征[M]. 长沙: 湖南科学技术出版社.

杨闻宇, 2014. 剪切载荷作用下高浓度黏性泥沙流变特性的实验研究[D]. 上海: 上海交通大学.

BARNES H A, NGUYEN Q D, 2001. Rotating vane rheometry: A review[J]. Journal of Non-Newtonian Fluid Mechanics, 98(1): 1-14.

BERLAMONT J, OCKENDEN M, TOORMAN E, et al., 1993. The characterisation of cohesive sediment properties[J]. Coastal Engineering, 21: 105-128.

COUSSOT P, PIAU J M, 1994. On the behavior of fine mud suspensions[J]. Rheologica Acta, 33(3): 175-184.

DAVISON J M, CLARY S, SAASEN A, et al., 1999. Rheology of various drilling fluid systems under deepwater drilling conditions and the importance of accurate predictions of downhole fluid hydraulics[C]. Annual Techical Conference and Exhibition, Houston.

EINSELE G, 1990. Deep-reaching liquefaction potential of marine slope sediments as a prerequisite for gravity mass flows? (Results from the DSDP)[J]. Marine Geology, 91(4): 267-279.

GUO X, NIAN T, GU Z, et al., 2021. Evaluation methodology of laminar-turbulent flow state for fluidized material with special reference to submarine landslide[J]. Journal of Waterway, Port, Coastal, and Ocean Engineering, 147(1): 04020048.

GUO X, NIAN T, WANG Z, et al., 2020. Low-temperature rheological behavior of submarine mudflows[J]. Journal of Waterway, Port, Coastal, and Ocean Engineering, 146(2): 04019043.

JEONG S W, YOON S N, PARK S S, et al., 2014. Preliminary investigations of rheological properties of busan clays and possible implications for debris flow modelling[M]. Submarine Mass Movements and Their Consequences. Springer International Publishing: 45-54.

MENG Q, LIU S, JIA Y, et al., 2018. Analysis on acoustic velocity characteristics of sediments in the northern slope of the South China Sea[J]. Bulletin of Engineering Geology and the Environment, 77(3): 923-930.

RANDOLPH M F, WHITE D J, BOUKPETI N, et al., 2012. Strength of fine-grained soils at the solid-fluid transition[J]. Géotechnique, 62(3): 213-226.

SANTOLO A S D, PELLEGRINO A M, EVANGELISTA A, 2010. Experimental study on the rheological behaviour of debris flow[J]. Natural Hazards & Earth System Science, 10(12): 2507-2514.

SI G, 2007. Experimental study of the rheology of fine-grained slurries and some numerical simulations of downslope slurry movements[D]. Oslo: University of Oslo.

SUENG W J, LOCAT J, LEROUEIL S, et al., 2010. Rheological properties of fine-grained sediment: the roles of texture and mineralogy.[J]. Canadian Geotechnical Journal, 47(10): 1085-1100.

ZAKERI A, HØEG K, NADIM F, 2008. Submarine debris flow impact on pipelines—Part Ⅰ: Experimental investigation[J]. Coastal Engineering, 55(12): 1209-1218.

6 深水滑坡冲击管线的 CFD 流固耦合模拟分析

6.1 引   言

海底滑坡对管线的冲击作用力是管线设计的重要参数。然而，在复杂的时空演化过程中，海底管线的在位情况十分复杂，准确预测复杂条件下海底滑坡对管线的冲击作用力十分困难。本章考虑海底滑坡与管线的相对规模及位置关系，使用海底滑坡低温-含水量耦合流变模型，在概化的 CFD 模型基础上，建立了考虑海底温度环境、海底滑坡含水量、海底滑坡密度、海底滑坡冲击速度、海底管线悬跨高度、海底管线上覆滑坡体厚度等影响下管线受到的峰值与稳定值冲击力的预测公式，并系统地分析了相应的影响过程及机理（Nian et al., 2018）。

本章后续内容安排如下：6.2 节为海底滑坡-管线相互作用 CFD 理论基础，基于 CFD 不可压缩欧拉-欧拉两相流模型，发展海底滑坡-管线相互作用 CFD 分析模型，给出从几何创建、网格划分、物理条件定义、求解到结果分析全过程建模与分析方法；6.3 节为海底滑坡-管线相互作用 CFD 模型验证，基于经典室内水槽试验与前人数值分析成果，验证海底碎屑流-悬浮（平铺）管线相互作用 CFD 模型的有效性，并提出概化（广义）的 CFD 模型，为复杂条件下海底滑坡-管线相互作用分析提供依据；6.4 节为海底管线在位情况分析，总结深海管线在长期服役过程中在位情况的变化，给出海底管线产生悬浮的原因；6.5 节为低温环境对悬浮管线受滑坡冲击力的影响，在概化 CFD 模型的基础上，提出了海底管线受滑坡冲击力（拖曳力与升力）峰值与稳定值的概念，并给出低温环境对海底管线受滑坡冲击力的变化规律；6.6 节为管线悬跨高度对管线受滑坡冲击力的影响，分析管线受到的拖曳力与升力时程曲线，总结管线受力的三种模式，分析悬跨高度对冲击力的影响规律，考虑管线悬跨高度对滑坡冲击管线作用力（拖曳力与升力）进行评估，建立冲击力预测公式；6.7 节为管线上覆滑坡体厚度对管线受滑坡冲击力的影响，给出管线上覆滑坡体厚度对平铺与悬浮管线峰值与稳定值拖曳力的影响规律，提出滑坡覆盖厚度调整系数与拖曳力系数基准值，基于分项系数评估方法，建立标准图表法，进一步完善管线所受到的峰值与稳定值拖曳力的预测公式。

6.2 海底滑坡-管线相互作用 CFD 理论基础

6.2.1 CFD 方法概述

流态化海底滑坡体与管线相互作用是一种典型的流体-结构相互作用（fluid-structure interaction，FSI）问题，CFD 数值模拟是解决该问题最常用的方法之一（Zakeri et al.，2009a，2009b；田建龙，2014；Liu et al.，2015；王寒阳，2016；Fan et al.，2018；Sahdi et al.，2019；Zhang et al.，2019；Qian et al.，2020）。在自然界中，流体的运动可以通过流体速度、压力、温度、时间、空间等物理量来量化，通过物理定律将上述物理量描述为数学中的偏微分方程。CFD 就是一种使用计算机技术求解这些控制流体流动偏微分方程（连续性方程与动量方程）的数值仿真工具。

具体来说，CFD 求解方式是将空间域与时间域上连续的物理量，用一系列有限离散点上变量值的集合来表示，这些集合满足上述的偏微分方程组。采用求解手段建立这些集合间的离散方程组，然后，通过 CFD 求解后可获取相应的近似值。本节主要阐述应用最广泛的一种 CFD 求解手段，有限体积法（finite volume method，FVM），它也被称为控制体积法，其建立离散方程组的方式如下。

连续的 CFD 计算域被网格线划分为一系列互不重复的控制体积。计算域的每个控制体积都用一个单元表示。当前，有两种划分控制体积的方法，单元中心格式与顶点中心格式。对于单元中心格式，它是将单元置于控制体积中心，单元中心格式如图 6.1（a）所示，即以单一的网格单元作为控制体积。对于顶点中心格式，它是以网格节点为中心，这有很多种形式，意味着单元与网格顶点重合，顶点中心格式如图 6.1（b）所示。然后，将待求的守恒型偏微分方程（连续性方程与动量方程）基于每个控制体积及时间间隔（时间步）在空间域与时间域上作积分，结合计算域的定解条件，共同转化为每个单元上未知量的代数方程组，建立起离散方程组。最后，采用计算机技术求解这些离散方程组，得到单元上的近似解，单元之间的解可认为是光滑变化的，一般采用插值法确定，最终获取整个计算域的数值解。

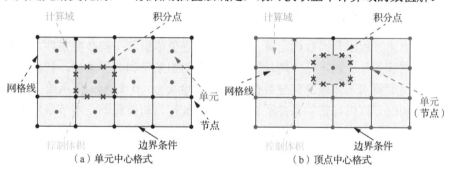

（a）单元中心格式   （b）顶点中心格式

图 6.1   有限体积法及其网格

6.2.2 不可压缩两相流模型

Zakeri 等（2009a）阐述了不可压缩欧拉-欧拉两相流模型模拟海底滑坡与管线相互作用的理论公式，两相流即欧拉材料环境水和欧拉材料海底滑坡体分别用 α 相和 ϕ 相表示，总相数为 $N_{\mathrm{P}} = 2$，连续性方程如式（6.1）所示：

$$\frac{\partial}{\partial t}(r_\alpha \rho_\alpha) + \nabla \cdot (r_\alpha \rho_\alpha U_\alpha) = M_{\mathrm{MS}\alpha} + \sum_{\beta=1}^{N_{\mathrm{P}}} \Gamma_{\alpha\phi} \tag{6.1}$$

式中：r_α、ρ_α 和 U_α 分别为 α 相的体积分数、密度和速度；$M_{\mathrm{MS}\alpha}$ 为用户指定的质量源相；$\Gamma_{\alpha\phi}$ 为从 ϕ 相到 α 相的单位体积质量流率，需要满足 $\Gamma_{\alpha\phi} = -\Gamma_{\phi\alpha} \Rightarrow \sum_{\phi=1}^{N_{\mathrm{P}}} \Gamma_\alpha = 0$ 的原则。一种方便的方法是将 $\Gamma_{\alpha\phi}$ 表示为 $\Gamma_{\alpha\phi} = \Gamma_{\alpha\phi}^+ - \Gamma_{\phi\alpha}^+$。为确定质量交换过程的方向，当 $\Gamma_{\alpha\phi} = \Gamma_{\alpha\phi}^+ - \Gamma_{\phi\alpha}^+ > 0$ 时，表示从 ϕ 相到 α 相的单位体积质量流率为正，体积分数 $\sum_{\alpha=1}^{N_{\mathrm{P}}} r_\alpha = 1$。

$$\frac{\partial}{\partial t}(r_\alpha \rho_\alpha U_\alpha) + \nabla \cdot (r_\alpha (\rho_\alpha U_\alpha \otimes U_\alpha)) = -r_\alpha \nabla P_\alpha + \nabla \cdot \left(r_\alpha \mu_\alpha \left(\nabla U_\alpha + (\nabla U_\alpha)^{\mathrm{T}}\right)\right)$$
$$+ \sum_{\phi=1}^{N_{\mathrm{P}}} \left(\Gamma_{\alpha\phi}^+ U_\phi - \Gamma_{\phi\alpha}^+ U_\alpha\right) + S_{\mathrm{M}\alpha} + M_\alpha \tag{6.2}$$

式中：P_α 和 μ_α 分别为 α 相的压强和黏性系数；$S_{\mathrm{M}\alpha}$ 为外部质量力引起的动量源相；M_α 为由于其他相引起作用在 α 相上的总界面力，由式（6.3）确定：

$$M_\alpha = \sum_{\phi \neq \alpha} M_{\alpha\phi} = M_{\alpha\phi}^{\mathrm{D}} + M_{\alpha\phi}^{\mathrm{L}} + M_{\alpha\phi}^{\mathrm{LUB}} + M_{\alpha\phi}^{\mathrm{VM}} + M_{\alpha\phi}^{\mathrm{TD}} \tag{6.3}$$

式中：$M_{\alpha\phi}^{\mathrm{D}}$ 为 ϕ 相引起作用于 α 相的拖曳力；$M_{\alpha\phi}^{\mathrm{L}}$ 为 ϕ 相引起作用于 α 相的升力；$M_{\alpha\phi}^{\mathrm{LUB}}$ 为 ϕ 相引起作用于 α 相的壁面润湿力；$M_{\alpha\phi}^{\mathrm{VM}}$ 为 ϕ 相引起作用于 α 相的虚拟质量力；$M_{\alpha\phi}^{\mathrm{TD}}$ 为 ϕ 相引起作用于 α 相的湍流耗散力。非拖曳力主要用于离散相，本节研究主要考虑连续相间的拖曳力。

6.2.3 CFD 模型的边界条件

求解上述方程组若需有确定解，这将不可避免地引入一些必要条件，这些条件被称为定解条件。最常见的两种定解条件为初始条件和边界条件。初始条件是指上述方程组要求未知量及其导数在自变量初始状态（0 时刻）下所给定的值。由上述提到的方程组与初始条件所构成的问题被称为初值问题。本节聚焦于海底滑坡与管线相互作用，相应的初值问题在模型概化时已被确定。下面主要探讨边界条件。

边界条件是指在计算域边界上，所求解变量或所求解变量的导数随空间与时间的变化规律，如图 6.1 所示。由上述提到的方程组与边界条件构成的问题称为边值问题。目前，主要有三类边界条件：第一类边界条件（Dirichlet 条件），它给出了方程组在边界上的数值；第二类边界条件（Neumann 条件），它给出了方程组在边界外法线的方向导数；第三类边界条件（Robin 条件），它给出了方程组在边界上数值与外法线方向导数的组合。

对于海底滑坡与管线相互作用的 CFD 数值模型来说，由于海底滑坡规模大、滑动速度快、运移距离长，所提取的计算域尺寸非常大。在保证计算精度的前提下，几何模型的尺寸越大，所需的网格数量越多，计算量也就越大，计算效率就越低。因此，在根据上述确定合理的数值模型基础上，进一步合理地设置边界条件，可显著缩小计算域的尺寸，减少计算域的网格数量，节约计算资源，加快计算效率。

目前，计算域入口、出口以及对称面的边界条件设置方法较为统一，主要是滑移边界与开放式边界条件的设置需要深入讨论。滑移边界主要有无滑移边界条件与自由滑移边界条件两种，如图 6.2 所示。由于流体不可穿过壁面，滑移边界法向流速为零。因此，无滑移边界条件与自由滑移边界条件的区别体现在切向速度。无滑移边界条件是指流体（海底滑坡体）和壁面之间没有相对滑动，即壁面处切向速度为零。自由滑移条件就是流体（海底滑坡体）和壁面之间存在相对速度，即壁面处切向速度不为零。还有很多情况不能直接确定边界条件，此时，采用开放边界条件，其可通过内部流场迭代计算，根据计算所获取的压力情况自动确定流体进入还是流出计算域。基于上述分析，不同边界条件的选择会改变计算域内速度场、压力场等的分布，导致计算结果的变化，这需根据具体问题进行分析。

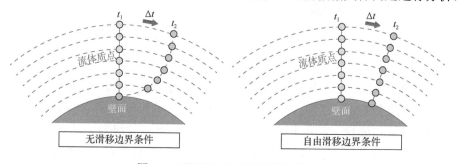

图 6.2 无滑移与自由滑移边界条件

6.3 海底滑坡-管线相互作用 CFD 模型验证

6.3.1 CFD 数值建模

该研究采用商用 CFD 数值仿真软件 ANSYS CFX 进行模拟分析，ANSYS CFX

求解手段采用有限元基础上的有限体积法，它在保证了有限体积守恒特性的基础上，吸收了有限元法的数值精确性。目前，CFX 软件已集成于 ANSYS Workbench 协同仿真环境平台内，实现了数据交互高效便捷。本研究 CFD 数值分析具体包括五部分：几何创建（ICEM CFD 或 CATIA）、网格划分（ICEM CFD）、物理条件定义（CFX-Pre）、求解（CFX-Slover）与结果分析（CFD-Post）。以 Zakeri 等（2008）的经典室内 1g 水槽模型试验为例，通过 CFD 数值分析方法再现海底碎屑流冲击管线的过程。

（1）几何创建。对于简单的几何形状可以直接通过 ICEM CFD 创建，对于复杂的几何形状可以通过其他几何建模软件（本研究采用 CATIA）创建后导入 ICEM CFD 中。在几何创建前，需要对计算域进行概化，对于本节 Zakeri 等（2008）的室内 1g 水槽模型试验，水槽几何模型如图 6.3 所示。

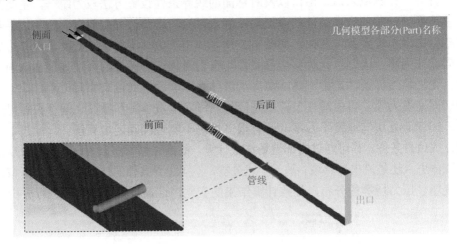

图 6.3　水槽几何模型（改自：Zakeri et al.，2008）

（2）网格划分。导入 ICEM CFD 软件中的几何模型（或在 ICEM CFD 软件中创建的几何模型）定义了面（命名方式如图 6.3 所示）与体后，采用顶点中心格式，将计算域划分为一系列非结构化四面体网格，其中管线表面附近（重点关注区域）采用密度盒加密技术处理，并在管线表面设置边界层，具体的网格设置参数、网格信息与网格划分，如图 6.4 所示。此外，对四面体网格单元来说，单纯的有限体积法采用 4 点积分，而基于有限元的有限体积采用 60 点积分，这具有更高的数值精确性。本节所有网格都已进行敏感性分析，以保证计算效率与精度。

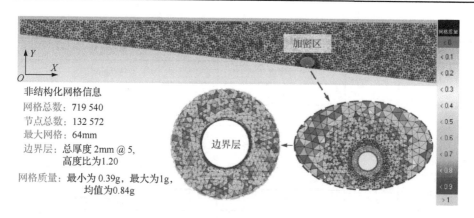

非结构化网格信息
网格总数：719 540
节点总数：132 572
最大网格：64mm
边界层：总厚度 2mm @ 5，高度比为1.20
网格质量：最小为 0.39g，最大为1g，均值为0.84g

图 6.4　计算域非结构化网格划分

（3）物理条件定义。首先，确定模拟工况，将网格文件导入 CFX-Pre；然后，定义材料的物理与力学性质，如将海底滑坡体的流变模型嵌入；最后，对计算域进行具体设置，以实现不可压缩欧拉-欧拉两相流模型模拟海底滑坡与管线相互作用。本案例具体 CFD 数值模型设置如表 6.1 所示。

（4）求解。采用瞬态分析方法，设置计算的总时长，再根据网格尺寸与滑坡体速度确定时间步长。

（5）结果分析。基于 CFD-Post 处理计算结果，并分析流场、压力场等的演化过程。

表 6.1　海底碎屑流的物理与力学参数、模拟工况与 CFD 数值模型设置

项目分类			参数信息
海底碎屑流的物理与力学参数（Lee et al., 1999）	组成	高岭土	20%
		水	35%
		硅砂	45%
	密度		1687.7kg/m^3
	性能	屈服应力	43Pa
		稠度系数	10Pa·s^n
		流变指数	0.35
模拟工况	管线直径		28.6mm
	悬跨高度		28.6mm
	冲击速度		1.34m/s
	入口处（inlet）高度		400mm
	海床坡度		6°

续表

项目分类			参数信息
CFD 数值模型	计算域设置	浮密度	997kg/m³
		多相流	自由表面流
		水	欧拉材料，连续流体，k-ε 湍流模型
		碎屑流（海底滑坡）	欧拉材料，连续流体，层流模型（根据 5.4 节流态分析）
	边界条件	入口	入口速度条件
		侧面	无滑动边界（光滑）
		顶面	自由滑动边界或开放边界
		底面	无滑动边界（粗糙度：0.5mm）
		出口	开放边界
		管线	无滑动边界（粗糙度：0.0015mm）
		后面	无滑动边界（光滑）
		前面	无滑动边界（光滑）
	求解控制	分析类型	瞬态
		瞬态求解方法	二阶向后欧拉求解
		收敛标准	均方根（RMS）：0.000 05

6.3.2 经典室内水槽试验验证

Zakeri 等（2008）将人工配置的海底碎屑流浆料放入储泥罐，在重力作用下，浆料以一定的初速度进入水槽中，在水中运动，并冲击管线。然而，在 CFD 建模中缺少了入口处（inlet）浆料的初速度与流量信息，唯一可以确定的是在距管线 5～10 倍管线直径上游位置，浆料的前端速度为 1.34m/s。实际上，随着储泥罐浆料的不断减少，入口处浆料的初速度与流量信息也在不断变化（非定值）。为了简化分析，本节假设海底碎屑流以均匀恒定流模式进入上一节所建立的 CFD 模型计算域，经多次试算，入口处边界条件包括初速度与总流量被设置为 6m/s 和 190L。

根据 6.2.3 节 CFD 模型的边界条件确定方法，试验中水槽入口上部（upper side）为有机玻璃，数值模拟采用自由滑移边界条件模拟；试验中水槽出口处（outlet）无阻碍，数值模拟采用开放式边界条件；试验中水槽前后两侧为有机玻璃板，数值模拟采用自由滑移边界条件；试验中水槽底部采用砂石再现海床条件，数值模拟采用粗糙无滑移边界条件（粗糙度为 0.5mm）；最为重要的是，数值模拟顶部边界条件的设置，由于水槽试验顶部开口处于环境水中，环境水上部为空气，该次研究采用开放式边界条件与自由滑移边界条件分别开展模拟分析，然后与水槽试验结果进行对比，来优化计算域边界条件的设置，具体参数设置如表 6.1 所示。

　　将 Zakeri 等（2008）的水槽试验与本节建立的 CFD 模型模拟结果对比，如图 6.5 所示。显然，两种不同边界条件（开放式边界条件与自由滑移边界条件）所获得的作用于管线上拖曳力与升力的峰值均与水槽试验结果非常接近，且变化趋势也是一致的，反映了 CFD 数值模型在获取作用于管线上滑坡冲击力的有效性与准确性。然而，由于入口处浆料初速度场大小、空间分布与持续时间难以确定，导致冲击力峰值过后出现了一定差距，这是不可避免的。此外，通过模拟发现，对于最危险的峰值冲击力来说，确定滑坡体自由来流速度十分重要。

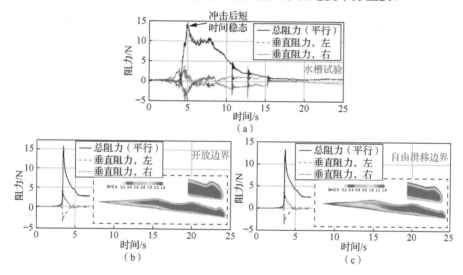

图 6.5　水槽试验与 CFD 数值模拟结果对比

　　上述两种边界条件模拟的结果都与试验结果存在一点差距，这主要是因为边界条件不能精确模拟真实的物理试验过程。物理试验涉及三相介质，空气、水与浆料，然而，数值模型仅涉及两相介质，水与浆料。在碎屑流运动过程中，当采用开放式边界条件时，允许环境水自由流入与流出（这不涉及外部的空气），而将流入计算域的流体也设置为环境水，导致环境水流场发育过大，略微增大了碎屑流的速度与高度，使模拟结果偏大。相反，当采用自由滑移边界条件时，人为设置一道墙阻止环境水与外部空气交换，导致环境水流场的发育受限，略微限制了碎屑流的速度与高度，使模拟结果偏小。可见，对于模拟这种小尺度物理模型试验时，两种边界条件都是可以的。

6.3.3　概化的 CFD 模型验证

1. 概化的 CFD 分析模型

　　当重点关注海底滑坡与管线相互作用（短暂的冲击分析，计算时间很短）时，

6.3.2 节数值模型计算域的尺寸相对较大、计算时间较长,目前大量研究(Zakeri et al.,2009a,2009b;田建龙,2014;Liu et al.,2015;王寒阳,2016;Fan et al.,2018;Sahdi et al.,2019;Zhang et al.,2019;Qian et al.,2020)采用一种概化(广义)的 CFD 分析模型,其具有更小的计算域,更少的控制变量,便于进行普适性的规律分析,总结出相关机理与预测公式,并进行工程应用。具体来说,海底滑坡与管线相互作用概化模型的几何尺寸如图 6.6 所示(三维模型,厚度方向为 D)。在这个概化模型中,模型入口处设置的滑坡体冲击速度(均匀)被认为是式(1.4)与式(1.5)中海底滑坡的运动速度(自由来流速度)(Zakeri,2009b;田建龙,2014;Liu et al.,2015;王寒阳,2016;Fan et al.,2018;Zhang et al.,2019;Qian et al.,2020),这极大简化了滑坡体自由来流速度的确定。

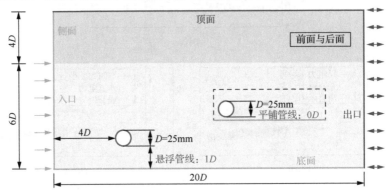

图 6.6　海底滑坡与管线相互作用概化模型的几何尺寸

2. 模拟工况

为进一步验证所建立 CFD 模型的准确性,基于概化模型模拟前人研究的具体工况,包括室内水槽模型试验(定性分析)与前人的 CFD 模拟(定量分析)。根据 6.3.1 节提出的网格划分方法,对概化的几何模型进行网格剖分,如图 6.7 所示。物理条件定义中具体参数设置如表 6.1 中"CFD 模型"所示,其中顶面边界设置为自由滑动边界。CFD 模型计算的总时长为 2s,时间步长为 0.001s。模拟了典型的室内水槽模型试验,分别为 10%黏土浆料以 1.12m/s 自由来流速度冲击悬浮管线与 20%Clay 浆料以 1.13m/s 自由来流速度冲击平铺管线(Zakeri et al.,2008),如图 6.8 和图 6.9 所示。接下来,继续模拟了 Zakeri(2009b)与 Liu 等(2015)研究的典型工况。

3. 对比与验证

根据图 6.8 与图 6.9,CFD 数值模拟较好地再现了浆料冲击悬浮管线与平铺管线中浆料与环境水形态的演化过程。图 6.8 还清晰地展示了浆料的滑水现象。由此可知，通过 CFD 数值模拟再现室内水槽模型试验来进行海底滑坡与管线相互作用演化过程的定性分析是完全可行的。进一步，与前人模拟的数值结果进行对比，本节的结果介于二者之间，且差距很小，如图 6.10 所示。Zakeri（2009b）与 Liu 等（2015）所得到的结果不完全相同，这是由于 Zakeri（2009b）采用 Power-Law 模型来描述浆料，而 Liu 等（2015）采用 Herschel-Bulkley 模型来描述浆料。通过与 Zakeri 等（2008）室内水槽模型试验的对比可知，使用三参数 Herschel-Bulkley 模型描述浆料更为准确（Fan et al.，2018）。因此，这也再次证明了流变模型对海底滑坡冲击管线研究的重要性。基于此，本节流变模型选取和数据处理方式与 Liu 等（2015）相同，所得的数值模拟结果也更接近 Liu 等（2015）。通过上述 6 组工况的对比分析，可以证明本节所建立的 CFD 数值模型是有效且准确的，可以用来分析海底滑坡与管线相互作用问题。

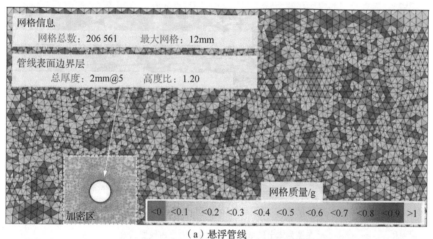

图 6.7　海底滑坡与管线相互作用概化的几何模型网格剖分

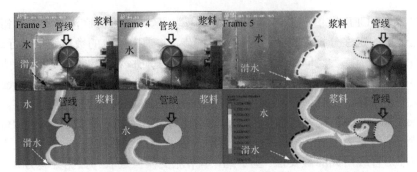

图 6.8 10%黏土浆料以 1.12m/s 自由来流速度冲击悬浮管线

（上图为室内模型试验，下图为本节的数值模拟）

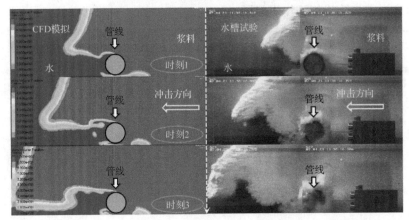

图 6.9 20%黏土浆料以 1.13m/s 自由来流速度冲击平铺管线

（左图为本节的数值模拟，右图为室内模型试验）

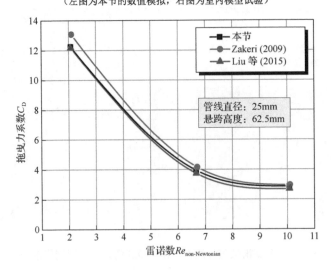

图 6.10 本节模拟结果与前人数值结果的比较

6.4 海底管线在位情况分析

海底管线在位情况分析是概化海底滑坡与管线相互作用数值分析模型的前提。根据海底管线所处海域的水深情况，可以将海底管线大致分为浅海区海底管线与深海区海底管线两大类。处于浅海区的海底管线一般需要具备一定的埋深，避免波浪流的冲刷，还可以降低船锚等的撞击，以增强海底管线的在位稳定性。不同于浅海区海底管线，受深海区水深的影响，深海区海底管线大多直接平铺于海床表面，这些海底管线的在位情况十分复杂，同时长距离输运的海底管线还不可避免地存在悬浮区段，导致海底管线与海床产生一定间距（Zakeri，2009b；Gao，2017；Li et al.，2019），即悬跨高度，这极有可能增大海底滑坡对管线冲击作用，导致海底管线被破坏的风险加剧。

海底管线产生悬浮的原因及模型概化如图 6.11 所示。其中海底管线产生悬浮的原因归纳起来主要有三种，即工艺悬跨、地形悬跨与侵蚀悬跨。第一，作业场区内海洋油气生产装置与管线连接部分将不可避免地产生悬跨（Fausa，2006），此外，管线横向屈曲保护等措施也会人为制造悬跨（Bruton and Carr，2011），这被称为工艺悬跨。第二，海底管线会途经广阔海域，不可避免地会穿越海底崎岖的地形，导致管线起伏，形成悬跨区段，特别在地形更为复杂的海底峡谷区，这被称为地形悬跨。第三，海底会存在不同方向与强度的海流和水道等，这些海流水道会侵蚀海床，使海底管线与海床间距增加，这被称为侵蚀悬跨。上述三种悬浮原因耦合叠加会导致管线出现更大的悬跨情况。此外，当海床较软或海底滑坡侵蚀能力较强时，海底滑坡冲击管线的同时也会侵蚀管线下方的海床（Mohrig et al.，1998），导致海底管线悬跨高度进一步增加。

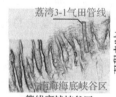
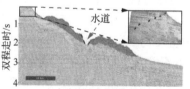

海底管线布局　　　　　管线穿越峡谷区　　　　　台湾浅滩陆坡地震剖面
（a）工艺悬跨　　　　　（b）地形悬跨　　　　　（c）侵蚀悬跨

（d）无悬跨，平铺管线　（e）低悬跨，悬浮管线　（f）低悬跨，悬浮管线　（g）高悬跨，悬浮管线

图 6.11　海底管线悬浮原因及模型概化

以南海北部陆坡区为例，进行海底管线悬浮原因的具体分析。第一，南海北部深水陆坡区是重要的油气生产基地（卓海腾等，2014；Xie，2018），该区域地形条件复杂（He et al.，2014；Sun and Huang，2014），其中荔湾 3-1 深水油气田的海底管线穿越了地形十分复杂的巨型海底峡谷区，如图 1.7 所示，峡谷侧壁及峡谷之间的台地分布了众多陡坎（修宗祥等，2016），很容易使海底管线产生地形悬跨。第二，南海北部陆坡区海洋地质灾害发育，尤其是海底滑坡（寇养琦，1990；李家钢等，2012；Wang et al.，2018；Wu et al.，2018），3.4 节已识别出很多海底滑坡易发区，海底管线不可避免地穿过这些区域，也会造成海底管线产生地形悬跨。第三，南海北部发育活跃的底流等（Fang et al.，1998；Shao et al.，2007；栾锡武等，2010；李亚敏等，2010；卓海腾等，2014），陆坡上存在多处水道（Shao et al.，2007；王海荣等，2008），这些活跃的水流作用将不可避免地侵蚀陆坡，并对海底地形产生塑造作用（卓海腾等，2014），进而造成海底管线的悬空（刘乐军等，2014）。同时，这些悬浮段往往是海底滑坡的主要输运通道（李宏伟等，2015），导致海底管线的悬浮区段更易遭到海底滑坡的破坏。

6.5 低温环境对悬浮管线受滑坡冲击力的影响

6.5.1 数值建模

在 6.3 节验证了海底滑坡-管线相互作用 CFD 数值模型有效性与准确性基础上，基于 CFX 表达式语言（CEL）定义温度与含水量两个变量，将 5.3 节建立的海底滑坡低温-含水量耦合流变模型，即通过 CEL 在 Herschel-Bulkley 流变模型框架下实现式（5.17）的嵌入，据此定义海底滑坡体的剪切行为。在 CFD 数值模型中，海底管线直径被取为 25mm，海底泥流冲击速度被取为 0.25～2.5m/s，雷诺数为 0.24～410.12，进一步依托 6.3.3 节提出的概化的 CFD 分析模型，开展了五种不同温度与四种不同含水量海底泥流冲击悬浮管线（悬跨高度为 1 倍管线直径）的 90 组数值模拟。其中，概化模型的几何尺寸如图 6.6 所示，CFD 模型的网格信息如图 6.7 所示，计算域具体参数设置与求解格式如表 6.1 所示。

6.5.2 海底管线受滑坡冲击力的峰值与稳定值

通过数值计算，可以获取作用于海底管线上的冲击力，包括拖曳力 F_D 与升力 F_L。以温度 22℃、含水量 2.0 倍和 2.5 倍液限、冲击速度 1.5m/s 海底泥流冲击悬浮管线为例，绘制作用于管线上拖曳力 F_D 与升力 F_L 时程曲线，如图 6.12 所示。当海底泥流刚接触管线时，作用于管线上的冲击力急速升高，最大冲击力称为峰值冲击力。然后，随着冲击时间增长，管线受到的冲击力逐渐趋于稳定状态，稳定冲击力称为稳定值冲击力。

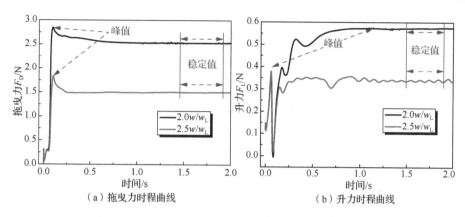

（a）拖曳力时程曲线　　　　　　　　　（b）升力时程曲线

图 6.12　温度 22℃、含水量 2.0 倍和 2.5 倍液限、冲击速度 1.5m/s 海底泥流冲击
悬浮管线的冲击力时程曲线

进一步，提出以峰值拖曳力、稳定值拖曳力、峰值升力与稳定值升力作为特征值，借此来量化作用于管线上的冲击力，为管线设计提供参考。根据式（1.4）与式（1.5）可以计算出拖曳力系数 C_D 与升力系数 C_L，再根据式（1.6）可以计算出雷诺数 $Re_{\text{non-Newtonian}}$，所有模拟结果如表 6.2 所示。

表 6.2　具有不同温度、含水比与冲击速度的海底滑坡冲击悬浮管线的模拟结果

含水比 w/w_L	温度 $T/℃$	冲击速度 $U_\infty/$ (m/s)	雷诺数 $Re_{\text{non-Newtonian}}$	拖曳力系数 C_D		升力系数 C_L		升力是否振动
				峰值	稳定值	峰值	稳定值	
1.8	0.5	0.25	0.24	68.61	65.22	19.10	19.10	否
		0.5	0.91	21.57	16.64	7.61	7.61	否
		1.0	3.40	7.42	7.20	2.74	2.54	否
		1.5	7.30	4.45	4.34	1.81	1.81	否
		2.0	12.56	3.45	3.30	1.27	1.27	否
	4.5	0.25	0.25	67.08	63.63	18.66	18.66	否
		0.5	0.94	21.12	16.38	7.51	7.51	否
		1.0	3.51	7.27	7.01	2.69	2.52	否
		1.5	7.57	4.36	4.25	1.76	1.76	否
		2.0	13.03	3.39	3.24	1.22	1.22	否
	8.5	0.25	0.26	64.31	61.02	18.47	18.47	否
		0.5	1.00	20.22	15.95	7.28	7.28	否
		1.0	3.76	6.98	6.73	2.59	2.42	否
		1.5	8.13	4.19	4.07	1.64	1.64	否
		2.0	14.04	3.29	3.13	1.10	1.10	否

含水比 w/w_L	温度 $T/℃$	冲击速度 $U_\infty/(m/s)$	雷诺数 $Re_{non-Newtonian}$	拖曳力系数 C_D		升力系数 C_L		升力是否振动
				峰值	稳定值	峰值	稳定值	
1.8	12	0.25	0.27	62.19	59.16	17.39	17.39	否
		0.5	1.04	19.54	15.62	7.15	7.15	否
		1.0	3.95	6.76	6.46	2.53	2.37	否
		1.5	8.56	4.07	3.94	1.56	1.56	否
		2.0	14.81	3.21	3.05	1.02	1.01	否
	22	0.25	0.32	54.44	51.77	16.19	16.19	否
		0.5	1.23	17.33	14.56	6.53	6.14	否
		1.0	4.67	6.00	5.82	2.31	2.22	否
		1.5	10.14	3.70	3.55	1.31	1.31	否
		2.0	17.56	2.99	2.82	0.75	0.75	是
2.0	0.5	0.25	0.45	42.49	38.75	14.20	14.20	否
		0.5	1.68	13.48	10.92	5.42	5.34	否
		1.0	6.18	4.84	4.55	2.06	2.04	否
		1.5	13.16	3.23	3.05	0.83	0.82	否
		2.0	22.45	2.71	2.45	0.55	0.55	是
	4.5	0.25	0.47	41.10	37.43	13.98	13.98	否
		0.5	1.77	13.01	10.47	5.22	5.21	否
		1.0	6.56	4.66	4.36	1.97	1.95	否
		1.5	14.02	3.14	2.93	0.74	0.71	否
		2.0	23.97	2.65	2.37	0.53	0.51	是
	8.5	0.25	0.50	39.79	36.09	13.80	13.80	否
		0.5	1.89	12.56	10.00	5.11	5.09	否
		1.0	7.04	4.45	4.17	1.84	1.83	否
		1.5	15.12	3.04	2.81	0.65	0.65	否
		2.0	25.96	2.58	2.29	0.50	0.49	是

续表

含水比	温度	冲击速度	雷诺数	拖曳力系数 C_D		升力系数 C_L		升力是否
w/w_L	$T/℃$	U_∞ / (m/s)	$Re_{\text{non-Newtonian}}$	峰值	稳定值	峰值	稳定值	振动
2.0	12	0.25	0.52	38.71	35.04	13.70	13.70	否
		0.5	1.96	12.25	9.72	5.02	5.00	否
		1.0	7.34	4.37	4.05	1.77	1.76	否
		1.5	15.81	2.99	2.79	0.65	0.66	否
		2.0	27.19	2.55	2.25	0.48	0.45	否
	22	0.25	0.57	36.15	32.37	13.39	13.39	否
		0.5	2.19	11.37	8.99	4.82	4.78	否
		1.0	8.27	4.10	3.75	1.57	1.57	否
		1.5	17.92	2.84	2.53	0.57	0.57	是
		2.0	30.94	2.45	2.12	0.43	0.43	是
2.5	0.5	1.0	24.95	2.56	2.02	0.56	0.55	是
		1.5	52.07	2.05	1.71	0.52	0.39	是
		2.0	86.70	1.88	1.57	0.35	0.30	是
		2.5	127.77	1.84	1.46	0.30	0.25	是
	4.5	1.0	26.17	2.52	1.98	0.56	0.55	是
		1.5	54.67	2.03	1.68	0.48	0.38	是
		2.0	91.10	1.86	1.53	0.35	0.29	是
		2.5	134.36	1.82	1.42	0.30	0.25	是
	8.5	1.0	28.33	2.44	1.90	0.58	0.51	是
		1.5	59.63	1.98	1.64	0.38	0.38	是
		2.0	100.00	1.83	1.45	0.34	0.29	是
		2.5	148.27	1.79	1.39	0.31	0.25	是
	12	1.0	29.61	2.41	1.86	0.59	0.52	是
		1.5	62.63	1.96	1.61	0.38	0.36	是
		2.0	105.43	1.81	1.43	0.34	0.29	是
		2.5	156.83	1.78	1.37	0.31	0.26	是

续表

含水比 w/w_L	温度 T/℃	冲击速度 U_∞ / (m/s)	雷诺数 $Re_{\text{non-Newtonian}}$	拖曳力系数 C_D		升力系数 C_L		升力是否振动
				峰值	稳定值	峰值	稳定值	
2.5	22	1.0	31.92	2.36	1.81	0.60	0.54	是
		1.5	67.48	1.92	1.58	0.37	0.36	是
		2.0	113.58	1.78	1.40	0.34	0.29	是
		2.5	168.93	1.76	1.34	0.31	0.26	是
3.0	0.5	1.0	79.10	1.90	1.46	0.67	0.60	是
		1.5	155.80	1.63	1.29	0.42	0.33	是
		2.0	246.30	1.57	1.24	0.36	0.27	是
		2.5	346.47	1.57	1.20	0.32	0.23	是
	4.5	1.0	84.78	1.87	1.44	0.59	0.54	是
		1.5	166.07	1.62	1.28	0.42	0.34	是
		2.0	261.41	1.55	1.22	0.36	0.28	是
		2.5	366.46	1.55	1.20	0.33	0.23	是
	8.5	1.0	90.48	1.85	1.41	0.69	0.60	是
		1.5	176.33	1.60	1.27	0.40	0.34	是
		2.0	276.49	1.54	1.21	0.37	0.29	是
		2.5	386.41	1.54	1.20	0.33	0.23	是
	12	1.0	92.88	1.84	1.40	0.70	0.61	是
		1.5	181.04	1.60	1.26	0.35	0.34	是
		2.0	283.89	1.53	1.21	0.37	0.28	是
		2.5	396.79	1.54	1.20	0.33	0.23	是
	22	1.0	95.81	1.83	1.41	0.66	0.61	是
		1.5	186.91	1.59	1.25	0.34	0.34	是
		2.0	293.28	1.52	1.28	0.37	0.27	是
		2.5	410.12	1.53	1.20	0.33	0.24	是

　　作用于管线上峰值与稳定值冲击力产生的原因主要是由于滑坡体运动过程受到了管线的阻碍作用，导致滑坡体的速度场发生变化造成的。具体来说，在海底滑坡冲击管线瞬间，即滑坡体前缘刚接触管线，由于管线的阻挡，滑坡体前缘运

动速度变化较大,产生加速度,即滑坡作用于管线上的"附加惯性力"。当瞬间冲击作用结束后,滑坡体完全包裹管线,滑坡体速度场的变化趋于稳定,此时"附加惯性力"消失,冲击力达到稳定值。显然,只有在速度场变化剧烈的情况下,管线受到的峰值与稳定值冲击力的差距才会很大,对于海底滑坡缓慢包裹管线的工况,峰值与稳定值几乎没有变化,这与模拟结果也是一致的,如表 6.2 所示,后文会通过管线两侧压力差进一步分析。

峰值与稳定值对冲击力的影响,如表 6.3 所示。随着含水量增加,考虑峰值与稳定值差异,拖曳力与升力的平均变化率均逐渐变大,拖曳力最大平均变化率达到了 27.9%,升力最大平均变化率达到了 24.7%。考虑峰值与稳定值差异,拖曳力影响程度会强于升力。此外,表 6.2 显示,雷诺数越大,峰值与稳定值的差距也越大,也就是说高冲击速度、高含水量与低强度情况下,更需考虑峰值与稳定值对管线受力的影响。显然,当海底管线突然受到滑坡冲击时,峰值荷载是最危险的,但是当前研究大多采用稳定值进行分析,这样对管线设计来说是偏于危险的。此外,当雷诺数大于一定值时,海底泥流冲击管线的模拟中升力出现了不同程度的震荡现象。

表 6.3 峰值与稳定值对冲击力的影响

含水比 w/w_L	拖曳力变化率/%		升力变化率/%	
	最大变化率	平均变化率	最大变化率	平均变化率
1.8	29.7	8.6	6.3	1.6
2.0	25.6	12.8	6.4	1.0
2.5	31.3	25.7	34.2	14.4
3.0	31.5	27.9	40.6	24.7

6.5.3 低温环境对海底管线受滑坡冲击力的影响

将表 6.2 模拟的工况考虑温度环境进行分析,整理了不同含水量条件下 0.5℃与 22℃海底泥流对管线冲击力影响,结果如表 6.4 所示。对比所有含水量情况,具有 1.8 倍液限含水量海底泥流冲击悬浮管线工况对温度变化的敏感程度最大。这主要是由于低含水量条件下,温度对海底泥流试样流变模型的影响程度也更大。与常温 22℃相比,低温 0.5℃情况下管线受到的峰值拖曳力最大提高了 26.0%,平均提高了 22.0%,峰值升力最大提高了 70.3%,平均提高了 32.3%。低温环境对海底管线受海底滑坡冲击力的影响十分显著,并且温度对升力的影响要强于对拖曳力的影响。此外,随着海底泥流含水量的提高,温度对管线受力的影响程度逐渐下降。可见,对于含水量低、密度大、强度高、运动速度高的海底滑坡,必须考虑低温环境对海底管线受力的影响。

表 6.4　0.5℃与 22℃海底泥流对管线冲击作用力的影响结果

| w/w_L | 拖曳力变化率/% | | | | 升力变化率/% | | | |
| | 峰值 | | 稳定值 | | 峰值 | | 稳定值 | |
	最大变化率	平均变化率	最大变化率	平均变化率	最大变化率	平均变化率	最大变化率	平均变化率
1.8	26.0	22.0	26.0	20.6	70.3	32.3	70.0	33.0
2.0	18.6	15.7	21.4	19.7	44.0	24.1	42.9	23.5
2.5	8.4	6.5	12.0	10.3	38.6	7.9	8.0	3.6
3.0	3.6	2.9	3.1	1.0	23.3	5.5	1.3	−0.6

　　在不同温度条件下，绘制出雷诺数与峰值（稳定值）冲击力系数（拖曳力系数与升力系数）的关系，如图 6.13 所示。显然，温度变化并没有影响拖曳力系数（升力系数）随雷诺数变化的整体规律。这是因为模拟不同温度海底泥流对管线的冲击作用，是通过引入不同温度条件下海底泥流的耦合流变模型实现的，温度对海底泥流的影响直接反映于流变模型中，而雷诺数与冲击力系数作为无量纲量，其整体规律没有受到影响。

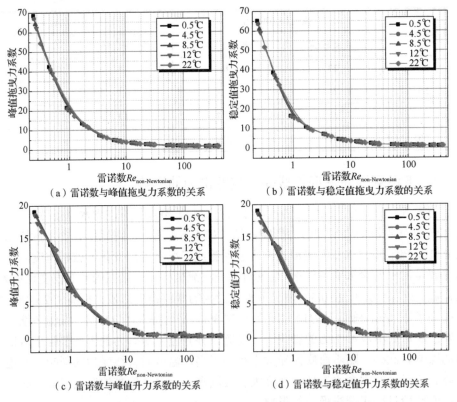

（a）雷诺数与峰值拖曳力系数的关系　　　　（b）雷诺数与稳定值拖曳力系数的关系

（c）雷诺数与峰值升力系数的关系　　　　（d）雷诺数与稳定值升力系数的关系

图 6.13　不同温度条件下雷诺数与峰值冲击力系数的关系

6.5.4　拖曳力与升力的预测公式

基于人工配置海底碎屑流的流变模型，不少学者建立了在海底碎屑流冲击悬浮管线研究中雷诺数与稳定值拖曳力系数的关系。通过研究得出，前人采用人工配置材料的流变模型开展 CFD 模拟分析所建立的稳定值拖曳力系数公式，与本节采用真实泥流材料的流变模型开展 CFD 模拟分析所得到的稳定值拖曳力系数有较大程度偏离，显然考虑真实海底泥流材料开展相关研究是十分必要的。

基于上述分析，四个特征值峰值拖曳力系数 $C_{D\text{-}P}$、稳定值拖曳力系数 $C_{D\text{-}S}$、峰值升力系数 $C_{L\text{-}P}$ 与稳定值升力系数 $C_{L\text{-}S}$ 被提出来量化海底滑坡对管线的冲击力，并建立四个特征值与雷诺数的关系用以预测滑坡对管线的冲击力。将表 6.2 中峰值拖曳力系数、稳定值拖曳力系数、峰值升力系数与稳定值升力系数分别与雷诺数绘制于同一图中，分别进行拟合，雷诺数与拖曳力（升力）系数的拟合关系如图 6.14 所示，具体如式（6.4）～式（6.7）所示：

$$C_{D\text{-}P} = 1.52 + \frac{17.21}{Re_{\text{non-Newtonian}}} \quad (R^2 = 0.99) \tag{6.4}$$

$$C_{D\text{-}S} = 1.20 + \frac{16.06}{Re_{\text{non-Newtonian}}} \quad (R^2 = 1.00) \tag{6.5}$$

$$C_{L\text{-}P} = 0.31 + \frac{5.32}{Re_{\text{non-Newtonian}}} \quad (R^2 = 0.95) \tag{6.6}$$

$$C_{L\text{-}S} = 0.23 + \frac{5.35}{Re_{\text{non-Newtonian}}} \quad (R^2 = 0.95) \tag{6.7}$$

式中：$C_{D\text{-}P}$、$C_{D\text{-}S}$、$C_{L\text{-}P}$ 与 $C_{L\text{-}S}$ 分别为峰值拖曳力系数、稳定值拖曳力系数、峰值升力系数与稳定值升力系数，均是无量纲量。

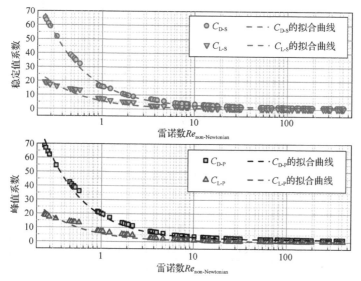

图 6.14　雷诺数与拖曳力（升力）系数的拟合关系

6.6　管线悬跨高度对管线受滑坡冲击力的影响

6.6.1　具有不同悬跨高度管线的 CFD 模拟

根据 6.4 节海底管线在位情况分析可知，工程实践中海底管线极有可能存在不同的悬跨高度。考虑到图 6.11 模型概化的具体情况，在 6.3 节提出的概化（广义）的 CFD 分析模型基础上，建立了具有 7 种不同悬跨高度的几何模型与工况设置（图 6.15），分别对应平铺管线、低悬跨管线与高悬跨管线；7 种 CFD 模型的网格信息如表 6.5 所示。开展了两种温度（常温 22℃与低温 0.5℃）与四种含水量海底泥流冲击 7 种不同悬跨高度管线的数值模拟，CFD 数值模型的网格信息如表 6.1 所示。

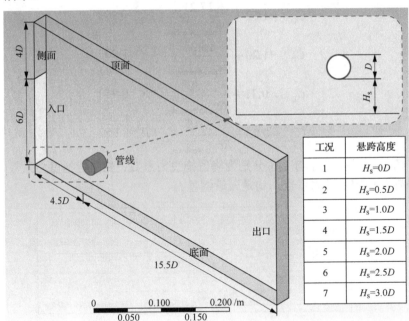

图 6.15　几何模型与工况设置

工况	悬跨高度
1	$H_s=0D$
2	$H_s=0.5D$
3	$H_s=1.0D$
4	$H_s=1.5D$
5	$H_s=2.0D$
6	$H_s=2.5D$
7	$H_s=3.0D$

表 6.5　CFD 数值模型的网格信息

工况	悬跨高度	网格数量		网格质量/g		
		总单元数	总节点数	最小	最大	平均
1	$H_s=0D$	184 838	34 568	0.091	1.000	0.807
2	$H_s=0.5D$	202 439	37 602	0.371	1.000	0.811
3	$H_s=1.0D$	206 561	38 303	0.393	0.999	0.813

工况	悬跨高度	网格数量		网格质量/g		
		总单元数	总节点数	最小	最大	平均
4	H_S=1.5D	208 195	38 619	0.372	1.000	0.813
5	H_S=2.0D	208 525	38 586	0.372	0.998	0.812
6	H_S=2.5D	208 983	38 785	0.367	0.999	0.812
7	H_S=3.0D	208 807	38 752	0.388	0.998	0.813

6.6.2 海底管线的受力模式分析

将管线受到的拖曳力与升力时程曲线进行归纳，定性地总结了管线受力的三种模式，如图 6.16 所示。这三种模式基本覆盖了海底管线受滑坡冲击力的变化趋势，发现随着管线悬跨高度与雷诺数（反映了描述海底滑坡体运动特性的流变模型、滑坡体密度、冲击速度、管线直径）的变化，管线的受力模式有不同程度的改变。

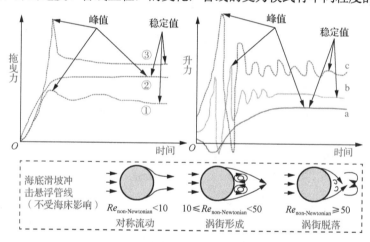

图 6.16 管线的三种受力模式

对于悬浮管线，作用于管线上的拖曳力主要有三种模式。当 $Re_{\text{non-Newtonian}}<1$，滑坡体缓慢包裹管线，由于环境水及海床边界等的影响，流场先期发育不太对称，管线的拖曳力不够稳定（图 6.16①），随着滑坡体包裹管线后受力变得稳定；当 $1 \leqslant Re_{\text{non-Newtonian}}<10$，流场发育对称，管线受力比较稳定（图 6.16②）；当 $Re_{\text{non-Newtonian}}>10$ 时，滑坡体冲击管线时间短，加速度大，存在一定惯性力，管线迎流面将承担大部分的压力，管线两侧形成较大压力差，随后管线后方滑坡体逐渐回流，使压力差减小，管线受力达到稳定（图 6.16③）。作用于管线上的升力也主要有三种模式。当 $Re_{\text{non-Newtonian}}<10$，管线受力相对较为对称，维持在稳定值（图 6.16a）；当 $10 \leqslant Re_{\text{non-Newtonian}}<50$，管线初始受力不对称首先出现短暂震荡，然后对称涡街形成后达到稳定值（图 6.16b）；当 $Re_{\text{non-Newtonian}} \geqslant 50$，周期性脱离的漩

涡会使升力表现出持续振荡的现象（图6.16c）。

　　对于平铺管线，由于海床的作用（边界效应），管线的拖曳力主要表现如图6.16③所示，当海底滑坡瞬时冲击管线时，滑坡体前端速度场变化更大，管线两侧压力差显著提升，随着管线后方滑坡体逐渐回流，加之速度场趋于稳定，管线受力达到稳定。平铺管线的升力主要表现如图6.16b，当滑坡体从上部越过管线，管线初始受力极不对称出现短暂震荡，随着管线后方漩涡形成，受力达到稳定，但由于底部海床的作用漩涡脱离受到限制，升力不会出现震荡现象。归纳起来，升力振荡有两个必要条件：①管线处于悬浮状态，②雷诺数大于一定值（本研究雷诺数为50）。

6.6.3　复杂条件影响下冲击力系数的变化规律

　　1）悬跨高度对冲击力系数的影响

　　将冲击力系数 C_{D-P}、C_{D-S}、C_{L-P}、C_{L-S} 分别与雷诺数绘制在一起，不同悬跨高度条件下冲击力系数与雷诺数的关系如图6.17所示。

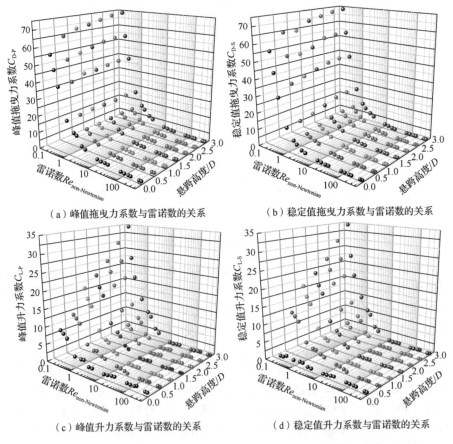

（a）峰值拖曳力系数与雷诺数的关系　　（b）稳定值拖曳力系数与雷诺数的关系

（c）峰值升力系数与雷诺数的关系　　（d）稳定值升力系数与雷诺数的关系

图6.17　不同悬跨高度条件下冲击力系数与雷诺数的关系

在较低雷诺数阶段（<1），拖曳力系数最大值往往出现在悬跨高度为 2.5～3 倍管线直径处，最小值往往出现在悬跨高度为 0 处；随着雷诺数的增加，最大值与最小值出现的位置开始变化；当雷诺数大于 10 以后，最大值多出现在悬跨高度为 0～0.5 倍管线直径处，最小值往往出现在悬跨高度为 2.5～3 倍管线直径处。升力系数也出现类似的变化趋势，主要界限发生在雷诺数为 10 的附近。图 6.18 展示了海底滑坡速度矢量图，海底滑坡对管线下方的主要影响区域在 2 倍管线直径左右。因此，在不考虑滑坡覆盖层厚度条件下，管线受力的最大值往往出现在悬跨高度为 2.5～3 倍管线直径处。

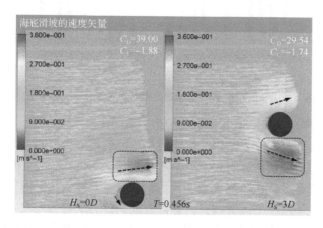

图 6.18　含水量 100.2% 与温度 0.5℃海底泥流冲击不同悬跨高度管线的速度矢量图

通过上述分析，管线的悬跨高度对管线受滑坡冲击力有着重要影响。海底滑坡体冲击管线过程中，由于管线阻碍导致滑坡体运动轨迹发生改变，绕流管线滑坡体局部被挤压，导致管线周围滑坡体速度场变化。根据图 6.18，对比同一海底泥流以相同设定速度冲击不同悬跨高度管线，在 0.456s 冲击时刻，平铺管线的拖曳力系数显著大于悬跨高度为 3 倍管线直径的管线的拖曳力系数。因为在该时刻，计算域流场存在显著差异（冲击速度的大小与方向），从而导致了作用于管线上拖曳力的差异。为进一步评估冲击力系数的变化情况，考虑不同管线悬跨高度，应计算出冲击力系数的最大变化率。最大变化率与雷诺数的关系如图 6.19 所示，在图 6.19 中，发现悬跨高度对升力的影响远大于拖曳力。考虑个体的最大变化幅度，峰值拖曳力系数的最大变化率达到了 90%，稳定值拖曳力系数的最大变化率达到了 94%，峰值升力系数的最大变化率达到了 386%，稳定值升力系数的最大变化率甚至达到了 1857%，考虑整体的变化趋势上述四个系数的平均变化率为 46%、44%、203%、422%。

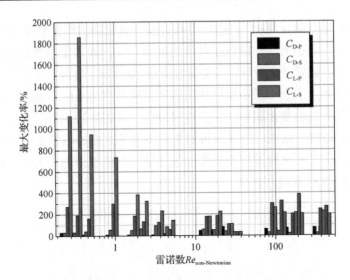

图 6.19　考虑悬跨高度影响下冲击力系数最大变化率与雷诺数的关系

2）悬跨高度对管线峰值与稳定值受力的影响

在相同管线悬跨高度条件下，将峰值与稳定值拖曳力（升力）系数的平均变化率与最大变化率分别计算出来，冲击力系数变化率与悬跨高度的关系如图 6.20 所示。随着悬跨高度减小，拖曳力（升力）的峰值与稳定值之间差距都变得越来越大。总体来说，除了平铺管线外，悬浮管线拖曳力的峰值与稳定值差异均略大于升力。平铺管线升力的最大变化率达到了 572%，拖曳力的最大变化率达到了 158%。因此，对于平铺于海床表面的管线（最常见的工况），必须对冲击力的峰值与稳定值分别进行预测，并建立相应的评估公式。

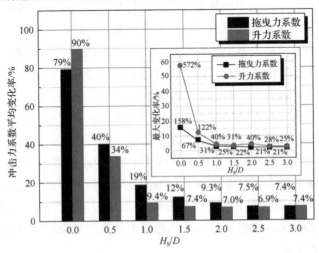

图 6.20　考虑峰值与稳定值差异下冲击力系数变化率与悬跨高度的关系

3）悬跨高度对低温与常温条件管线受力的影响

在同一种悬跨工况条件下，考虑低温 0.5℃与常温 22℃的影响，计算出冲击力系数的最大变化率与平均变化率，冲击力系数变化率与悬跨高度的关系如图 6.21 所示。总体来说，随着悬跨高度的变化，低温与常温对冲击力系数的平均变化率影响不大。但是，与常温条件相比，低温条件下管线的受力显著增加。峰值与稳定值拖曳力系数的最大变化率均可达 30%，峰值升力系数最大可达 49%。对于平铺于海床表面的管线，稳定值升力系数最大变化率甚至达到 123%。因此，低温环境对于海底管线的受力状态有着至关重要的影响，必须予以慎重考量。

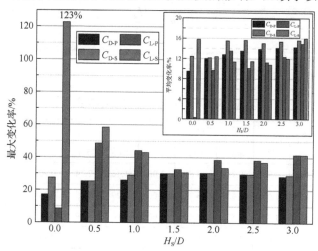

图 6.21　考虑低温 0.5℃与常温 22℃差异下冲击力系数变化率与悬跨高度的关系

6.6.4　考虑管线悬跨高度影响下冲击力系数预测方法

1）预测公式

由上述分析可知，影响管线受力的因素众多，包括雷诺数［反映了描述海底滑坡体运动特性的流变模型（温度与含水量）、滑坡体密度、冲击速度、管线直径］、悬跨高度、峰值与稳定值等，并且这些因素的影响难以量化，导致利用简洁的公式来评估管线的受力十分困难。因此，在式（6.4）～式（6.7）的基础上，首先对冲击力系数的四个特征值分别建立相关的预测公式，如式（6.8）所示。其次，基于图 6.13 的数据，将式（6.8）在相同悬跨高度条件下分别进行参数拟合，拟合结果如表 6.6 所示。最后，提出悬跨高度比 ψ_S 来进一步考虑悬跨高度的影响，式（6.9）所示。基于表 6.6 的拟合结果，建立拟合参数 $m_{D\text{-}P}$、$n_{D\text{-}P}$、$m_{D\text{-}S}$、$n_{D\text{-}S}$、$m_{L\text{-}P}$、$n_{L\text{-}P}$、$m_{L\text{-}S}$、$n_{L\text{-}S}$ 与 ψ_S 的定量化关系，如表 6.7 所示。综上所述，得到冲击力系数的四个特征值的预测公式。

$$\left.\begin{array}{l} C_{D\text{-}P} = m_{D\text{-}P} + \dfrac{n_{D\text{-}P}}{Re_{\text{non-Newtonian}}} \\[3mm] C_{D\text{-}S} = m_{D\text{-}S} + \dfrac{n_{D\text{-}S}}{Re_{\text{non-Newtonian}}} \\[3mm] C_{L\text{-}P} = m_{L\text{-}P} + \dfrac{n_{L\text{-}P}}{Re_{\text{non-Newtonian}}} \\[3mm] C_{L\text{-}S} = m_{L\text{-}S} + \dfrac{n_{L\text{-}S}}{Re_{\text{non-Newtonian}}} \end{array}\right\} \text{冲击力系数特征值} \qquad (6.8)$$

$$\psi_S = \frac{H_S}{D} \qquad (6.9)$$

式中：$m_{D\text{-}P}$、$n_{D\text{-}P}$、$m_{D\text{-}S}$、$n_{D\text{-}S}$、$m_{L\text{-}P}$、$n_{L\text{-}P}$、$m_{L\text{-}S}$ 与 $n_{L\text{-}S}$ 均为拟合参数，无量纲量；ψ_S 为悬跨高度比，无量纲量。

表 6.6　8 个拟合参数的拟合结果

ψ_S	$C_{D\text{-}P}$			$C_{D\text{-}S}$			$C_{L\text{-}P}$			$C_{L\text{-}S}$		
	$m_{D\text{-}P}$	$n_{D\text{-}P}$	R^2	$m_{D\text{-}S}$	$n_{D\text{-}S}$	R^2	$m_{L\text{-}P}$	$n_{L\text{-}P}$	R^2	$m_{L\text{-}S}$	$n_{L\text{-}S}$	R^2
0.0	3.53	13.96	0.98	0.75	13.65	1.00	1.46	2.14	0.96	1.21	0	
0.5	2.64	15.75	1.00	0.98	15.82	1.00	1.29	3.15	0.94	1.13	3.21	0.94
1.0	2.29	16.69	1.00	1.57	15.80	1.00	0.96	4.89	0.96	0.90	4.91	0.97
1.5	2.19	17.07	1.00	1.71	16.80	1.00	0.95	5.65	0.97	0.89	5.67	0.97
2.0	2.07	17.58	1.00	1.80	17.61	1.00	1.06	6.63	0.97	0.99	6.64	0.97
2.5	1.93	17.97	1.00	1.70	18.00	1.00	1.04	7.60	0.98	1.00	7.62	0.98
3.0	1.70	18.08	1.00	1.46	18.08	1.00	0.99	8.20	0.98	0.94	8.22	0.98

注：当悬跨高度等于 0 时（平铺情况），因 $C_{L\text{-}P}$ 变化不大，故将其取平均值。

表 6.7　考虑悬跨高度比影响下 8 个拟合参数的拟合关系

特征值	拟合公式	R^2
$C_{D\text{-}P}$	$m_{D\text{-}P} = -0.199\psi_S^3 + 1.104\psi_S^2 - 2.131\psi_S + 3.512$	1.00
	$n_{D\text{-}P} = -0.519\psi_S^2 + 2.820\psi_S + 14.188$	0.98
$C_{D\text{-}S}$	$m_{D\text{-}S} = -0.050\psi_S^3 - 0.055\psi_S^2 + 0.863\psi_S + 0.704$	0.97
	$n_{D\text{-}S} = -0.417\psi_S^2 + 2.643\psi_S + 13.928$	0.95
$C_{L\text{-}P}$	$m_{L\text{-}P} = -0.074\psi_S^3 + 0.445\psi_S^2 - 0.839\psi_S + 1.4993$	0.90
	$n_{L\text{-}P} = -0.261\psi_S^2 + 2.843\psi_S + 2.052$	1.00
$C_{L\text{-}S}$	$m_{L\text{-}S} = -0.073\psi_S^4 + 0.392\psi_S^3 - 0.524\psi_S^2 - 0.065\psi_S + 1.218$	0.93
	$n_{L\text{-}S} = -0.773\psi_S^2 + 4.836\psi_S + 0.441$	0.98

2）公式应用

Zakeri 等（2008）提到了工程原型的大致范围，假定将要铺设的一条直径为 0.5m 的海底油气管线，该管线将穿越海底的峡谷区，综合分析最大可能造成 1m 的悬跨高度，经过地质调查与分析，海底滑坡的流变模型取为 $\tau = 264.112 + 60.998 \cdot \dot{\gamma}^{0.275}$，海底滑坡的运动速度最大可达 5m/s。根据式（6.9），悬跨高度比 ψ_S 取为 0.0、0.5、1.0、1.5 与 2.0，将其带入表 6.7 中，可得到相关系数如表 6.8 所示。根据式（1.6），可计算出雷诺数为 96.8。根据式（6.8），可计算出 C_{D-P}、C_{D-S}、C_{L-P} 与 C_{L-S}。最后，根据式（1.4）与式（1.5），可计算出每延米海底管线受到海底滑坡冲击力的四个特征值，如表 6.8 所示。显然，考虑管线悬跨高度的影响，会获取作用于管线上不同的荷载，进一步影响管线的设计。另外，峰值与稳定值荷载的差异也非常显著。峰值荷载对于海底管线来说更加危险，十分有必要考虑峰值荷载进行管线的设计。

表6.8 不同悬跨高度管线受海底滑坡冲击作用力计算

冲击力（系数）		ψ_S									
		0.0		0.5		1.0		1.5		2.0	
C_{D-P}	m_{D-P}	**3.658**	3.512	2.85	2.698	2.456	2.286	2.306	2.128	2.256	2.073
	n_{D-P}		14.188		15.468		16.489		17.250		17.751
F_{D-P}		$F_{D-P} = \dfrac{1}{2}\rho \cdot C_{D-P} \cdot U_\infty^2 \cdot A = \dfrac{1}{2} \times 1468 \times 3.658 \times 5^2 \times 0.5 = 33.56\text{kN}$									
C_{D-S}	m_{D-S}	0.848	0.704	1.272	1.116	1.629	1.462	1.880	1.705	**1.989**	1.808
	n_{D-S}		13.928		15.145		16.154		16.954		17.545
F_{D-S}		$F_{D-S} = \dfrac{1}{2}\rho \cdot C_{D-S} \cdot U_\infty^2 \cdot A = \dfrac{1}{2} \times 1468 \times 1.989 \times 5^2 \times 0.5 = 18.25\text{kN}$									
C_{L-P}	m_{L-P}	**1.520**	1.499	1.210	1.182	1.080	1.032	1.075	0.994	1.141	1.014
	n_{L-P}		2.052		2.697		4.634		7.861		12.380
F_{L-P}		$F_{L-P} = \dfrac{1}{2}\rho \cdot C_{L-P} \cdot U_\infty^2 \cdot A = \dfrac{1}{2} \times 1468 \times 1.520 \times 5^2 \times 0.5 = 13.95\text{kN}$									
C_{L-S}	m_{L-S}	**1.223**	1.218	1.126	1.099	0.993	0.947	0.952	0.891	1.023	0.950
	n_{L-S}		0.441		2.665		4.503		5.954		7.019
F_{L-S}		$F_{L-S} = \dfrac{1}{2}\rho \cdot C_{L-S} \cdot U_\infty^2 \cdot A = \dfrac{1}{2} \times 1468 \times 1.223 \times 5^2 \times 0.5 = 11.22\text{kN}$									

6.7　管线上覆滑坡体厚度对管线受滑坡冲击力的影响

6.7.1　管线上覆海底滑坡体厚度描述

当前，在概化计算模型时，常常忽视的一个对管线受力有重要影响的因素，即海底滑坡与管线相对规模及位置关系二维概化图如图 6.22 所示。海底滑坡广泛分布于世界各大海域，滑坡体的体量相差巨大，滑坡体厚度最高可达 4500m，最低小于 1m（Hance，2003）。对比而言，海底管线的直径在 0.1～1m（Zakeri et al.，2008）。显然，滑坡体厚度与管线直径的相对规模具有相当大的范围，这是确定海底滑坡–管线相互作用分析模型的关键因素之一。海底滑坡与管线的相对规模及位置关系可以由三个参数来概化，即管线上覆滑坡体厚度 H_C、管线直径 D、管线悬跨高度 H_S，这三个参数满足的关系如式（6.10）所示。其中，悬跨高度 H_S 对海底滑坡与管线相互作用的影响已在上一节被深入研究，本节重点分析 H_C 的影响。

$$H_T = H_C + D + H_S \tag{6.10}$$

式中：H_T 为海底滑坡体的厚度，即滑坡体顶部到海床的距离；H_C 为海底管线上覆滑坡体厚度，即滑坡体顶部到管线顶部的距离。

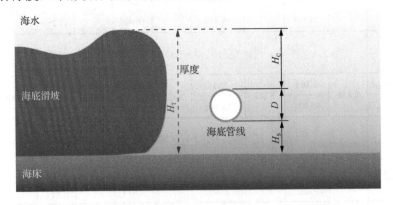

图 6.22　海底滑坡与管线相对规模及位置关系二维概化图

本节提出一个无量纲参数 ψ_C，为管线上覆滑坡体厚度与管线直径之比，如式（6.11）所示。将以往研究中 ψ_C 的取值进行汇总，如表 6.9 所示。显然，目前基于 CFD 方法研究海底滑坡与管线相互作用的数值建模差异较大，模拟结果难以统一，这将导致不同研究间的对比分析失效。

$$\psi_C = \frac{H_C}{D} \tag{6.11}$$

式中：ψ_C 为管线上覆滑坡体厚度与管线直径比，无量纲量。

表 6.9 基于 CFD 方法的海底滑坡与管线相互作用研究中 ψ_C 的取值

研究成果	ψ_C	
	平铺管线	悬浮管线
Zakeri（2009b）		2.5
田建龙（2014）		2.5
王寒阳（2016）	5	
Liu 等（2015）		2.5
Fan 等（2018）		5
Sahdi 等（2019）		32
Qian 等（2020）		9.5
Zhang 等（2019）	5	
李宏伟（2015）		4

6.7.2 管线上覆不同海底滑坡体厚度的 CFD 模拟

基于提出的概化的 CFD 分析模型，5 种 H_C（0D、2.5D、5D、10D 和 20D）和两种在位形式管线 H_S（平铺管线 0D 和悬浮管线 1D）组合而成的 10 种几何模型被构建，CFD 模型的网格划分如图 6.23 所示。

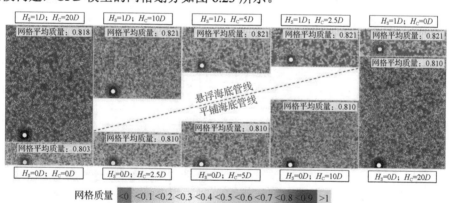

图 6.23 CFD 模型的网格划分

采用海底泥流低温（0.5℃）流变模型，如图 6.24 所示，选取四种不同数量级的雷诺数 0.45（图 6.24 中红线，冲击速度 0.25m/s）、3.4（图 6.24 中黑线，冲击速度 1m/s）、86.7（图 6.24 中蓝线，冲击速度 2m/s）与 346.47（图 6.24 中绿线，冲击速度 2.5m/s），共计 40 组工况，计算域具体参数设置与求解方法如表 6.1 所示。

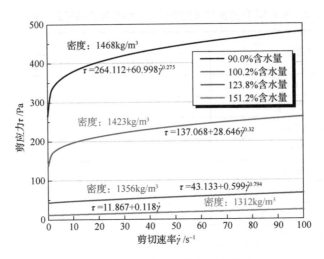

图 6.24　0.5℃海底泥流的流变模型

6.7.3　滑坡体厚度对拖曳力的影响分析

基于模拟所得到的数据，拖曳力的大小约是升力的 3.7 倍，因此仅考虑拖曳力，以及考虑拖曳力与升力的合力，两者在数值上基本没有差距，很多学者研究仅聚焦于拖曳力，本节聚焦于拖曳力的评估。以雷诺数 86.7 为例，拖曳力时程曲线如图 6.25 所示。

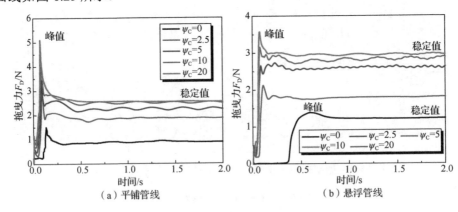

图 6.25　不同 ψ_C 条件下海底滑坡作用于管线上的拖曳力时程曲线（$Re_{\text{non-Newtonian}}=86.7$）

总体来说，无论是平铺管线还是悬浮管线，随着海底滑坡体厚度增加，即管线上覆滑坡体厚度越大，管线受到的拖曳力就越大。相比于稳定值拖曳力，ψ_C 对更危险的峰值拖曳力的影响更为显著。进一步，分别计算出峰值与稳定值拖曳力系数（$C_{D\text{-}P}$ 与 $C_{D\text{-}S}$），以雷诺数 86.7 为例，拖曳力系数与 ψ_C 的关系如图 6.26 所示。

显然，无论是 $C_{\text{D-P}}$ 还是 $C_{\text{D-S}}$，随着管线上覆滑坡体厚度的增加，平铺管线受到的拖曳力逐渐达到相对稳定，仅有小幅增加，临界 ψ_{C} 为 10。然而，对于悬浮管线来说，随着管线上覆滑坡体的厚度增加，拖曳力系数持续增长，其中峰值拖曳力系数 $C_{\text{D-P}}$ 增长显著高于稳定值拖曳力系数 $C_{\text{D-S}}$。

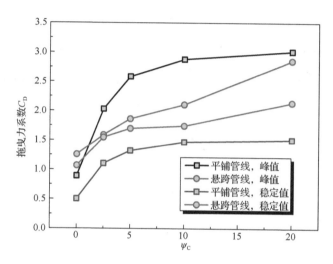

图 6.26　在雷诺数 86.7 条件下拖曳力系数与 ψ_{C} 的关系

在不同 ψ_{C} 条件下，绘制峰值（稳定值）拖曳力系数与雷诺数的关系，如图 6.27 所示。可以发现，不同雷诺数条件下 ψ_{C} 对拖曳力系数的影响程度是不同的，不同 ψ_{C} 条件下峰值与稳定值拖曳力系数的最大变化率，如图 6.28 所示。

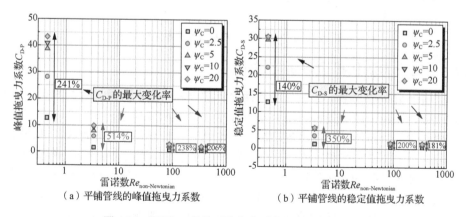

（a）平铺管线的峰值拖曳力系数　　　　　（b）平铺管线的稳定值拖曳力系数

图 6.27　不同 ψ_{C} 条件下拖曳力系数与雷诺数的关系

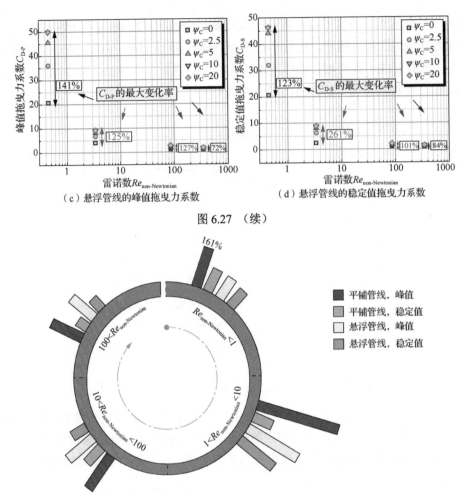

（c）悬浮管线的峰值拖曳力系数　　　　　（d）悬浮管线的稳定值拖曳力系数

图 6.27　（续）

图 6.28　考虑 ψ_C 作用拖曳力系数的最大变化率

6.7.4　拖曳力演化机理分析与讨论

以雷诺数 86.7 为例，绘制作用于两种管线上峰值拖曳力最大时刻的海底滑坡体积分数、流线、速度矢量与压力分布云图，如图 6.29 所示。

随着管线上覆滑坡体厚度的增加，无论是平铺管线还是悬浮管线，其周围流场的分布都变得更加平稳，流线减少上翘并趋于水平。同时，随着 ψ_C 的增加，靠近管线滑坡体受到的挤压作用逐渐增强。这二者共同作用导致流经管线表面滑坡体的速度显著增大，甚至达到了入口滑坡体冲击速度的 2 倍以上。由于计算域内速度场的显著变化，管线迎流面与背流面的压力发生改变，压力差（尤其是水平方向压力差）的增大导致了管线受到拖曳力的增加。

具体来说，对于平铺管线，由于海床的存在，管线下方没有滑坡体运动的通道。因此，海底滑坡只能从管线上方越过，导致平铺管线周围速度场极不对称，压力场分布也非常不均匀，如图 6.29（a）所示。与悬浮管线 [图 6.29（b）] 相比，平铺管线的正负压区明显有所下移，即使最大压力差偏小，但由于在管线周围分布面积更广，必然造成更大的峰值拖曳力。显然，由于 ψ_C 的变化，管线周围的滑坡体流线、速度及管线周围压力场将发生显著变化，这是造成作用于管线上拖曳力发生变化的根本原因。

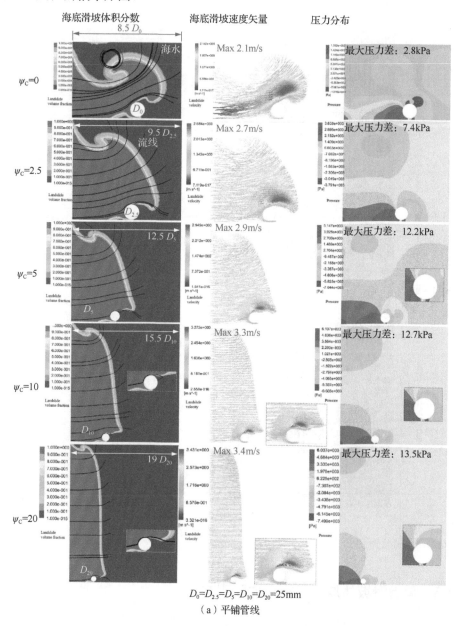

$$D_0 = D_{2.5} = D_5 = D_{10} = D_{20} = 25\text{mm}$$

（a）平铺管线

图 6.29　不同 ψ_C 条件下海底滑坡体积分数、流线、速度矢量与压力分布云图

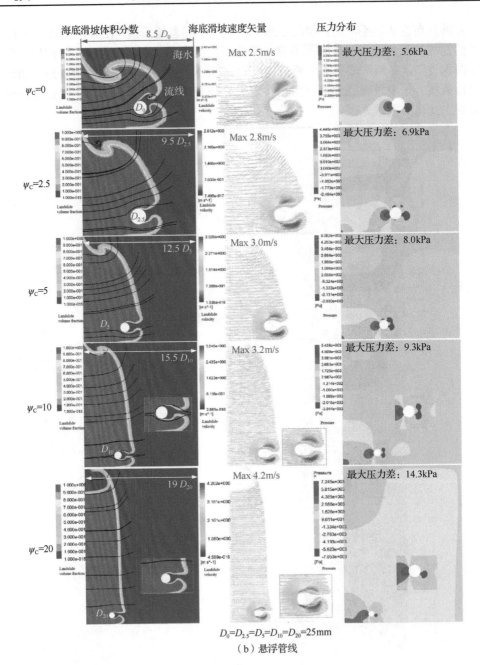

$D_0=D_{2.5}=D_5=D_{10}=D_{20}=25\text{mm}$

（b）悬浮管线

图 6.29 （续）

6.7.5 考虑滑坡体厚度的拖曳力预测方法

表 6.9 展示了不同学者建立的 CFD 分析模型的差异，显然，不能直接将不同分析模型所得结果直接进行对比。当前，应用最多的分析模型是 $\psi_C=5$，因此本节

将 ψ_C=5 作为标准，ψ_C=5 工况的计算结果被称为基准值。然后，将不同 ψ_C 条件下管线所受到的峰值（稳定值）拖曳力系数除以基准值，得到考虑 ψ_C 变化条件下拖曳力系数的调整系数，该系数被称为滑坡覆盖层厚度调整系数 f_C，如式（6.12）所示。由于 f_C 需要考虑不同的雷诺数、ψ_C 及 ψ_S 的影响，如式（6.13）所示，导致 f_C 的计算公式十分复杂，难以给出简便的定量化公式。

$$f_C = \frac{C_{D|\psi_C=x}}{C_{D|\psi_C=5}} \tag{6.12}$$

式中：$C_{D|\psi_C=x}$ 为 $\psi_C=x$ 时的拖曳力系数；f_C 为滑坡覆盖层厚度调整系数；$C_{D|\psi_C=5}$ 为考虑 ψ_C 效应的拖曳力系数基准值。

$$f_C = f(Re_{\text{non-Newtonian}}, \psi_S, \psi_C) \tag{6.13}$$

为了便于工程应用与科学研究，将所有平铺管线与悬浮管线的峰值与稳定值拖曳力系数除以基准值 $C_{D|\psi_C=5}$，获取复杂工况下的 f_C，然后根据雷诺数、ψ_C 及 ψ_S 三个参数，绘制标准图表，考虑海底管线上覆滑坡体厚度效应的拖曳力系数与调整系数如图 6.30 所示。基于此，一种高效的标准图表法被提出以获取复杂条件下的 f_C，进而预测不同海底滑坡覆盖层厚度的拖曳力系数。

应用该图表评估方法时，首先，需要计算所需评估工况的雷诺数、ψ_C 及 ψ_S 三个必要参数。然后，基于这三个参数直接定位到标准的调整系数表相应位置，获取 f_C。最后，根据式（6.13），任意 ψ_C 工况条件下管线拖曳力系数都能被给出。反过来，还可以对已获得的结果进行调整，便于分析与交流。本方法思路来自工程常用的分项系数法，当探究更多复杂因素对海底滑坡-管线相互作用的影响时，建议引入各因素分项系数这种高效且简便的方法，来预测管线的受力。

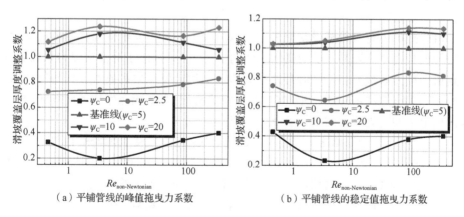

（a）平铺管线的峰值拖曳力系数 （b）平铺管线的稳定值拖曳力系数

图 6.30 考虑海底管线上覆滑坡体厚度效应的拖曳力系数与调整系数

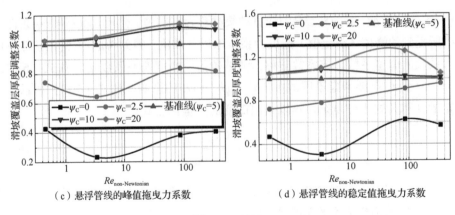

（c）悬浮管线的峰值拖曳力系数　　　　　（d）悬浮管线的稳定值拖曳力系数

图 6.30 （续）

6.8　本章小结

本章首先详细介绍了基于 CFD 不可压缩两相流模型模拟海底滑坡–管线相互作用的理论基础；其次，系统阐述了 CFD 数值建模的整个过程，发展了海底滑坡–管线相互作用 CFD 分析模型；最后，基于经典的室内水槽试验与概化（广义）的 CFD 数值模型，通过定性与定量相结合的方法，验证了所提出 CFD 模型的可靠性与准确性。在此基础上，分析了海底管线真实在位情况，提出了海底滑坡与管线的相对规模及位置关系，并通过管线上覆滑坡体厚度 H_C、管线直径 D、管线悬跨高度 H_S 量化了海底管线的在位情况；基于海底滑坡低温–含水量耦合流变模型，开展了低温环境海底滑坡与悬浮管线相互作用分析；考虑管线悬跨高度影响，对滑坡冲击管线作用力（拖曳力与升力）进行评估，建立冲击力预测公式；考虑管线上覆滑坡体厚度影响，进一步完善了所建立的拖曳力预测公式。基于上述工作，本章主要结论如下。

（1）提出了海底管线受滑坡冲击力（拖曳力与升力）峰值与稳定值的概念，考虑峰值与稳定值差异，平均变化率达到了 27.9%，提出了峰值拖曳力系数 $C_{D\text{-}P}$、稳定值拖曳力系数 $C_{D\text{-}S}$、峰值升力系数 $C_{L\text{-}P}$ 与稳定值升力系数 $C_{L\text{-}S}$ 作为特征值量化滑坡对管线的冲击作用，进一步，通过海底滑坡–管线相互作用速度场的演化过程，揭示了冲击力峰值与稳定值产生的机理。

（2）与常温 22℃ 相比，低温 0.5℃ 情况下悬浮管线受到的峰值拖曳力最大提高了 26.0%，平均提高了 22.0%；峰值升力最大提高了 70.3%，平均提高了 32.3%，低温环境对海底管线受海底滑坡冲击力的影响十分显著，并且温度对升力的影响强于对拖曳力的影响，但温度变化并没有影响拖曳力系数（升力系数）随雷诺数变化的整体规律。

（3）分析了管线受到的拖曳力与升力时程曲线，总结了管线受力的三种模式，发现随着管线悬跨高度、滑坡覆盖层厚度与雷诺数（反映了描述海底滑坡体运动特性的流变模型、滑坡体密度、冲击速度、管线直径）的变化，管线的受力模式有不同程度变化，给出了升力振荡的两个必要条件：管线处于悬浮状态；雷诺数大于一定值（本研究为 50）。

（4）在概化的数值分析模型基础上，发现悬跨高度对管线的受力状态有着重要影响，对于平铺管线，升力的最大变化达到了 572%，拖曳力的最大变化率达到了 158%。考虑悬跨高度影响，管线受到冲击力的最大值往往出现在悬跨高度为 3 倍管线直径的范围内。提出了无量纲参数悬跨高度比 ψ_S，建立了 C_{D-P}、C_{D-S}、C_{L-P} 与 C_{L-S} 的计算公式，完善了评估管线受滑坡冲击力的预测公式，并给出工程应用案例。

（5）提出了海底滑坡与管线的相对规模及位置关系，并通过管线上覆滑坡体厚度 H_C、管线直径 D、管线悬跨高度 H_S 来量化。系统分析了管线上覆滑坡体厚度的影响，发现随着滑坡体厚度的增加，管线受到的拖曳力也在增长，相比于稳定值拖曳力，H_C 对更危险的峰值拖曳力的影响更为显著，对于平铺管线来说，$\psi_C=20$ 条件下的 C_{D-P} 可达到 $\psi_C=0$ 条件的 5 倍以上。

（6）在平铺与悬浮管线（$H_S=1D$）的基础上，给出了 C_{D-P} 与 C_{D-S} 随 H_C 变化的规律。通过海底滑坡体积分数、流线、速度矢量与管线周围压力分布云图，分析了计算域内速度场与压力场的演化过程，以及管线上覆滑坡体厚度变化导致拖曳力变化的机理。

（7）提出了无量纲参数管线上覆滑坡体厚度与管线直径比 ψ_C，考虑雷诺数、ψ_C 及 ψ_S 的耦合影响；提出了拖曳力系数基准值 $C_{D|\psi_C=5}$ 与滑坡覆盖厚度调整系数 f_C；基于分项系数方法，建立了标准图表法来预测管线所受到的峰值与稳定值拖曳力。

参 考 文 献

郭兴森, 2021. 海底地震滑坡易发性与滑坡-管线相互作用研究[D]. 大连: 大连理工大学.

寇养琦, 1990. 南海北部的海底滑坡[J]. 海洋与海岸带开发, 7(3): 48-51.

李宏伟, 王立忠, 国振, 等, 2015. 海底泥流冲击悬跨管道拖曳力系数分析[J]. 海洋工程, 33(6): 10-19.

李家钢, 修宗祥, 申宏, 等, 2012. 海底滑坡块体运动研究综述[J]. 海岸工程, 31(4): 67-78.

李亚敏, 罗贤虎, 徐行, 等, 2010. 南海北部陆坡深水区的海底原位热流测量[J]. 地球物理学报, 53(9): 2161-2170.

刘乐军, 傅命佐, 李家钢, 等, 2014. 荔湾 3-1 气田海底管道深水段地质灾害特征[J]. 海洋科学进展, 32(2): 162-174.

栾锡武, 彭学超, 王英民, 等, 2010. 南海北部陆架海底沙波基本特征及属性[J]. 地质学报, 84(2): 233-245.

田建龙, 2014. 海底滑坡过程数值模拟及其对管线的作用[D]. 大连: 大连理工大学.

王海荣, 王英民, 邱燕, 等, 2008. 南海北部陆坡的地貌形态及其控制因素[J]. 海洋学报（中文版）, 30(2): 70-79.

王寒阳, 2016. 海底滑坡对管线作用力的数值分析[D]. 大连: 大连理工大学.

修宗祥, 刘乐军, 李西双, 等, 2016. 荔湾 3-1 气田管线路由海底峡谷段斜坡稳定性分析[J]. 工程地质学报, 24(4): 535-541.

卓海腾, 王英民, 徐强, 等, 2014. 南海北部陆坡分类及成因分析[J]. 地质学报, 88(3): 327-336.

BRUTON D, CARR M, 2011. Overview of the SAFEBUCK JIP[C]//Offshore Technology Conference, Huston, Texas, USA.

FAN N, NIAN T, JIAO H, et al., 2018. Interaction between submarine landslides and suspended pipelines with a streamlined contour[J]. Marine Georesources & Geotechnology, 36(6): 652-662.

FANG G H, FANG W D, FANG Y, 1998. A survey of studies on the South China Sea upper ocean circulation[J]. Acta Oceanographica Taiwanica, 37(1): 1-16.

FAUSA, 2006. Generell orientering om subsea produksjonssystemer[C]//Seminar om Subsea Produksjonsanlegg, Norwegian Structural Steel Association, Oslo.

GAO F, 2017. Flow-pipe-soil coupling mechanisms and predictions for submarine pipeline instability[J]. Journal of Hydrodynamics, 29(5): 763-773.

GUO X, NIAN T, ZHENG D, et al., 2018. A methodology for designing test models of the impact of submarine debris flows on pipelines based on Reynolds criterion[J]. Ocean Engineering, 166: 226-231.

GUO X, ZHENG D, NIAN T, et al., 2019. Effect of different span heights on the pipeline impact forces induced by deep-sea landslides[J]. Applied Ocean Research, 87: 38-46.

HANCE J J, 2003. Submarine slope stability[D]. Austin: The University of Texas at Austin.

HE Y, ZHONG G, WANG L, et al., 2014. Characteristics and occurrence of submarine canyon-associated landslides in the middle of the northern continental slope, South China Sea[J]. Marine and Petroleum Geology, 57: 546-560.

LEE H, LOCAT J, DARTNELL P, et al., 1999. Regional variability of slope stability: application to the Eel margin, California[J]. Marine Geology, 154: 305-321.

LI K, GUO Z, WANG L, et al., 2019. Effect of seepage flow on shields number around a fixed and sagging pipeline[J]. Ocean Engineering, 172: 487-500.

LIU J, TIAN J, YI P, 2015. Impact forces of submarine landslides on offshore pipelines[J]. Ocean Engineering, 95: 116-127.

MOHRIG D, ELLIS C, PARKER G, et al., 1998. Hydroplaning of subaqueous debris flows[J]. Geological Society of America Bulletin, 110(3): 387-394.

NIAN T, GUO X, FAN N, et al., 2018. Impact forces of submarine landslides on suspended pipelines considering the low-temperature environment[J]. Applied Ocean Research, 81: 116-125.

QIAN X, XU J, BAI Y, et al., 2020. Formation and estimation of peak impact force on suspended pipelines due to submarine debris flow[J]. Ocean Engineering, 195: 106695.

SAHDI F, GAUDIN C, TOM J G, et al., 2019. Mechanisms of soil flow during submarine slide-pipe impact[J]. Ocean Engineering, 186: 106079.

SHAO L, LI X J, GENG J H, et al., 2007. Deep water bottom current deposition in the northern South China Sea[J]. Science in China Series D: Earth Sciences, 50(7): 1060-1066.

SUN Y F, HUANG B L, 2014. A potential tsunami impactassessment of submarine landslide at Baiyundepression in Northern South China Sea[J]. Geoenvironmental Disasters, 1(1): 1-7.

WANG W, WANG D, WU S, et al., 2018. Submarine landslides on the north continental slope of the South China Sea[J]. Journal of Ocean University of China, 17(1): 83-100.

WU S, WANG D, VÖLKER D, 2018. Deep-sea geohazards in the South China Sea[J]. Journal of Ocean University of China, 17(1): 1-7.

XIE Y H, 2018. New progress and prospect of oil and gas exploration of China National Offshore Oil Corporation[J]. China Petroleum Exploration, 23(1): 1-11.

ZAKERI A, 2009b. Submarine debris flow impact on suspended (free-span)pipelines: Normal and longitudinal drag forces[J]. Ocean Engineering, 36(6): 489-499.

ZAKERI A, HØEG K, NADIM F, 2008. Submarine debris flow impact on pipelines—Part I: Experimental investigation[J]. Coastal Engineering, 55(12): 1209-1218.

ZAKERI A, HØEG K, NADIM F, 2009a. Submarine debris flow impact on pipelines—Part II: Numerical analysis[J]. Coastal engineering, 56(1): 1-10.

ZHANG Y, WANG Z, YANG Q, et al., 2019. Numerical analysis of the impact forces exerted by submarine landslides on pipelines[J]. Applied Ocean Research, 92: 101936.

7 基于 ALE 方法的海底滑坡冲击深水管线双向耦合作用

7.1 引　言

海底滑坡灾害对管线设施的工程安全性而言极具威胁，尤其是滑坡施加于管线的强作用力，以及竖向力的周期性波动特征，致使管线存在冲破、冲断、疲劳、共振等破坏风险。尽管有关学者（Zakeri et al.，2008；Liu et al.，2015；Dong，2016）对海底滑坡冲击管线的作用力开展了细致分析，得到许多有价值的结论，但上述研究中均针对的是不考虑管线自身位移的工况（简称固定管线），即在海底滑坡的冲击作用下，管线始终"固定"在初始位置，不考虑其可能发生的位移变化及影响，该工况反映的是海底滑坡-管线相互作用的局部视角，如设置固定压块、连接膨胀弯、管汇等部分，海底管线难以发生位移，相关研究具有一定参考价值。然而，从整体视角来看，海底管线是一种长距离结构物，尤其在深海环境下，主要靠重力投放，往往没有管线约束装置，且埋深有限，故在海底滑坡灾害的冲击作用下，海底管线可能会发生较大的位移（简称位移管线），事实上，一些相关事故中也往往表现出海底管线被滑坡拉扯至较远的距离（袁锋，2013），进而导致管线破损，甚至断裂。因此，有必要对海底滑坡冲击作用下管线的潜在位移进行深入分析，并探讨海底滑坡与管线的双向耦合（滑坡作用力与管线位移）作用（范宁，2019）。

本章后续内容安排如下：7.2 节为海底滑坡冲击管线过程中的耦合作用描述，根据真实管线事故案例，对海底滑坡冲击管线的双向耦合作用进行数学描述；7.3 节为基于 ANSYS-CFX 双向流-固耦合的数值实现，采用任意拉格朗日-欧拉法（ALE 方法），实现海底滑坡冲击管线的双向耦合作用过程模拟；7.4 节为海底滑坡冲击作用下管线的竖向位移特征分析，基于上述模拟方法，研究滑坡冲击作用下管线的竖向位移特征；7.5 节为固定管线与位移管线的差异比较，从管线周围流场与滑坡冲击力的角度，探讨固定管线与位移管线的主要差异；7.6 节为考虑管线竖向位移对海底管线工程设计的影响，根据位移管线与固定管线遭受滑坡冲击作用力的差异，探讨竖向冲击位移可能对海底管线工程设计参数的影响。

7.2　海底滑坡冲击管线过程中的耦合作用描述

海底滑坡灾害会对海底管线造成灾难性的破坏，如 1977 年美国海底输油管道破坏事故（张恩勇，2004）、2006 年吕宋海峡海底光缆断裂事故（朱超祁等，2015），根据这些海底管线事故过程的分析可知，海底管线大多是在海底滑坡的冲击作用下，其被拉扯至一定距离，导致管线结构（长细结构）发生破坏，示意图如图 7.1（a）所示。在上述案例所示工况下，以往研究（Zakeri et al.，2008，2009；Sahdi，2013）中所针对的海底滑坡冲击固定管线（仅考虑滑坡对管线施加荷载的"单向"作用）的结论将不再适用，因为海底滑坡与管线的相互作用中不仅包括滑坡对管线施加的荷载，也包括管线在荷载作用下的运动及该运动对滑坡作用力的改变，由此二者间形成了一个连续变化的"双向"耦合作用过程。

针对海底滑坡冲击管线过程中的耦合作用过程，本研究做如下数学描述 [图 7.1（b）]：假设海底管线在滑坡运动方向（X 轴方向）上的位移已经达到最大，换言之，不再考虑管线法向上的位移，如图 7.1 所示，故管线被认为仅具有竖向（Y 轴方向）一个方向的运动自由度；在海底滑坡的冲击作用下，海底管线的竖向位移情况由管线-海床间隙的变化值来评价，即管线从初始位置（初始管线-海床间隙为 H_i）经 H_{pipe} 大小（其值可以为正值或负值）的位移变化至某一稳定位置（滑坡-管线耦合作用最终会达到一种平衡状态，此时稳定状态的管线-海床间隙为 H_i+H_{pipe}）。由此，该研究后续各节将逐步探讨海底滑坡冲击管线的竖向位移变化规律及其对滑坡作用力的影响。

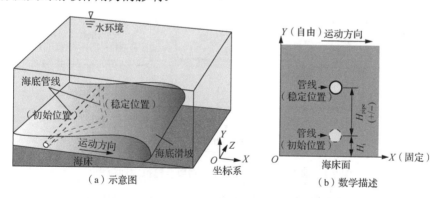

（a）示意图　　　　　　　　　（b）数学描述

图 7.1　海底滑坡与管线的耦合作用

7.3　基于 ANSYS-CFX 双向流-固耦合的数值实现

7.3.1　ANSYS-CFX 流-固耦合理论基础

根据 7.2 节对海底滑坡与管线的双向耦合作用描述可知，既有流体分析结果

（海底滑坡作用力）传递给固体结构（海底管线）分析，又有固体结构分析结果（管线的竖向位移、速度等）反向传递给流体分析，在模拟这类问题时，需要采用流-固耦合方法（fluid-structure interaction，FSI）进行计算。近年来，处理 FSI 问题主要有两种数值方法：侵入边界法和任意拉格朗日-欧拉法（ALE），前者被嵌入Abaques 数值分析软件中，被称为耦合欧拉-拉格朗日方法（CEL），其假设结构物（拉格朗日网格）浸没于流体（欧拉网格）中，界面通过体积分数法计算；而后者采用自适应网格细化方法来捕捉结构物的移动。在本研究中，海底滑坡冲击管线过程中的双向耦合作用模拟便采用了 ALE 方法，并通过数值分析软件ANSYS-CFX（Ansys，2013a，2013b）实现。使用该软件进行流-固耦合模拟实现流程，如图 7.2 所示。

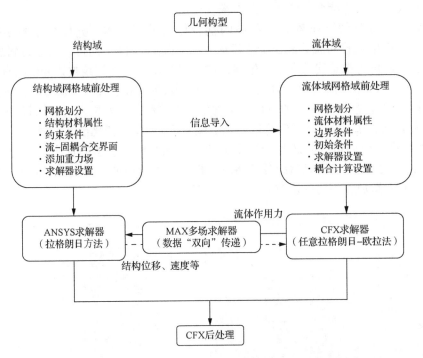

图 7.2　基于 ANSYS-CFX 流-固耦合模拟实现流程

　　需要说明的是，对于海底滑坡体在水中滑行的过程，本研究采用非均匀两相分离的欧拉-欧拉多相流模型，根据 CFX 中多相不可压缩流动模型的理论描述［此处主要参考了 ANSYS 官方指南（Ansys，2013a，2013b；Zakeri et al.，2009；Liu et al.，2015）。流体动力学方程包括连续方程、运动方程、体积守恒方程和压力约束方程，下面逐一介绍。对于单相流体相关流体动力学方程及公式表达，本节不做赘述。多相流流体的连续方程（即质量守恒方程）如下：

$$\frac{\partial}{\partial t}(r_\alpha \rho_\alpha) + \nabla \cdot (r_\alpha \rho_\alpha U_\alpha) = S_{\text{MS}\alpha} + \sum_{\beta=1}^{N_P} \Gamma_{\alpha\beta} \tag{7.1}$$

式中：两个流体相（海底滑坡体和水）分别由小写希腊字母 α 和 β 表示；r_α、ρ_α 和 U_α 分别为流体材料的体积分数、密度和速度；$S_{\text{MS}\alpha}$ 为用户定义的质量源项；N_P 为流体相总数；$\Gamma_{\alpha\beta}$ 为从流体相 β 到流体相 α 的相间质量传输输运系数，其必须遵循相间守恒原则，即 $\Gamma_{\alpha\beta} = -\Gamma_{\beta\alpha} \Rightarrow \sum_{\alpha=1}^{N_P} \Gamma_\alpha = 0$，为了追踪两相间质量传输的方向，$\Gamma_{\alpha\beta}$ 被表示为 $\Gamma_{\alpha\beta} = \Gamma_{\alpha\beta}^+ - \Gamma_{\beta\alpha}^+$，当 $\Gamma_{\alpha\beta} > 0$ 时，它代表从流体相 β 到流体相 α 为正向质量传输，反之为负向质量传输；此外，体积分数也要确保守恒关系，即 $\sum_{\alpha=1}^{N_P} \Gamma_\alpha = 1$。

另外，流体的运动方程（即动量守恒方程）由纳维-斯托克斯（Navier-Stokes）方程描述如下：

$$\frac{\partial}{\partial t}(r_\alpha \rho_\alpha U_\alpha) + \nabla \cdot [r_\alpha(\rho_\alpha U_\alpha \otimes U_\alpha)] = -r_\alpha \nabla P_\alpha + \nabla \cdot [r_\alpha \mu_\alpha(\nabla U_\alpha + (\nabla U_\alpha)^{\text{T}})]$$
$$+ \sum_{\beta=1}^{N_P}(\Gamma_{\alpha\beta}^+ U_\beta - \Gamma_{\beta\alpha}^+ U_\alpha) + S_{\text{M}\alpha} + M_\alpha \tag{7.2}$$

式中：P_α 和 μ_α 分别为流体相的压力和黏度；$S_{\text{M}\alpha}$ 为动量源，CFX 中通过每个单位体积上的作用力在流体间传递；（$\Gamma_{\alpha\beta}^+ U_\beta - \Gamma_{\beta\alpha}^+ U_\alpha$）为由于相间质量传输引起的动量传递；$M_\alpha$ 为流体相 β 作用于流体相 α 的总相间作用力，其可能由以下物理过程导致：

$$M_\alpha = \sum_{\beta \neq \alpha} M_{\alpha\beta} = M_{\alpha\beta}^{\text{D}} + M_{\alpha\beta}^{\text{L}} + M_{\alpha\beta}^{\text{LUB}} + M_{\alpha\beta}^{\text{VM}} + M_{\alpha\beta}^{\text{TD}} + \cdots \tag{7.3}$$

式中：各项作用力分别代表拖曳力、升力、壁面滑移力、虚拟质量力、湍流扩散力等。因此，完整的非均匀流体动力学方程组包含 $4 \times N_P + 1$ 个方程，以及 $5 \times N_P$ 个未知数（u_α、v_α、w_α、r_α 和 P_α，其中 u、v 和 w 为速度矢量在 x、y 和 z 方向上的速度分量），尚需 $N_P - 1$ 个方程才能使方程组闭合求解，它们通常由压力约束方程给出：$P_\alpha = P$（α 从 1 到 N_P），即非均匀多相流中的各流体项共享相同的压力场。

此外，在建模过程中，首先使用 Geometry（几何构型）模块分别建立"结构域"和"流体域"的三维模型。然后，分别对两个计算域进行网格划分与前处理参数设置，对于"结构域"而言，在 Transient Structural（瞬态结构分析）模块中依次设置网格尺寸、结构材料、约束条件、流-固耦合界面等；对于"流体域"而言，网格划分采用 ICEM-CFD 模块，并将网格信息导入"CFX-Pre"模块中，依次设置流体域信息，如流体计算域、材料属性、边界条件等。随后，"结构域"采用拉格朗日方法计算，控制方程来源于连续体弹性力学，而"流体域"采用 ALE 方法计算，流体行为受 Navier-Stokes 方程控制，二者基于 ANSYS-CFX 的 MFX 多场求解器，采用分离解法（Lim and Xiao, 2016），通过之前设置的流-固耦合界面把"流体域"和"固体域"的计算结果互相交换传递（在每次迭代中，界面的位移和速度从结构域传递到 CFX 求解器，而荷载以相反的方式传递），待此时刻的迭代达到收敛要求后，进行下一时刻的计算，依次而行直至最终结果。需要说明的是，分离解法无须耦合"流体域"与"结构域"的控制方程，且对内存的需求相对较低；此外，MFX 求解器可以在大规模集群上实现 ANSYS 和 CFX 的并行计算，因此上述流-固耦合模拟过程被广泛用于求解实际的大规模问题。最后，计算结果可以由"CFX-Post"模块输出。

7.3.2　ANSYS-CFX 流-固耦合数值验证

为了验证上述 ANSYS-CFX 流-固耦合数值模拟方法的可靠性，本节采用该方法模拟了经典流体力学中颗粒在水中的自由沉降过程，其数值模型见图 7.3，并将模拟结果与 Allen 方程[式（7.4）]（谭天恩等, 1990）结果进行了比较，ANSYS-CFX 流-固耦合模拟结果验证如图 7.4 所示。其中 Allen 方程是一个基于试验结果的经典流体力学重力沉降模型，适用于雷诺数在 2～500 的范围，其范围满足该研究后续分析海底滑坡-管线耦合作用中的雷诺数条件：

$$V_{\mathrm{T}} = 0.781 \left[D^{1.6} (\rho - \rho') / \rho'^{0.4} \eta^{0.6} \right]^{0.714} \tag{7.4}$$

式中：V_{T} 为颗粒的最大沉降速度，m/s；其余参数意义可见表 7.1。

在图 7.3 中，球形颗粒（结构域）的直径为 0.001m，水流体域的尺寸为 0.025m×0.010m×0.004m；颗粒的密度为 1100～1400kg/m³，水的密度为 1000kg/m³，其余材料属性见表 7.1；结构域与流体域均采用四面体单元进行网格划分，最大单元尺寸分别为 0.000 05m 和 0.0005m，其中流体域在颗粒外表面 1 倍直径范围内进行了网格加密，以增加计算精度；此外，颗粒表面设置为流-固耦合界面，边界条件为无滑移壁面。

由图 7.4 的比较结果可见，在颗粒的自由沉降过程中，颗粒速度首先会在其自重作用下逐渐增加，但与此同时，颗粒所承受的流体拖曳阻力也随之增大，导致颗粒的加速度逐渐降低，当拖曳阻力与颗粒的浮重力（重力减去浮力）相同时，颗粒的沉降速度达到最大值 V_{T}，达到动态平衡，此后颗粒速度保持 V_{T} 不变，其中 V_{T} 根据 Allen 方程（7.4）估算得出。上述颗粒在水中的自由沉降过程通过该研究的 ANSYS-CFX 流-固耦合数值模拟方法得到了较好的还原，且颗粒受力结果[拖曳阻力与浮重力，见图 7.4（a）]与速度结果[沉降速度，见图 7.4（b）]的变化与实际情况一致。

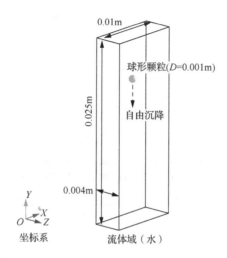

图 7.3　颗粒在水中自由沉降过程的数值模型

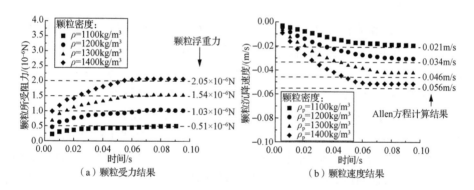

（a）颗粒受力结果　　　　　　（b）颗粒速度结果

图 7.4　ANSYS-CFX 流-固耦合模拟结果验证

表 7.1　ANSYS-CFX 模拟中的材料属性

计算域	材料属性	
球形颗粒 （结构域）	颗粒密度 ρ_p/（kg/m³）	1100，1200，1300，1400
	泊松比 μ'	0.3
	杨氏模量 E/Pa	2×10^{11}
	重力加速度 g/（m/s²）	9.80
水 （流体域）	水密度 ρ_w/（kg/m³）	1000
	黏度 η/（Pa·s）	0.001

7.4　海底滑坡冲击作用下管线的竖向位移特征分析

7.4.1　海底滑坡与管线耦合作用的数值模拟

基于 7.3 节介绍的 ANSYS-CFX 流-固耦合数值方法，对海底滑坡冲击管线过程中的耦合过程展开了模拟，数值建模过程如下。

（1）几何构型设置（图 7.5）。海底管线（结构域）的直径（D_{pipe}）取 0.5m，流体域的尺寸为 $16D_{pipe}$（x 轴方向）×$31D_{pipe}$（y 轴方向）×$1D_{pipe}$（z 轴方向）；管线的初始位置共设置了三种情况，即初始管线-海床间隙 H_i 为 $1D_{pipe}$、$2.5D_{pipe}$、$5D_{pipe}$，该初始间隙的形成原因可能为底流冲刷、起伏地形等；滑移体厚度设置为 $21D_{pipe}$。

（2）网格划分设置（图 7.5）。结构域与流体域分别划分网格，总单元数约 27 万，其中最大网格尺寸为 0.5m，并对管线周围 $1.5D_{pipe}$（0.75m）范围内进行网格加密，且管线表面与海床面各设置了 5 层高密度的边界层网格（总厚度 0.05m），以提高模拟精度。

（3）流体计算域和边界条件的设置（图 7.5）。对于流体域，海底滑坡体设置为考虑浮力的连续自由表面流，使用不可压缩两相流进行模拟，借鉴赵斌娟等（2008）对含砂水流的湍流模拟方法，高速下水和滑坡体的运动均采用扩展的标准 k-ε 湍流模型（其中，k 为湍流动能，J；ε 为湍流动能的耗散率，%）。滑坡入口设置为稳定流入、速度一定的进入边界（滑坡体的运动速度设置为 0.48～15.82m/s），出口设为开放边界，而计算域顶部设为自由滑移边界，底部和管道表面均采用粗糙无滑移边界，为与前人研究进行对比，管线表面的等效粗糙度分别设为 0.5mm 和 0.0015mm（Zakeri et al.，2009）。对于结构域而言，需要说明的是，管线外表面与流体域相接触，故其被定义为流-固耦合界面，且需要对结构域施加重力场（重力加速度 g=9.80m/s²）。

（4）材料属性设置。对于流体域而言，根据海底滑坡体流变强度模型式（4.15），对材料流变模型进行了设置，重塑屈服强度、屈服黏度和流变指数分别取 161Pa、781Pa·s 和 0.4，与 Zakeri 等（2008）试验中 35%黏土+35%水+30%砂组构的流变关系相同，即 s_u=161+25$\dot{\gamma}^{0.4}$，材料密度设置为 1694kg/m³；对于结构域而言，管线的平均密度 ρ_p 取值与滑坡体密度相同，以忽略管线浮重力对其竖向位移分析的影响，事实上，该密度取值（1694kg/m³）符合实际的海底管线自重情况，如 Li 等（2017）在其研究中介绍了一个实际海底管线的工程案例，管线直径为 0.5m，其淹没质量为 1220N/m（转换成平均密度为 1659kg/m³），其他材料属性同表 7.1。

（5）求解设置。为了同时比较不同滑速下海底滑坡体的冲击作用结果，每个案例的计算总时长取决于各自的滑速，但在整体上保持相同的滑坡运动距离 $160D_{pipe}$（80m），例如，在 1m/s 滑速下，计算时长设为 80s；每个案例的计算步数保持一致，共 2000 步。

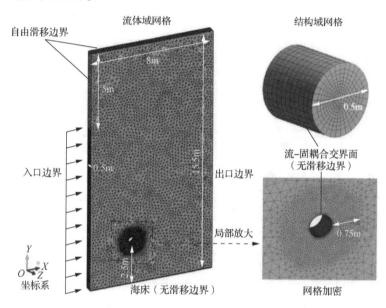

图 7.5　ANSYS-CFX 建模过程中的几何构型设置，网格划分设置，流体计算域和边界条件设置

7.4.2　海底滑坡冲击作用下管线的竖向位移特征

根据上述数值建模过程，以管线初始位置 $H_i=5D_{pipe}$ 为例，对海底滑坡冲击作用下管线的竖向位移变化分析，如图 7.6 所示。图中海底滑坡的速度为 0.5～8m/s，则其对应的雷诺数范围为 2.3～458；此外，纵坐标所示管线竖向位置 y 与横坐标所示滑坡运动距离 $t·V$ 均由管线直径 D_{pipe} 进行归一化处理。

上述结果表明，在海底滑坡的冲击作用下管线发生了显著的竖向位移，当 $t·V/D_{pipe}<10$ 时，海底管线初步遭受滑坡冲击，管线竖向位置表现出轻微波动；此后，随着滑坡的持续冲击作用，管线将逐渐上升，直至达到某一位置后进入一种动态平衡状态（$t·V/D_{pipe}>30$），此时，管线竖向位置表现为低雷诺数下的稳定值（如 $Re_{non\text{-}Newtonian}=2.3$ 的情况）或者高雷诺数下的周期性波动值（如 $Re_{non\text{-}Newtonian}=124$ 的情况），周期性波动的原因同样源自于高雷诺数下的旋涡脱落现象，正如 Patnana 等（2009）所示，对于表现出剪切稀化行为的非牛顿流体，其发生旋涡脱落的临界雷诺数约为 50，图 7.6 中雷诺数大于 50 的情况均表现出了周期性的波动行为，符合前人所提出的旋涡脱落规律。另外，管线进入动态平衡状态时的稳定位置表现出与雷诺数条件有关，该例中在 $Re_{non\text{-}Newtonian}=2.3$～124 的范围内，雷诺数越大，管线稳定位置越高；而当雷诺数进一步加大至 $Re_{\text{non-Newtonian}}=124\sim458$，变化规律相反，即管线稳定位置随着雷诺数增大而降低，这主要与高雷诺数下旋涡脱落导致的滑坡竖向作用力正、负值交替有关，当交替频率较高时，管线来不及产生较大的运动距离。

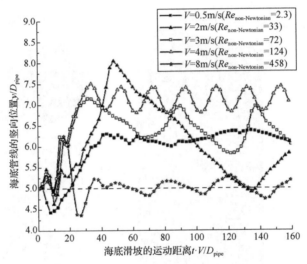

图 7.6 对海底滑坡冲击作用下管线的竖向位移变化分析（初始位置 $H_i=5D_{\text{pipe}}$）

由上述结果，该研究提出了一个简化模型，用于描述海底管线在滑坡冲击作用下的竖向位移轨迹，如图 7.7 所示。图中除了 7.2 节所述的初始管线-海床间隙 H_i 和管线竖向位移变化量 H_{pipe} 以外，还包括了管线的稳定位置 H_f（管线进入动态平衡状态后的平均位置，$H_f=H_i+H_{\text{pipe}}$）以及管线的周期性波动范围 R_{pipe}，该简化模型有助于分析海底滑坡冲击作用下管线竖向位移的特征分析。

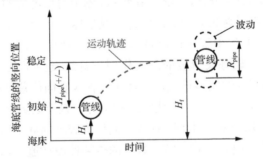

图 7.7 描述海底管线在滑坡冲击作用下的竖向位移轨迹的简化模型

与上述 $H_i=5D_{\text{pipe}}$ 示例同理，并借助图 7.7 所示简化模型，对不同初始位置 H_i 条件下，海底管线在滑坡冲击作用下的竖向位移特征参数，如图 7.8 所示。可见，随着雷诺数的增大，管线竖向位移变化量 H_{pipe} [图 7.8（a）] 先逐渐增大，至雷诺数约为 124 时达到最大值（最大管线竖向位移变化量 H_{pipe} 为 $2.2D_{pipe}$），随后该趋势发生反转，H_{pipe} 开始随着雷诺数的增大而减小，甚至在较高的雷诺数条件下（如 $Re_{non\text{-}Newtonian}=458$），$H_{pipe}$ 近似为 0，意味着此时管线的最终稳定位置与初始位置基本相同，原因如图 7.6 案例分析所述，高雷诺下的正、负高频变化的滑坡竖向作用力会使管线位移变化量 H_{pipe} 减小。另外，对比不同初始位置条件下的变化趋势可知，初始管线-海床间隙对 H_i 也有显著的影响，H_i 越小（管线越靠近海床），管线竖向位移变化量 H_{pipe} 越低。

另一方面，如图 7.8（b）所示，当雷诺数小于 50 时，管线的周期性波动范围 R_{pipe} 为 0，而当雷诺数>50 且逐渐增大时，同样由于高雷诺数下旋涡脱落导致的滑坡竖向作用力正、负值交替频率较快，波动范围 R_{pipe} 也逐渐降低；此外，周期性波动行为发生于管线进入动态平衡状态以后，此时 R_{pipe} 与初始位置管线-海床间隙 H_i 无显著的相关性，但 R_{pipe} 随雷诺数变化的区间范围如图 7.8（b）所示，其中最大周期性波动范围达到 $1.8D_{pipe}$。

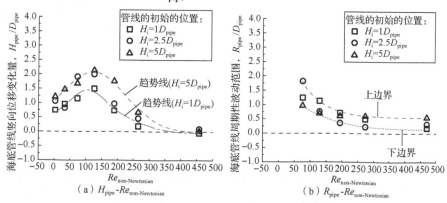

图 7.8 不同初始位置条件下的滑坡冲击管线竖向位移特征参数

7.5 固定管线与位移管线的差异比较

7.5.1 管线-海床间隙对固定管线的影响

由上述分析得知，管线-海床间隙是影响结果的一个重要指标，为便于后续固定管线与位移管线差异比较的开展，首先探讨管线-海床间隙对固定管线受荷特点的影响。共设置 66 个分析案例，滑坡速度范围 0.2～6m/s（即雷诺数 0.4～267），管线-海床间隙范围 0.04～5m（管线直径取 0.5m）。关于管线-海床间隙对滑坡法向作用力的影响可见 Zakeri 等（2008）、Zhang 等（2019）的研究，而有关滑坡竖向作用力的相关讨论基本空白，故此处着重探讨管线-海床间隙对滑坡竖向作用力的影响。

　　滑坡竖向作用力在高雷诺数下，通常表现出明显的周期性振动行为，该行为可以由 Patnana 等（2009）的研究结论进行解释，其认为具有剪切稀化行为的非牛顿流体，尾流会在雷诺数超过 50 后表现出周期性波动行为，但该临界雷诺数与典型的牛顿流体相比，并不相同，根据 Schlichting 和 Gersten（2016）的整理和研究，牛顿流体的雷诺数大于 3～4 后，首先在圆柱背流一侧出现旋涡对，直至雷诺数超过 30～40 后，才会形成不稳定的尾流，对圆柱施加周期性的荷载作用。以雷诺数 87 的案例为例，探讨上述高雷诺数下周期性波动产生的原因，如图 7.9 所示。图 7.9 中展示了海底滑坡冲击管线过程中的体积分数（纯水为蓝色、纯滑坡体为红色）和流线（黑线）变化情况，可见，滑坡体接触管线后，会沿管线两侧绕流运动，并在管线背流一侧形成分离区［图 7.9（a）］，分离区的内部和外部分别为水和滑坡体，且可见明显的旋涡对产生；在滑坡体的持续冲击［图 7.9（b）］下，分离区逐渐闭合，其内部水流体逐渐被外部滑坡体填充替换，且管线背流一侧出现了卡门涡街现象（即在一定条件下的定常流绕过某些物体时，在物体两侧会周期性地脱落出旋转方向相反、排列规则的双列旋涡，经过非线性作用后，形成卡门涡街），交替脱落的旋涡作用于管线则导致了滑坡竖向作用力的周期性波动行为。因此，由上述过程可知，分离区闭合后，旋涡形成介质由水变成了滑坡体，竖向作用力-时间曲线是否会产生持续的周期性波动行为，主要取决于滑坡体和水与管线相互作用的雷诺数是否达到它们各自的旋涡脱落临界值（水为 $Re > 30 \sim 40$，滑坡体为 $Re_{\text{non-Newtonian}} > 50$）。

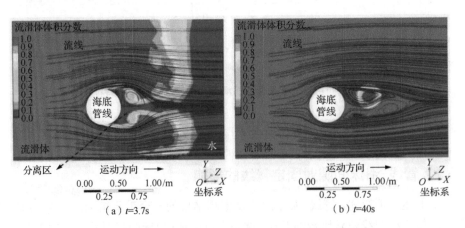

图 7.9　海底滑坡冲击管线过程中的体积分数和流线变化情况

　　上述周期性旋涡脱落行为可用无量纲参数-斯特劳哈尔数 St 来描述，其表达式为

$$St = \frac{f \cdot D_{\text{pipe}}}{V} \tag{7.5}$$

式中：f 为周期性旋涡脱落的频率，Hz。

图 7.10 展示了在不同管线-海床间隙条件下 St 随 $Re_{\text{non-Newtonian}}$ 的变化，并与前人结论（Zakeri et al.，2008，2009）进行了比较。需要说明的是，根据 Patnana 等（2009）提出的非牛顿流体旋涡脱落临界值，本节对周期性行为评判的标准为雷诺数大于 50 且周期性循环次数大于 5 次。

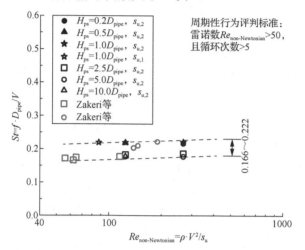

图 7.10 斯特劳哈尔数 St 随雷诺数 $Re_{\text{non-Newtonian}}$ 的变化

结果表明，随着雷诺数的增加，St 整体上表现出上升趋势，且该趋势与前人研究结果一致。另外，经比较不同管线-海床间隙条件下的 St 结果发现，如 $0.08D_{\text{pipe}}$ 这种极为狭窄的间隙，即便在雷诺数较高的条件下，滑坡竖向作用力也无周期性波动产生，这主要是因为滑坡体无法从该狭窄间隙下通过，滑坡体主要通过管线上方绕流，形成的单侧旋涡无法导致周期性荷载；而在 $0.02\sim10D_{\text{pipe}}$ 的管线-海床间隙条件下，虽然管线下方有滑坡体通过，但随着间隙的缩小，St 显著增大，且整体 St 范围（$0.166\sim0.222$）比常规牛顿流体的圆柱绕流运动大（当牛顿流体雷诺数介于 $80\sim300$，$0.14<St<0.21$；而雷诺数大于 300 后，St 基本保持在 0.21 不变，直至雷诺数达到 1×10^6 的量级，St 才会继续变化），事实上，Zakeri 等（2008，2009）的研究（管线-海床间隙为 $1D_{\text{pipe}}$）也显示出了类似的结果，即高雷诺数下海底滑坡冲击管线的 St 值比牛顿流体大。

进一步地，比较了不同管线-海床间隙（$0.08\sim10D_{\text{pipe}}$）条件下的滑坡竖向作用力，初始、稳定竖向力随雷诺数的变化情况如图 7.11 所示。图 7.11 中纵坐标通过滑坡体强度对滑坡竖向作用力作了归一化处理，以便于分析。

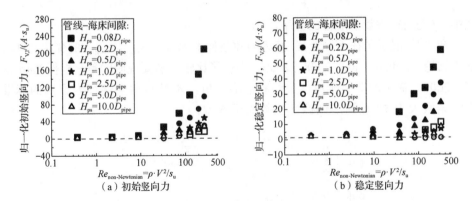

图 7.11　不同管线-滑坡间隙条件下滑坡竖向作用力随雷诺数的变化情况

可见，初始、稳定竖向力均随着雷诺数的增加而增大，且随着管线-海床间隙的增加而缩小，该原因如图 7.12 和图 7.13 所示，管线-海床间隙对滑坡冲击管线作用的影响主要源自于狭窄间隙内边界层（图 7.12 中绿色虚线区域为海床边界层、蓝色虚线区域为管线边界层）和绕流加速区（图中红色箭头示意区域）的相互作用，管线-海床间隙越小，管线下侧速度场越小，形成向上的压力差越大，故滑坡竖向作用力越大；而当管线-海床间隙足够大（$H_{ps} \geq 5D_{pipe}$）而使得管线远离海床时，稳定竖向力显著降低，近似为 0；此外，对于相同间隙条件下，在瞬时惯性效应影响下，初始竖向力往往大于稳定竖向力。

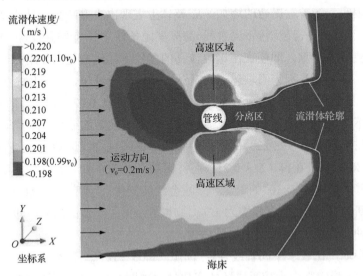

图 7.12　海底滑坡与管线相互作用过程中的流滑体速度云图

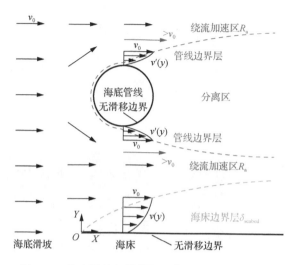

图 7.13 海底滑坡与管线相互作用的速度场示意图

7.5.2 管周流场与滑坡作用力的差异

本节以管线初始位置 $H_i=5D_{pipe}$ 和雷诺数 $Re_{non\text{-}Newtonian}=124$ 的案例为例（Fan et al.，2019），通过以下两个方面，对海底滑坡冲击作用下考虑管线竖向位移的工况（即位移管线）与忽略管线位移的工况（即固定管线）进行了差异性比较。

1）管线周围流场的差异

图 7.14 展示了不同时刻（$t \cdot V/D_{pipe}$ 从 7.2 至 72.0）滑坡冲击作用下固定管线与位移管线周围流场变化情况，可见，在海底滑坡与管线相互作用过程中，固定管线的竖向位置始终如初，其上下两侧的流线基本对称，且管线背流一侧的涡流随时间逐渐发展 [图 7.14（a）]；而对于位移管线，其竖向位置逐渐上升，在约 $7.2D_{pipe}$ 位置处达到动态平衡，并在一定范围内波动（$R_{pipe}=0.7D_{pipe}$），正如图 7.14（b）所示，在 $t \cdot V/D_{pipe}=7.2\sim72.0$ 范围内，管线从 $5.2D_{pipe}$ 上升至 $7.4D_{pipe}$，且在滑坡持续冲击与管线竖向运动的共同作用下，管线在上升过程中其上侧（管线竖向运动一侧）流线变得比下侧更加密集，而在达到动态平衡后，管线的向上、向下往复运动会使其上下两侧的流线交替变密，对管线产生附加荷载，这一特点是固定管线所不具有的。因此，该案例清楚地显示了固定与位移管线周围流场的差异，其也是导致下述滑坡作用力差异的主要原因之一。

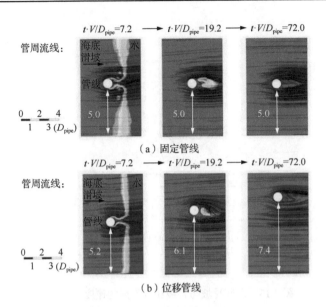

图 7.14　海底滑坡冲击作用下管线周围流场变化情况

2）海底管线遭受的滑坡冲击作用力的差异

图 7.15 示出固定管线与位移管线遭受的滑坡作用力结果比较。由于该案例中位移管线的竖向位移从 $5D_{pipe}$ 上升至 $7.2D_{pipe}$ 达到平衡状态，故与之对应图中固定管线的竖向位置包含了初始位置（$5D_{pipe}$）和稳定位置（$7.2D_{pipe}$）的结果。此外需要说明的是，该案例的滑坡稳定作用力取 $10\sim20s$ 内的结果，其中竖向作用力仅为滑坡导致的荷载，而不涉及管线的重力和浮力。

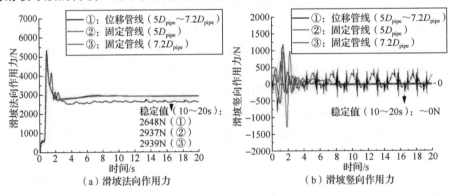

图 7.15　固定管线与位移管线遭受的滑坡作用力结果比较

上述结果表明，对于固定管线而言，$5D_{pipe}$ 和 $7.2D_{pipe}$ 初始位置处管线遭受的滑坡作用力基本相同，其中法向作用力的稳定值分别为 2937N 和 2939N、竖向作用力的稳定值分别在-29N 和 3N 附近波动（近似为 0）；而对于位移管线而言，法向作用力轻微波动，稳定值为 2648N，比相同条件下的固定管线降低了约 10%，且竖向作用力也在 0 附近波动，但其波动的幅度远大于固定管线，这意味着，除了旋涡脱落作用以外，管线在动态平衡时的竖向往复运动可能有助于加大滑坡竖向作用力波动幅度。

总之，通过管周流场和滑坡作用力两个方面的比较可见，固定管线与位移管线在滑坡冲击作用下的响应存在明显的差别，对于需要考虑管线竖向位移的工况，不能简单套用固定管线的相关研究结果和滑坡作用力估算公式，未来有必要对此进行进一步研究。

7.6　考虑管线竖向位移对海底管线工程设计的影响

根据 7.5 节对固定管线与位移管线的滑坡作用力差异分析可知，海底滑坡冲击作用下管线的竖向位移会使滑坡作用力发生改变，基于此，本节进一步探讨该竖向位移可能对海底管线工程设计参数产生的影响，以便将上述研究结论向工程应用转化。为了分析考虑管线竖向位移对海底管线工程设计的影响，该研究采用 Randolph 等（2010）提出的海底滑坡灾害对管线工程设计参数影响的评价方法，该方法假设了这样一种工况：海底滑坡灾害冲击管线后形成了一定长度的法向荷载（即上述提到的滑坡法向作用力）和轴向荷载（该研究并未讨论滑坡轴向作用力），被称为"主动力"，海底滑坡冲击作用下理想的管线荷载与变形响应如图 7.16 所示；同时，海底管线的运动会受到其自身的法向阻力和轴向摩擦阻力，被称为"被动力"；这些主动力和被动力根据单位长度管线的受力传递进行定义，且二者守恒。将上述海底管线的主动力、被动力与管线材料属性放在一起作为输入参数，代入 Randolph 等（2010）提出的评价方程中 [式（7.6）~式（7.12）]，便可以输出有关海底滑坡冲击下管线响应的重要工程设计参数，输入与输出参数如表 7.2 所示。

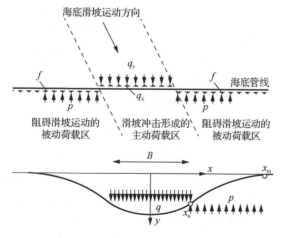

图 7.16　海底滑坡冲击作用下理想的管线荷载与变形响应

（1）最大弯曲应力 σ_b：

$$\frac{\sigma_b}{E} \approx \left(\frac{B}{D}\right)^{-0.98} \left(\frac{qB}{EA}\right)^{0.27} \left(\frac{p}{q}\right)^{-0.06} \left(\frac{f}{p}\right)^{-0.2} \tag{7.6}$$

（2）最大张拉应力 σ_t：

$$\frac{\sigma_t}{E} \approx 0.28 \left(\frac{B}{D}\right)^{0.075} \left(\frac{qB}{EA}\right)^{0.75} \left(\frac{p}{q}\right)^{k_2} \left(\frac{f}{p}\right)^{0.22} \tag{7.7}$$

$$k_2 = 0.075 - 2.0 \left(\frac{B}{D}\right)^{-1} \left(\frac{qB}{EA}\right)^{-0.2} \tag{7.8}$$

（3）最大法向变形 y_{max}：

$$\frac{y_{max}}{B} \approx 0.23 \left(\frac{B}{D}\right)^{0.76} \left(\frac{qB}{EA}\right)^{0.54} \left(\frac{p}{q}\right)^{k_3} \left(\frac{f}{p}\right)^{-0.15} \tag{7.9}$$

$$k_3 = -0.6 - 0.5 \left(\frac{B}{D}\right)^{-1} \left(\frac{qB}{EA}\right)^{-0.37} \tag{7.10}$$

（4）最大轴向变形 s'：

$$\frac{s'}{B} \approx 0.28 \left(\frac{B}{D}\right)^{0.075} \left(\frac{qB}{EA}\right)^{-0.25} \left(\frac{p}{q}\right)^{k_4} \left(\frac{f}{p}\right)^{-0.78} \tag{7.11}$$

$$k_4 = -0.925 - 2.0 \left(\frac{B}{D}\right)^{-1} \left(\frac{qB}{EA}\right)^{-0.2} \tag{7.12}$$

表 7.2　前人滑坡灾害评价方程中的输入与输出参数

参数	参数名称	符号	单位
输入参数	主动滑坡法向力	q	kN/m
	主动滑坡轴向力	q_f	kN/m
	被动法向阻力	p	kN/m
	被动轴向阻力	f	kN/m
	管线遭受冲击段长度	B	m
	管线轴向刚度	EA	kN
	管线弯曲刚度	EI	kN·m²
输出参数	最大弯曲应力	σ_b	kPa
	最大张拉应力	σ_t	kPa
	最大法向变形	y_{max}	m
	最大轴向变形	s'	m

接下来，同样以管线初始位置 $H_i = 5D_{pipe}$ 和雷诺数 $Re_{non\text{-}Newtonian} = 124$ 的案例为例，分析考虑管线竖向位移对海底管线工程设计参数的影响，如表 7.3 所示。案

例中固定管线与位移管线的滑坡作用力结果可见 7.5 节，其中固定管线的滑坡法向作用力为 2937N，而位移管线为 2648N，由于数值建模过程中管线的轴向尺寸（Z 轴方向）为 0.5m，故固定管线、位移管线的主动力 q 分为 5874N/m、5296N/m，二者间相差约 11%，其余输入参数及输出设计参数如表 7.3 所示。

表 7.3 考虑管线竖向位移对海底管线工程设计参数的影响

内容	设计参数				
	q	σ_b / E	σ_t / E	y_{max} / B	s' / B
位移管线	2 648N （5 296N/m）	0.000 387	0.000 133	0.080	20.04
固定管线	2 937N （5 874N/m）	0.000 398	0.000 143	0.084	19.51
差异占比/%	~11	~3	~8	~5	~3

注：①管线遭受冲击段长度 B 取 100m；②被动法向阻力 p 按 $p=0.5q$ 计算；③被动轴向阻力按 $f=0.5p$ 计算；④管线轴向刚度 EA 为 $2×10^7$N；⑤管线刚度 $E=2×10^{11}$Pa。

上述结果表明，该案例中固定与位移管线的四项重要设计参数（最大弯曲应力、最大张拉应力、最大法向变形和最大轴向变形）存在 3%～8% 的差异，直接关乎海底管线工程的安全设计和项目预算。事实上，在上述案例中，管线-海床间隙较大（$5D_{pipe}$），一旦管线靠近海床，二者在设计参数上的差异比例可能进一步加大，例如，管线初始位置 $H_i=1D_{pipe}$ 和雷诺数 $Re_{non\text{-}Newtonian}=124$ 的案例中，滑坡法向作用力相差 21%（固定管线为 3417N，而位移管线为 2828N），可能导致四项设计参数间存在 5%～15% 的差异。因此，本节通过比较固定管线与移动管线间滑坡作用力的差异对海底管线设计参数的影响，阐明了考虑管线竖向位移的对海底管线工程设计的重要性。

7.7 本 章 小 结

本章首先根据真实管线灾害事故案例，对海底滑坡冲击管线的耦合作用过程进行了数学描述。其次，基于 ANSYS-CFX 数值分析软件，介绍了采用任意拉格朗日-欧拉法实现流-固耦合模拟的理论基础和实现流程，并通过流体力学经典颗粒沉降理论对其耦合作用模拟结果进行了验证。再次，根据 ANSYS-CFX 流-固耦合数值方法，实现了海底滑坡冲击管线的双向耦合作用过程的模拟，研究了海底滑坡冲击作用下管线的竖向位移特征；探讨了管线-海床间隙对固定管线的影响，并通过管周流场和滑坡作用力两个方面，与忽略管线位移的固定管线工况进行差异性分析。最后，根据位移管线与固定管线遭受滑坡冲击作用力的差异，探讨了竖向冲击位移可能对海底管线工程设计参数的影响。基于上述工作，本章主要结论如下：

（1）从整体视角出发，海底滑坡与管线的相互作用属于"双向"耦合过程，不仅包括海底滑坡对管线施加的荷载，也包括管线在荷载作用下的运动及该运动对滑坡作用力的改变，基于此，对海底滑坡冲击管线的耦合作用过程开展了相应的数学描述。

（2）根据海底滑坡与管线耦合作用过程的描述，基于 ANSYS-CFX 数值分析软件，采用任意拉格朗日-欧拉法实现了该双向流-固耦合过程的模拟，详细介绍了其进行流-固耦合模拟的理论基础与实现流程，并通过模拟流体力学经典颗粒沉降过程，由 Allen 方程对本研究采用的流-固耦合数值模拟方法进行了验证。

（3）基于数值模拟结果，对海底管线遭受滑坡灾害冲击作用下的竖向位移特征进行了分析，结果表明，在海底滑坡的冲击下管线发生了显著的竖向位移，且其最终会进入一种动态平衡状态，表现为低雷诺数下的稳定值或高雷诺数下的周期性波动值；随着雷诺数的增大，管线竖向位移变化量 H_{pipe} 先增大后降低至近似为 0，峰值位置在 $Re_{non\text{-}Newtonian}=124$ 左右，最大 H_{pipe} 可达 $2.2D_{pipe}$；此外，初始管线-海床间隙 H_i 仅对 H_{pipe} 有影响而对 R_{pipe} 无影响，即 H_i 越小（管线越靠近海床），管线竖向位移变化量 H_{pipe} 越低，最大周期性波动范围达到 $1.8D_{pipe}$，上述管线竖向位移特征参数（H_{pipe} 和 R_{pipe}）在高雷诺数下降低的原因主要是高雷诺数下旋涡脱落导致的滑坡竖向作用力正、负值交替频率较快，产生的位移量较低。综合分析结果可知，在海底滑坡的灾害作用下，管线可能发生的较大竖向位移和周期性波动均增大了管线的失稳风险。

（4）当雷诺数大于 50 后，滑坡竖向作用力会在旋涡脱落的影响下表现出周期性的波动行为，且在雷诺数 50~267 的范围内，周期性波动的斯特劳哈尔数 St 为 0.166~0.222，其中管线-海床间隙的缩小可能导致 St 增大；此外，随着管线-海床间隙的缩小，滑坡竖向作用力逐渐增大，其量级甚至接近于滑坡的法向冲击力

（5）通过管线周围流场和管线遭受滑坡冲击作用力两个方面的比较可见，位移管线（考虑管线竖向位移的工况）与固定管线（忽略管线位移的工况）在滑坡冲击作用下的响应存在显著的差别，对于更加现实的位移管线工况，不能简单套用固定管线的相关研究结果和滑坡作用力估算公式。

（6）根据位移管线与固定管线遭受滑坡冲击作用力的差异，借助前人提出的管线遭受滑坡灾害评价方法，探讨了竖向冲击位移可能对海底管线工程设计参数的影响，结果可见，固定与位移管线的四项重要设计参数（最大弯曲应力、最大张拉应力、最大法向变形和最大轴向变形）可能存在 10%以上的差异，阐明了考虑管线竖向位移对工程设计和项目预算的重要性，也为修正当前海底管线相关工程设计规范提供了借鉴。

参 考 文 献

范宁, 2019. 海底滑坡体的强度特性及其对管线的冲击作用研究[D]. 大连: 大连理工大学.

谭天恩, 麦本熙, 丁惠华, 1990. 化工原理[M]. 北京: 化学工业出版社.

袁锋, 2013. 深海管道铺设及在位稳定性分析[D]. 杭州: 浙江大学.

张恩勇, 2004. 海底管道分布式光纤传感技术的基础研究[D]. 杭州: 浙江大学.

赵斌娟, 袁寿其, 刘厚林, 等, 2008. 基于 Mixture 多相流模型计算双流道泵全流道内固液两相湍流[J]. 农业工程学报, 24(1): 7-12.

朱超祁, 贾永刚, 刘晓磊, 等, 2015. 海底滑坡分类及成因机制研究进展[J]. 海洋地质与第四纪地质, 35(6): 153-163.

ANSYS, 2013. ANSYS CFX-solver (version 15. 0)theory guide[M]. Canonsburg, USA: ANSYS Inc.

ANSYS, 2013. ANSYS mechanical APDL (version 15. 0)coupled-field analysis guide[M]. Canonsburg, USA: ANSYS Inc.

DONG Y K, 2016. Runout of submarine landslides and their impact to subsea infrastructure using material point method[D]. Perth: University of Western Australia.

FAN N, ZHANG W C, SAHDI F, et al., 2019. Vertical response of a pipeline under the impact of submarine slides[J]. The 2nd International Conference on Natural Hazards and Infrastructure, Chania, Greece.

LI X H, CHEN G M, ZHU H W, et al., 2017. Quantitative risk assessment of submarine pipeline instability[J]. Journal of Loss Prevention in the Process Industries, 45(1): 108-115.

LIM W Z, XIAO R Y, 2016. Fluid-structure interaction analysis of gravity-based structure (GBS)offshore platform with partitioned coupling method[J]. Ocean Engineering, 114(1): 1-9.

LIU J, TIAN J L, YI P, 2015. Impact forces of submarine landslides on offshore pipelines[J]. Ocean Engineering, 95(1): 116-127.

PATNANA V K, BHARTI R P, CHHABRA R P, 2009. Two-dimensional unsteady flow of power-law fluids over a cylinder[J]. Chemical Engineering Science, 64(12): 2978-2999.

RANDOLPH M F, SEO D, WHITE D J, 2010. Parametric solutions for slide impact on pipelines[J]. Journal of Geotechnical and Geoenvironmental Engineering, 136 (7): 940-949.

SAHDI F, 2013. The changing strength of clay and its application to offshore pipeline design[D]. Perth: University of Western Australia.

SCHLICHTING H, GERSTEN K, 2016. Boundary-layer theory[M]. Berlin: Springer.

ZAKERI A, HØEG K, NADIM F, 2008. Submarine debris flow impact on pipelines—Part Ⅰ: Experimental investigation[J]. Coastal Engineering, 55(12): 1209-1218.

ZAKERI A, HØEG K, NADIM F, 2009. Submarine debris flow impact on pipelines—Part Ⅱ: Numerical analysis[J]. Coastal Engineering, 56(1): 1-10.

ZHANG Y, WANG Z T, YANG Q, et al., 2019. Numerical analysis of the impact forces exerted by submarine landslides on pipelines[J]. Applied Ocean Research, 92: 101936.

8　深水滑坡作用下海底管线动态响应及承载力分析

8.1　引　　言

一般来讲，海底滑坡的发生始于海底斜坡的失稳。然后，随着土水交换的作用，海底滑坡会逐渐演变成具有一定速度的碎屑流或泥流（Masson et al.，2006；范宁，2019；Fan et al.，2021；Guo et al.，2021）。当管线位于海底滑坡影响范围内时，将会受到滑坡的冲击作用，产生相应的变形和位移。通过模型试验和数值模拟，诸多学者研究了海底滑坡对管线造成的冲击荷载（Zakeri et al.，2008；Zakeri et al.，2009；Zakeri，2009a；Liu et al.，2015；Nian et al.，2018；Zhang et al.，2019）。这些研究将海底滑坡的冲击荷载作为一种均布荷载作用在管线上，并提出了计算冲击荷载的简化公式。另外，越来越多的研究放在了海底滑坡作用下管线响应的问题上。例如，Parker 等（2008）假设管线的变形为抛物线或双抛物线形式，推导了解析解，研究了海底滑坡作用下，平铺海底管线的力学行为；Randolph 等（2010）根据简化的解析模型进行了参数分析，并提出了设计表，用于估算海底滑坡作用下管线的变形。此后，一些学者提出了改善的解析模型，用以研究海底滑坡作用下管线的响应（Yuan et al.，2012；Yuan et al.，2015；Chatzidakis et al.，2019；Chatzidakis et al.，2020）。另外，数值分析得以应用解决此类问题。例如，Yuan 等（2015）开展了一系列数值分析，研究了海底滑坡冲击作用下管线的变形与位移；Chatzidakis 等（2018）根据亚得里亚海管道（Trans Adriatic Pipeline，TAP）的实测数据，利用有限元方法，研究了海底滑坡作用下天然气管线的响应，并提出了相应的保护措施。

综上所述，海底滑坡对管线造成的冲击荷载可通过数值模拟或简化公式估算，并可利用数值方法或解析方法研究海底滑坡造成的管线响应。然而，目前尚没有统一、简便的公式，用于评估海底滑坡作用下管线的安全性。也就是说，没有简便公式估算管线能承受多大海底滑坡造成的冲击荷载。

本章主要利用有限元方法研究海底滑坡作用下管线的动态响应，提出了无量纲公式和设计图，可用于管线的承载力分析及安全性评估（付崔伟，2021；Fu et al.，2021）。本章后续内容安排如下：8.2 节为滑坡冲击管线数值模拟，对海底滑坡冲击管线的物理模型进行概化，建立有限元模型，用于模拟管线产生的应变和位移；8.3 节为等效边界，提出一种等效边界条件，可直接用于有限元模型中，提高数值模拟的计算效率和精度；8.4 节为参数分析，利用有限元模型进行一系列的参数分析，模拟并分析不同工况下海底管线的变形，提出计算临界冲击荷载的简便公式；8.5 节为冲刷作用的影响，分析冲刷作对临界冲击荷载的影响，给出设计图，可直接估算冲刷后临界冲击荷载的大小；8.6 节为案例分析，选取一个具体案例，阐释如何用本章所提出的公式和设计图，进行海底滑坡作用下管线的安全性评估。

8.2　滑坡冲击管线数值模拟

8.2.1　物理模型概化

与陆地滑坡相比，大多数海底滑坡发生于小坡角的海床上（Hance，2003；Masson et al.，2006；He et al.，2014；Nian et al.，2019；Guo et al.，2020；宋晓龙等，2020）。Hance（2003）统计了全球范围内发生的 399 个海底斜坡破坏的坡角，发现大多数海底滑坡发生时的滑动角度在 8° 以下。一个典型的海底滑坡案例是位于挪威大陆边缘的 Storegga 滑坡，它是世界上被广泛研究的巨型海底滑坡之一。据报道，Storegga 滑坡发生的区域海倾角在 1.1° 和 1.48° 之间。因此，本章研究假设海底滑坡发生在水平面内，进而管线变形也可简化为平面应变问题求解。

图 8.1（a）和（b）分别展示了海底滑坡冲击管线三维示意图和简化后的管线受荷与变形的物理模型，海底滑坡作用在管线上的冲击荷载用均布荷载 q 表示。显然，管线受到海底滑坡的冲击，会产生随滑坡一起运动的趋势；另外，管线周围的海洋土体又会阻止管线的运动，这种阻碍作用包括了土体对管线施加的轴向土阻力和侧向土阻力，分别对应图 8.1（b）中的 f 和 p。管线的最终变形是滑坡冲击荷载 q 和周围土阻力（f、p）共同作用的结果。根据美国土木工程师学会和生命线联盟规范建议，埋地管线受到的轴向和侧向土阻力随管土相对位移的变化规律，可以用弹塑性土弹簧模型表示（ALA，2005）。如图 8.2 所示，土体阻力随着管土相对位移的增大呈线性增加，直至达到最大值 f_u、p_u，此时分别对应位移 $x_u/2$、$y_u/2$。对黏土来说，最大土阻力 f_u、p_u 可分别通过下式计算（ALA，2005；O'Rourke and Liu，2012）：

$$f_u = \pi D \alpha s_u \tag{8.1}$$

$$p_u = N_{ch} s_u D \tag{8.2}$$

式中：D 为管线的外直径；s_u 为管线周围土体不排水剪强度；α 为随 s_u 变化的经验系数；N_{ch} 为黏土水平向承载力系数，由管线埋深与管径比值确定。x_u、y_u 推荐值分别为：硬黏土 $x_u = 8\text{mm}$，软黏土 $x_u = 10\text{mm}$；$y_u = 0.04\,(H+D/2) \leqslant 0.10D \sim 0.15D$（ALA，2005）。

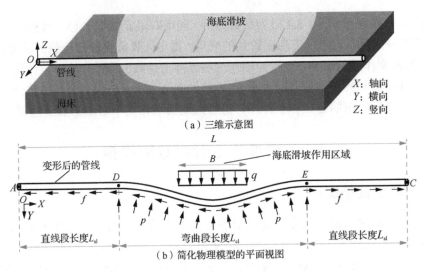

（a）三维示意图

（b）简化物理模型的平面视图

图 8.1　海底滑坡作用下管线受到的荷载与变形

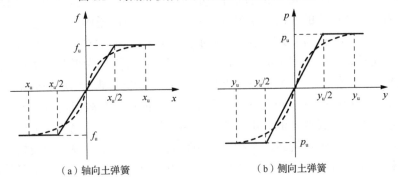

（a）轴向土弹簧　　　　　　　　　　（b）侧向土弹簧

图 8.2　管土相互作用土弹簧模型（改自 O'Rourke and Liu，2012）

8.2.2　有限元模型的建立

在有限元分析中,管土相互作用采用商业软件 ABAQUS 提供的 PSI 单元模拟（ABAQUS，2014）,这种方法在处理管土相互作用问题时得到了广泛应用（Wang et al.，2011；Han et al.，2012；Ni and Mangalathu，2018；Shi et al.，2018）。如图 8.3 所示,管线采用梁单元来模拟,PSI 单元的一端与管线共用节点,另一端则代表了远域土体表面。PSI 单元用轴向和侧向土弹簧共同表示,土弹簧的力-位移曲线可根据 8.2.2 节 ALA 规范地推荐输入。海底滑坡的冲击荷载作为均布荷载 q 作用在滑坡体的宽度区域内,管线的响应用管线的位移和应变分布来表示。另外,由于在海底滑坡冲击区域,管线可能会产生较大的旋转或弯曲变形,在有限元分析中考虑了几何非线性问题。

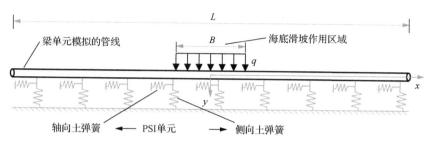

图 8.3 海底滑坡-管线相互作用有限元模型示意图

8.2.3 有限元模型的验证

为了验证本章所提出的有限元模型的准确性，下面将本章模拟结果与现有的数值模拟结果对比。Yuan 等（2015）利用矢量有限元方法，研究了海底滑坡作用下，管线的位移和应变变化规律。数值模拟中所需基本参数如表 8.1 所示，管线外径 $D = 0.6\text{m}$，管线壁厚 $t = 0.025\text{m}$，滑坡冲击荷载 $q = 6\text{kN/m}$，滑坡体宽度 $B = 120\text{m}$，最大轴向土阻力 $f_u = 0.5\text{kN/m}$，最大侧向土阻力 $p_u = 3\text{kN/m}$，轴向和侧向的土体屈服位移 $x_u = 0.005\text{m}$、$y_u = 0.06\text{m}$。管线的本构模型采用弹性模型：弹性模量 $E = 210\text{GPa}$、泊松比 $\nu = 0.3$。管线响应通过应变和侧向位移表述，管线的总应变是轴向应变和弯曲应变共同作用的结果。本章所提有限元模型模拟结果与 Yuan 等（2015）模拟结果对比如图 8.4 所示。可以看出，无论是管线位移，还是管线应变（包括轴向应变、弯曲应变和总应变），二者都具有较高的一致性和吻合度。这也验证了本章所提有限元模型能够准确预测海底滑坡作用下的管线响应。

表 8.1 有限元模型验证所需基本参数

参数	结果
$q/（\text{kN/m}）$	6
$f_u/（\text{kN/m}）$	0.5
$p_u/（\text{kN/m}）$	3
x_u/m	0.005
y_u/m	0.06
B/m	120
D/m	0.6
t/m	0.025
E/GPa	210

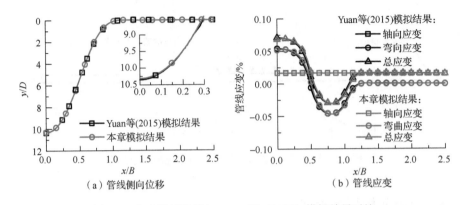

（a）管线侧向位移　　　　　　　　（b）管线应变

图 8.4　本章模拟结果与 Yuan 等（2015）模拟结果对比

8.3　等 效 边 界

8.3.1　等效边界的建立

当进行有限元模拟时，本章假设管线无限长，代表了管线端部自由的情况。也就是说，在管线产生变形的长度范围内，没有由于弯曲或局部限制产生的额外锚固点。海底滑坡对管线的影响区域一直延伸到管线变形和应变都为零的区域。然而，考虑到数值模拟的可行性，当实际进行有限元分析时，管线会用有限的长度代替，管线两端保持固定（Randolph et al.，2010；Yuan et al.，2015；Chatzidakis et al.，2018；Qian and Das，2019）。在这种情况下，为了消除管线两端边界效应的影响，管线应该足够长，确保模拟结果中管线端部的应变足够小或可忽略不计。因此，管线的长度应该接近或大于滑坡的影响宽度。然而，目前尚无有效表达式可用于计算海底滑坡的影响宽度。所以，数值模拟后，有必要核对管线端部的应变是否满足要求。如果不满足要求，需要加大数值模型中管线的长度，以此来获得准确结果。另外，如果管线的长度过大，数值模拟也会耗费更多的时间。基于此，为了更加准确和高效地分析管线的在海底滑坡作用下的响应，本章提出了一种作用于管线端部的等效边界条件。

如图 8.1（b）所示，受到海底滑坡冲击后，管线发生侧向位移的长度（即弯曲段长度 L_{cl}）在滑坡体宽度范围以内或其附近。在弯曲段长度 L_{cl} 以外，管线呈直线状态，此段只有轴向土阻力，侧向土阻力为零（Zhang et al.，2018）。在管线直线段内，轴向土阻力会随着远离滑坡作用区域而逐渐减小，直至 A 点，减小至零。此时，管线应变也为零。管线直线段长度用 L_{sl} 表示，取这段管线进行分析。如图 8.5 所示，L_{sl} 划分为两段，即 AG 和 GD，分别代表了轴向土阻力演变的不同阶段。AG 段（$0 \leqslant l \leqslant L_0$），管土相对位移小于屈服位移 $x_u/2$。因此，从 A 点到

G 点，轴向土阻力 f 逐渐增大，直至达到最大值 f_u。然后，在 GD 段内（$L_0 \leqslant l \leqslant L_{sl}$），$f$ 保持不变。

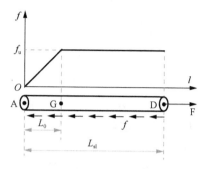

图 8.5 管线轴向土阻力的演变过程

本章数值模拟时，管线材料的本构模型采用 Ramberg-Osgood 表示（Ramberg and Osgood，1943）：

$$\varepsilon = \frac{\sigma}{E}\left[1 + \frac{n}{1+r}\left(\frac{\sigma}{\sigma_y}\right)^r\right] \tag{8.3}$$

式中：ε 和 σ 分别为管线的应变和应力；E 为初始弹性模量；σ_y 为屈服应力，n 和 r 为 Ramberg-Osgood 参数。表 8.2 列出了不同等级钢材的 σ_y、n 和 r 取值。对于钢材来说，E 通常取值 210GPa。为了获得等效边界条件的表达式，即管线端部力-位移（F-Δl）关系曲线，下面分别对两段管线 AG 和 GD 进行分析。

表 8.2 不同强度等级钢材的本构模型参数取值（改自：O'Rourke and Liu，2012）

模型参数	X-60	X-70	X-80
σ_y/MPa	414	483	552
n	10	5.5	16
r	12	16.6	16

1）AG 段（$0 \leqslant l \leqslant L_0$）

在此段内，假设轴向土阻力沿管线长度方向呈线性增加，直至 $l = L_0$ 达到最大值 f_u（Zeng et al.，2019）。此时，管线的轴向力 F 和应力 σ 可表示为

$$F = \frac{l}{L_0} f_u \frac{l}{2} = \frac{f_u l^2}{2L_0} \tag{8.4}$$

$$\sigma = \frac{F}{A_p} \tag{8.5}$$

式中：A_p 为管线的横截面积。根据式（8.3）～式（8.5），计算管线的伸长量 Δl 可用下式计算：

$$\Delta l = \int_0^l \varepsilon \mathrm{d}l = \frac{f_u}{2L_0 EA_p}\left[\frac{l^3}{3} + \frac{n}{1+r}\left(\frac{f_u}{2L_0 A_p \sigma_y}\right)^r \frac{l^{2r+3}}{2r+3}\right] \tag{8.6}$$

结合边界条件，即当 $l = L_0$ 时，$\Delta l = x_u/2$，可得以下式：

$$\frac{x_u}{2} = \frac{f_u}{2L_0 EA}\left[\frac{L_0{}^3}{3} + \frac{n}{1+r}\left(\frac{f_u}{2L_0 A_p \sigma_y}\right)^r \frac{L_0{}^{2r+3}}{2r+3}\right] \tag{8.7}$$

此时，由式（8.7）可求得 L_0 的值。另外，根据式（8.6），l 可表示为 Δl 的函数。因此，由式（8.4），可得 $F\text{-}\Delta l$ 关系曲线。

2）GD 段（$L_0 \leqslant l \leqslant L_{sl}$）

在此段内，轴向土阻力保持不变，即 $f = f_u$。管线轴向力 F 和伸长量 Δl 可分别用下式计算：

$$F = f_u l - \frac{f_u L_0}{2} \tag{8.8}$$

$$\Delta l = \frac{x_u}{2} + \int_{L_0}^l \varepsilon \mathrm{d}x \tag{8.9}$$

与 AG 段类似，根据式（8.4）、式（8.5）、式（8.8）和式（8.9），可得 $F\text{-}\Delta l$ 关系曲线。

结合 AG 段和 GD 段的 $F\text{-}\Delta l$ 关系，可得管线端部的等效边界条件。

8.3.2　等效边界的验证

选取 X60 管线作为分析对象，各参数取值分别为 $D = 0.72\mathrm{m}$、$t = D/25 = 0.0288\mathrm{m}$、$f_u = 2\mathrm{kN/m}$、$x_u = 10\mathrm{mm}$、$p_u = 10\mathrm{kN/m}$、$y_u = 32.8\mathrm{mm}$、$q = 20\mathrm{kN/m}$、$B = 100\mathrm{m}$。由此可得到等效边界条件的力-位移（$F\text{-}\Delta l$）关系，如图 8.6 所示。可以看出，轴向力随管线伸长量增加呈非线性增加的趋势。

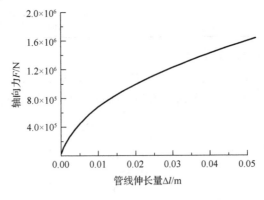

图 8.6　等效边界条件的力-位移关系

　　为了验证本章提出等效边界条件的有效性，分别计算等效边界条件和传统的固定边界条件下管线的最大拉应变 $\varepsilon_{\mathrm{t,max}}$ 和最大压应变 $\varepsilon_{\mathrm{c,max}}$，结果对比如图 8.7 所示。对于固定边界条件，当管线长度 L 从 500m 增加到 3000m 时，$\varepsilon_{\mathrm{t,max}}$ 和 $\varepsilon_{\mathrm{c,max}}$ 也逐渐增加，且当 L 继续增加到 5000m 时，$\varepsilon_{\mathrm{t,max}}$ 和 $\varepsilon_{\mathrm{c,max}}$ 保持稳定不变。然而，对于等效边界条件来说，当 L 从 500m 增加到 5000m 时，$\varepsilon_{\mathrm{t,max}}$ 和 $\varepsilon_{\mathrm{c,max}}$ 一直保持不变，并且其值与固定边界条件下 $L = 5000$m 时基本一致。这表明，根据所提出的等效边界条件，利用相对小的管线长度（500m）可以准确预测管线的应变；并且，利用等效边界条件也节约了计算时间，提高了计算效率。因此，下述的数值模拟和分析均采用等效边界条件开展。

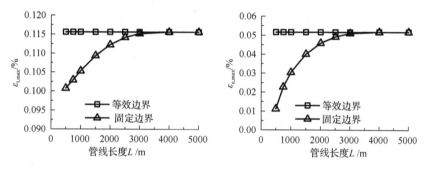

图 8.7　等效边界条件与固定边界条件结果对比

8.4　参　数　分　析

8.4.1　临界冲击荷载

　　当管线受到海底滑坡的冲击作用时，会产生相应的变形和位移。特别是在滑坡冲击范围内，管线可能会产生严重的应变，甚至破坏。从管线安全的角度考虑，管线在滑坡下的响应通常在弹性范围内分析（Parker et al.，2008；Randolph et al.，2010；Yuan et al.，2015；Chatzidakis et al.，2018）。因此，当管线任何一点发生塑性变形时，对应的管线最大应变定义为临界应变 $\varepsilon_{\mathrm{cr}}$。一般对于钢材来说，当拉伸应变达到 0.2% 时，会产生塑性变形，即 $\varepsilon_{\mathrm{cr}} = 0.2\%$（Chatzidakis et al.，2018）。当管线的应变达到临界应变 $\varepsilon_{\mathrm{cr}}$ 时，海底滑坡对管线的冲击荷载称为临界冲击荷载 q_{cr}，它代表了管线在安全范围内可以承受的最大滑坡冲击荷载。

　　临界冲击荷载 q_{cr} 可以作为一个指标，有效评价海底滑坡作用对管线造成的风险。在实际工程中，可以通过海底滑坡和管线的特征，估算滑坡冲击荷载 q（Zakeri，2009b；Zhu and Randolph，2011；Randolph and White，2012；Guo et al.，2019）。如果滑坡冲击荷载 q 超过了管线允许的临界冲击荷载 q_{cr}，此时，海底滑坡可能会对管线造成潜在的威胁。反之，管线则处于安全范围。因此，为了能够评价海底滑坡作用下管线的安全性，下面将对临界冲击荷载 q_{cr} 的表达方式进行探讨。

8.4.2　参数选择

为了获得临界冲击荷载 q_{cr} 的一般表达式，本章开展了一系列的有限元模拟进行参数分析，综合考虑了土体性质、管线埋深、管径、管材等级及海底滑坡的宽度等因素的影响。如表 8.3 所示，参数分析考虑了三种等级的管线钢材，即 X60、X70 和 X80 管线。不同等级钢管相对应的本构模型参数取值如表 8.2 所示。本节考虑了两种常见的海底管线的管径，即 D 为 0.5m 和 1m，管线的径厚比取为 25（Randolph et al.，2010；Randolph and Gourvenec，2011）。与陆上管线不同，海底管线通常直接平铺在海床上或浅埋在海洋土体以下（Palmer and King，2008；Randolph and Gourvenec，2011）。因此，本节考虑了三种不同的管线浅埋深度，即 z 为 0.1m、0.5m 和 1m。此处，管线埋深 z 是指从海床表面至管线顶部的深度。鉴于海洋表层土体不排水抗剪强度通常小于 10kPa（Chung et al.，2007；Brandes，2011），本节考虑了四种不同的海洋土体条件代表海洋表层土体，即 s_u 为 1kPa、2kPa、5kPa 和 10kPa。另外，海底滑坡宽度 B 取值以 50m 的梯度从 50m 增加到 550m。根据式（8.1）和式（8.2）可得，轴向和侧向土阻力变化范围分别为 1.6～31.7kN/m 和 2.2～55.4kN/m。

表 8.3　参数分析及参数汇总

参数		取值
管线	钢材等级	X60，X70，X80
	外直径 D/m	0.5，1
	埋深 z/m	0.1，0.5，1
海洋土体	不排水剪强度 s_u/kPa	1，2，5，10
海底滑坡	宽度 B/m	50，100，150，200，250，300，350，400，450，500

本节总共模拟了 720 种不同工况，以此来研究管线的临界冲击荷载，求解过程如下。对于一个具体工况，首先给定某一滑坡冲击荷载 q，利用本章提出的有限元模型计算滑坡造成的管线最大应变 ε_{max}。若此时 ε_{max} 大于 ε_{cr}，则减小 q，再重新进行有限元计算。反之，则减小 q，进行有限元计算。当输入 $q = q_1$ 时，$\varepsilon_{max} < \varepsilon_{cr}$，并且输入 $q = q_2$ 时，$\varepsilon_{max} > \varepsilon_{cr}$，则临界冲击荷载 q_{cr} 位于 q_1 和 q_2 之间。此时，q_{cr} 的精确取值可以用二分法求解，以保证 ε_{max} 和 ε_{cr} 的差值趋于零。

8.4.3　模拟结果

当所模拟的 720 工况下的 q_{cr} 值均确定之后，本节根据各参数的数理意义，开展了量纲分析，以获得 q_{cr} 的一般表达式（Sui et al.，2021），首先，q_{cr} 值取决于参数 B、D、f_u 和 p_u。显然，f_u 和 p_u 分别主要决定了管线的轴向和侧向变形行为。因此，为了开展量纲分析，f_u 和 p_u 分别用管线的拉伸刚度（EA_p）和弯曲刚度（EI_p）进行无量纲化。初步分析表明，相较于 f_u 而言，q_{cr} 主要由 p_u 控制。因此，q_{cr} 也用管线的弯曲刚度进行无量纲化，B 用 D 进行无量纲化。其次，通过量纲分析，q_{cr} 可用下式表达：

$$\frac{q_{cr}B^2D/2}{EI_p} = a_1\left(\frac{B}{D}\right)^{a_2}\left(\frac{f_uB}{EA_p}\right)^{a_3}\left(\frac{p_uB^2D/2}{EI_p}\right)^{a_4} \tag{8.10}$$

式中：I_p 为管线横截面的极惯性矩；a_1、a_2、a_3 和 a_4 为待定系数；$Q_{cr}=(q_{cr}B^2D/2)/(EI_p)$ 为规一化临界冲击荷载；B/D 为规一化滑坡体宽度；$f_uB/(EA_p)$ 和 $(p_uB^2D/2)/(EI_p)$ 分别为规一化轴向和侧向土阻力。

根据 720 种工况的回归分析，可以确定 a_1、a_2、a_3 和 a_4 的值。规一化临界冲击荷载可以用下式表示（$R^2 = 0.9877$）：

$$\frac{q_{cr}B^2D/2}{EI} = 0.019\left(\frac{B}{D}\right)^{0.482}\left(\frac{f_uB}{EA}\right)^{-0.225}\left(\frac{p_uB^2D/2}{EI}\right)^{0.681} \tag{8.11}$$

式（8.11）表明，规一化临界冲击荷载 $Q_{cr}=(q_{cr}B^2D/2)/(EI_p)$ 由三个参数控制：规一化滑坡体宽度 $x_1 = B/D$、规一化轴向土阻力 $x_2 = f_uB/(EA_p)$ 和规一化侧向土阻力 $x_3 = (p_uB^2D/2)/(EI_p)$。令 $x = x_1^{0.482}x_2^{-0.225}x_3^{0.681}$ 为 x 轴、$Q_{cr}=(q_{cr}B^2D/2)/(EI_p)$ 为 y 轴，720 种工况的模拟结果的无量纲化结果图如图 8.8 所示。有限元模拟结果用菱形表示，最佳拟合曲线用实线表示。由于本节参数分析是基于三种不同钢材等级的管线（X60、X70 和 X80），而回归分析表明，不同的钢材等级对结果影响不大。因此，可以说在滑坡冲击作用下的弹性范围内，管线的钢材等级对管线安全性的影响可忽略不计。

另外，无量纲参数 x_1、x_2 和 x_3 的指数，即 0.482、-0.255 和 0.681，反映了相应参数对临界冲击荷载贡献的多少。指数越大，表明贡献越大。因此，规一化界冲击荷载 Q_{cr} 主要受规一化侧向土阻力 x_3 和规一化滑坡体宽度 x_1 控制，而规一化轴向土阻力 x_2 贡献相对较小。

尽管本章的参数分析是基于浅埋海底管线的有限元分析，但最终的规一化临界荷载是用轴向和侧向土阻力表达的，而不是管道埋深。因此，只要管道所受轴向和侧向土阻力在参数分析的范围内，即 1.6kN/m≤f_u≤31.7kN/m，且 2.2kN/m≤p_u≤55.4kN/m，本章所提出的公式就能适用，而无论管线埋深大小。相对应地，无量纲参数 x_1、x_2、x_3 和规一化临界冲击荷载 Q_{cr} 的范围分别为 50～1000、6.37×10^{-6}～0.0013、0.0018～10.57 和 0.02～12.76。

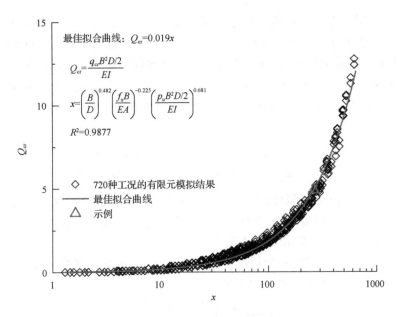

图 8.8　模拟结果的无量纲化结果图

8.5　冲刷作用的影响

在实际工程中，冲刷作用可能会减小海底管线的埋深，减弱海洋土体的强度（Draper et al.，2016；Qi et al.，2016）。如图 8.9 所示，初始，海底管线浅埋于海洋土体中；然后，由于海洋底流等引起的冲刷作用，不仅管线上部的土体会被带走，海洋土体的固有结构也会被破坏，这也就导致了土体强度降低。这里需要说明，冲刷作用是一个复杂的、随时间变化的过程，冲刷过程的预测是一项具有很大挑战性的工作（Sui et al.，2021），这也超出了本章的研究内容。本节研究的重点在于冲刷作用的结果，即管线埋深和土体强度降低，对海底滑坡冲击作用下管线安全性的影响。无论是管线埋深降低，还是海洋土体强度减弱，都会影响海底管线在海床上的稳定性，降低管线周围土体对管线的约束作用，减小管线所受的土阻力。土阻力降低的程度也反映了冲刷作用的强弱。如 8.4 节所述，相对于轴向土阻力 f_u，侧向土阻力 p_u 对临界冲击荷载的大小起着主导作用。因此，下面将对 p_u 对临界冲击荷载的影响进行研究。假设冲刷作用区域为海底滑坡冲击区域，冲刷后的侧向土阻力用 p'_u 表示。本节模拟了五种不同 p'_u 值，研究冲刷作用的影响，包括 $p'_u = 0$（海洋土体强度为零或管线上覆土体被全部冲走）、$p'_u = 0.25p_u$、$p'_u = 0.5p_u$ 和 $p'_u = p_u$（管线不受冲刷作用影响）。

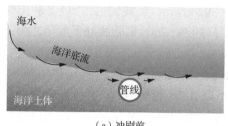

（a）冲刷前 （b）冲刷后

图 8.9 冲刷作用对管线埋深和海洋土体强度影响示意图

无冲刷时规一化临界荷载 Q_{cr} 与有冲刷规一化临界荷载 Q'_{cr} 的对比，如图 8.10 所示。如预期一样，Q'_{cr} 随着 p'_u 减小而逐渐减小。Q'_{cr} 与 Q_{cr} 的差值随着的 Q_{cr} 增加而变大。显然，如果没有冲刷作用，即 $p'_u = p_u$，$Q'_{cr} = Q_{cr}$，这也是 Q'_{cr} 的上限值。另外，对于管线周围土体被完全冲刷的极端情况，即 $p'_u = 0$，对应的 Q'_{cr} 值也是其下限值。真实的 Q'_{cr} 值处于两种极端情况，即 $p'_u = 0$ 和 $p'_u = p_u$ 之间。

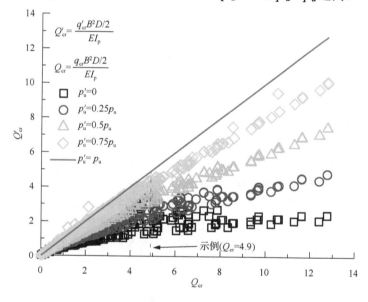

图 8.10 冲刷作用对规一化临界荷载 Q_{cr} 的对比

8.6 案 例 分 析

下面通过一个具体案例说明本章所提出的公式和设计图，即式（8.8）和图 8.10，在预测管线临界冲击荷载和评估管线安全性中的用途。该案例中，海底管线外直径 $D = 1\text{m}$，壁厚 $t = 40\text{mm}$，潜在海底滑坡宽度 $B = 300\text{m}$，最大轴向和侧向土阻力分别为 $f_u = 5\text{kN/m}$、$p_u = 20\text{kN/m}$。根据公式（8.11）可得，规一化临界

荷载 Q_{cr} = 4.9，相应的临界冲击荷载 q_{cr} = 39.9kN/m。该案例也在图 8.8 和图 8.10 中标出。如果海底滑坡产生的冲击荷载大于 39.9kN/m，则管线处于危险之中；反之，可认为管线安全。

　　另外，考虑冲刷作用，根据图 8.10 所示，当侧向土阻力 p'_u 从 p_u 减小到 0 时，规一化临界冲击荷载 Q'_{cr} 逐渐从 4.9 减小到 1.7。相应地，临界冲击荷载 q'_{cr} 从 39.9kN/m 减小到 13.8kN/m。这也说明了冲刷引起的 p_u 变化对临界冲击荷载有着重要的影响。当 p'_u = 0 时，海底管线处于最不利情形。因此，当考虑冲刷作用时，临界冲击荷载所处范围为 13.8～39.9kN/m。设计图有助于所提出的公式应用到工程实际中。

8.7　本 章 小 结

　　本章系统地开展了数值模拟，研究了海底滑坡作用下管线的动态响应及安全性评估。本章主要结论如下。

　　（1）提出了一种等效边界条件，便于数值模拟高效、准确地获取海底滑坡作用下管线的动态响应。等效边界条件使得数值模型可以用有限长的管线模拟无限长的管线，也便于本章参数分析的进行。

　　（2）变动参数模拟分析了 720 种工况，通过回归分析和量纲分析，规一化临界冲击荷载 Q_{cr} 可以表示为三个无量纲参数的函数，即规一化滑坡体宽度、规一化轴向土阻力和规一化侧向土阻力。用最佳拟合方程，可方便地预测临界冲击荷载 q_{cr}。然后，可根据实际海底滑坡的冲击力是否大于 q_{cr}，进行管线的安全性评估。

　　（3）参数分析结果表明，规一化界冲击荷载 Q_{cr} 主要受规一化侧向土阻力和规一化滑坡体宽度控制，而规一化轴向土阻力的影响相对较小。

　　（4）冲刷作用引起的管线侧向土阻力减小，很大程度上影响了海底管线的临界冲击荷载 q_{cr} 大小，提出的设计图可直接预测冲刷作用导致的临界冲击荷载减小的程度。

参 考 文 献

范宁, 2019. 海底滑坡体的强度特性及其对管线的冲击作用研究[D]. 大连: 大连理工大学.

付崔伟, 2021. 海底滑坡及断层作用下水下管缆动态响应与安全性评估[D]. 大连: 大连理工大学.

宋晓龙, 赵维, 年廷凯, 等, 2020. 水合物分解条件下海底黏土质斜坡破坏实验模拟[J]. 上海交通大学学报, 54(1): 43-51.

ABAQUS, 2014. Analysis user's manual, version 6.14[M]. Providence, RI: Dassault Systèmes Simulia Corporation.

ALA, 2005. Guidelines for the design of buried steel pipe[M]. Aiken: American Lifelines Alliance.

BRANDES H G, 2011. Geotechnical characteristics of deep-sea sediments from the north atlantic and north pacific oceans[J]. Ocean Engineering, 38(7): 835-848.

CHATZIDAKIS D, TSOMPANAKIS Y, PSARROPOULOS P N, 2018. Numerical study of offshore natural gas pipelines subjected to submarine landslides[C]//Proceedings of the 9th GRACM International Congress on Computational Mechanics. Chania, Greece.

CHATZIDAKIS D, TSOMPANAKIS Y, PSARROPOULOS P N, 2019. An improved analytical approach for simulating the lateral kinematic distress of deepwater offshore pipelines[J]. Applied Ocean Research, 90: 101852.

CHATZIDAKIS D, TSOMPANAKIS Y, PSARROPOULOS P N, 2020. A semi-analytical approach for simulating oblique kinematic distress of offshore pipelines due to submarine landslides[J]. Applied Ocean Research, 98: 102111.

CHUNG S G, KIM G J, KIM M S, et al., 2007. Undrained shear strength from field vane test on busan clay[J]. Marine Georesources & Geotechnology, 25(3-4): 167-179.

DRAPER S, CHENG L, WHITE D, 2016. Scour and sedimentation of submarine pipelines: Closing the gap between laboratory experiments and field conditions (keynote)[C]//Scour and Erosion: Proceedings of the 8th International Conference on Scour and Erosion. Oxford, UK: CRC Press.

FAN N, NIAN T K, JIAO H B, et al., 2020. Evaluation of the mass transfer flux at interfaces between submarine sliding soils and ambient water[J]. Ocean Engineering, 216: 108069.

FANG H, DUAN M, 2014. Offshore operation facilities: Equipment and procedures[M]. Petroleum Industry Press.

FU C, NIAN T, GUO X, et al., 2021. Investigation on responses and capacity of offshore pipelines subjected to submarine landslides[J]. Applied Ocean Research, 117: 102904.

GUO X S, NIAN T K, GU Z D, et al., 2021. Evaluation methodology of laminar-turbulent flow state for fluidized material with special reference to submarine landslide[J]. Journal of Waterway, Port, Coastal and Ocean Engineering, 147(1): 04020048.

GUO X S, ZHENG D F, NIAN T K, et al., 2020. Large-scale seafloor stability evaluation of the northern continental slope of south china sea[J]. Marine Georesources and Geotechnology, 38(7): 804-817.

GUO X, ZHENG D, NIAN T, et al., 2019. Effect of different span heights on the pipeline impact forces induced by deep-sea landslides[J]. Applied Ocean Research, 87: 38-46.

HAN B, WANG Z, ZHAO H, et al., 2012. Strain-based design for buried pipelines subjected to landslides[J]. Petroleum Science, 9(2): 236-241.

HANCE J J, 2003. Development of a database and assessment of seafloor slope stability based on published literature[D]. Austin, Texas, USA: The University of Texas at Austin.

HE Y, ZHONG G, WANG L, et al., 2014. Characteristics and occurrence of submarine canyon-associated landslides in the middle of the northern continental slope, south china sea[J]. Marine and Petroleum Geology, 57: 546-560.

LIU J, TIAN J, YI P, 2015. Impact forces of submarine landslides on offshore pipelines[J]. Ocean Engineering, 95: 116-127.

MASSON D G, HARBITZ C B, WYNN R B, et al., 2006. Submarine landslides: Processes, triggers and hazard prediction[J]. Philosophical Transactions of the Royal Society A: Mathematical, Physical and Engineering Sciences, 364(1845): 2009-2039.

NI P, MANGALATHU S, 2018. Fragility analysis of gray iron pipelines subjected to tunneling induced ground settlement[J]. Tunnelling and Underground Space Technology, 76: 133-144.

NIAN T K, GUO X S, ZHENG D F, et al., 2019. Susceptibility assessment of regional submarine landslides triggered by seismic actions[J]. Applied Ocean Research, 93: 101964.

NIAN T, GUO X, FAN N, et al., 2018. Impact forces of submarine landslides on suspended pipelines considering the low-temperature environment[J]. Applied Ocean Research, 81: 116-125.

O'ROURKE M J, LIU X, 2012. Seismic design of buried and offshore pipelines[R]. New York, USA: Multidisciplinary Center for Earthquake Engineering Research, University at Buffalo.

PALMER A C, KING R A, 2008. Subsea pipeline engineering[M]. 2nd edition. Tulsa, Oklahoma, USA: PennWell Books.

PARKER E J, TRAVERSO C M, MOORE R, et al., 2008. Evaluation of landslide impact on deepwater submarine pipelines[C]//Offshore Technology Conference. Houston, Texas, USA.

QI W G, GAO F P, RANDOLPH M F, et al., 2016. Scour effects on p-y curves for shallowly embedded piles in sand[J]. Géotechnique, 66(8): 648-660.

QIAN X, DAS H S, 2019. Modeling subsea pipeline movement subjected to submarine debris-flow impact[J]. Journal of Pipeline Systems Engineering and Practice, 10(3)04019016.

RAMBERG W, OSGOOD W R, 1943. Description of stress-strain curves by three parameters[R]. Washington, DC, United States: National Advisory Committee for Aeronautics (NACA).

RANDOLPH M F, SEO D, WHITE D J, 2010. Parametric solutions for slide impact on pipelines[J]. Journal of Geotechnical and Geoenvironmental Engineering, 136(7): 940-949.

RANDOLPH M F, WHITE D J, 2012. Interaction forces between pipelines and submarine slides: A geotechnical viewpoint[J]. Ocean Engineering, 48: 32-37.

RANDOLPH M, GOURVENEC S, 2011. Offshore geotechnical engineering[M]. New York: Spon Press (Taylor & Francis).

SHI J, WANG Y, CHEN Y, 2018. A simplified method to estimate curvatures of continuous pipelines induced by normal fault movement[J]. Canadian Geotechnical Journal, 55(3): 343-352.

SUI T, STAUNSTRUP L H, CARSTENSEN S, et al., 2021. Span shoulder migration in three-dimensional current-induced scour beneath submerged pipelines[J]. Coastal Engineering, 164: 103776.

WANG Y, SHI J, NG C W W, 2011. Numerical modeling of tunneling effect on buried pipelines[J]. Canadian Geotechnical Journal, 48(7): 1125-1137.

YUAN F, LI L, GUO Z, et al., 2015. Landslide impact on submarine pipelines: Analytical and numerical analysis[J]. Journal of Engineering Mechanics, 141(2): 04014109.

YUAN F, WANG L, GUO Z, et al., 2012a. A refined analytical model for landslide or debris flow impact on pipelines—Part I: Surface pipelines[J]. Applied Ocean Research, 35: 95-104.

YUAN F, WANG L, GUO Z, et al., 2012b. A refined analytical model for landslide or debris flow impact on pipelines—Part II: Embedded pipelines[J]. Applied Ocean Research, 35: 105-114.

ZAKERI A, 2009a. Review of state-of-the-art: Drag forces on submarine pipelines and piles caused by landslide or debris flow impact[J]. Journal of Offshore Mechanics and Arctic Engineering, 131(1): 014001.

ZAKERI A, 2009c. Submarine debris flow impact on suspended (free-span)pipelines: Normal and longitudinal drag forces[J]. Ocean Engineering, 36(6): 489-499.

ZAKERI A, HØEG K, NADIM F, 2008. Submarine debris flow impact on pipelines—Part I : Experimental investigation[J]. Coastal Engineering, 55(12): 1209-1218.

ZAKERI A, HØEG K, NADIM F, 2009b. Submarine debris flow impact on pipelines—Part II: Numerical analysis[J]. Coastal Engineering, 56(1): 1-10.

ZENG X, DONG F, XIE X, et al., 2019. A new analytical method of strain and deformation of pipeline under fault movement[J]. International Journal of Pressure Vessels and Piping, 172: 199-211.

ZHANG L, FANG M, PANG X, et al., 2018. Mechanical behavior of pipelines subjecting to horizontal landslides using a new finite element model with equivalent boundary springs[J]. Thin-Walled Structures, 124: 501-513.

ZHANG Y, WANG Z, YANG Q, et al., 2019. Numerical analysis of the impact forces exerted by submarine landslides on pipelines[J]. Applied Ocean Research, 92: 101936.

ZHU H, RANDOLPH M F, 2011. Numerical analysis of a cylinder moving through rate-dependent undrained soil[J]. Ocean Engineering, 38(7): 943-953.

9 海底滑坡冲击下深水管线防护设计及减灾技术

9.1 引　言

对于海底管线的固定工况（忽略管线自身位移的工况）和位移工况（考虑管线竖向位移的工况），海底滑坡均是一种威胁性极大的灾害因素，其将使得管线结构承受额外的强荷载、周期性振动等作用，加之受海底复杂地形条件、油气能源贮藏位置和通信需要的影响，海底管线的敷设路线往往难以绕离滑坡易发区，如位于墨西哥湾亚特兰蒂斯（Atlantis）海下油田的输油管网便穿越了海底滑坡易发区域 Sigsbee 陡坡（Jeanjean et al.，2005），该区域的海底滑坡事件中，曾出现过滑行距离超过 7km、滑速超过 100km/h 的纪录（Niedoroda et al.，2003），因此，海底滑坡灾害对管线的安全性设计提出了重大挑战。有关学者对海底管线的安全性防护提出过许多具有工程价值的方案，如重物覆盖方案（杨立鹏，2012）、仿生草方案（焦志斌等，2014）、安装导流板方案（Huisbergen，1984；阮雪景等，2012），大多适用于管线的抗冲刷、抗腐蚀、抗海流冲击等防护问题，但并不适合海底滑坡灾害这种剧烈的沉积物运动对管线的冲击作用；直至 Perez-Gruszkiewicz 于 2012 年首次提出将流线形设计运用于海底管线之中，但其研究仅考虑了低流速（0.8～2.1m/s）的流滑体，滑坡运动处于层流状态，并未考虑极端灾害条件诱发的大规模、高滑速、紊流态海底滑坡的滑动特性，也未对流线形管线降低冲击的减灾机理和工程效果进行深入分析；此外，其适用于海底管线的流线形设计方法及其对当前的工程影响也有待深入研究。更为重要的是，流线形海底管线迎流面与背流面极不对称，一旦滑坡冲击方向相反，流线形海底管线极有可能加重海底滑坡的冲击作用。因此，聚焦于海底管线的自防护技术，进一步提出了蜂窝孔海底管线的设计理念，有助于降低海底滑坡的冲击力，基于所建立的海底滑坡-管线相互作用理论与 CFD 方法，开展了大量海底滑坡-蜂窝孔管线相互作用模拟，系统地分析了蜂窝孔海底管线的减阻机理，并提出了蜂窝孔管线的优化设计方法（范宁，2019；Guo et al.，2019，2020；郭兴森，2021）。

本章后续内容安排如下：9.2 节为海底管线的流线形防护设计思路，其应用于海底管线的外层设计之中，给出具体的流线形式和对应的尺寸设计，并结合工程实际情况，推荐流线形管线设计方案；9.3 节为流线形海底管线的减灾效果分析，即分析流线形海底管线遭遇滑坡冲击作用下的降阻机制与减灾效果，给出各流线形管线的滑坡冲击作用力预测模型，并探讨流线形设计对管线工程各阶段性能的影响；9.4 节为蜂窝孔海底管线概念提出，基于"高尔夫球"原理，以及蜂窝孔海底管线的设计理念，并通过具体参数指标：凹坑直径、凹坑深度、每周凹坑个数与每延米管线凹坑数量，确定具有蜂窝孔海底管线的设计标准；9.5 节为海底滑坡-蜂窝孔管线相互作用，基于建立的海底滑坡-管线相互作用理论与 CFD 方法，开展海底滑坡与具有不同悬跨高度蜂窝孔管线相互作用 CFD 数值模拟，系统分析蜂窝孔海底管线的降阻机制与减灾效果；9.6 节为蜂窝孔海底管线的优化，基于平均减阻率与最大减阻率，提出采用归一化参数深度比与面积比对蜂窝孔海底管线进行优化设计的方法，给出蜂窝孔管线的优化设计方案与建议值。

9.2　海底管线的流线形防护设计思路

9.2.1　流线形减阻理论基础

"流线形"源自 19 世纪有关学者对鸟、鱼、水滴等自然形态的研究，随后被应用于飞机、汽车、潜艇等载人工具和家用器具的外观设计（李秀娟，2010），尤其是在水下装备设计中，流线形体以其几何外形简单、具备优良的流体静动力特性而得以广泛应用。"流线形"具体表现为线条流畅、表面平滑的物体形状，没有大的起伏和尖锐的棱角，可以有效地减少流体产生的阻力。

流线形减少流体阻力的原因主要与流体绕流运动过程中边界层的分离现象有关，为了说明该边界层分离现象，先以图 9.1 所示绕流圆柱体为例：流体与圆形壁面相遇后，会在其表面形成边界薄层，流体动能首先转变为流体压能，此时 D 点所受压力达到最大（速度基本为 0）；随着流体沿圆形壁面两侧绕流，从 D 点到 E 点（压力降低区），流动加速，流体压能向动能转变；而当流体从 E 点运动到 F 点（压力升高区），流动减速，但在流体动能向压能转变过程中受到边界层的摩擦作用，动能存在损耗，使得流体速度减小得更快（无法顺利运动至 F 点），将在 S 点处出现黏滞，再由于压力升高产生反向回流，进而导致了边界层的分离，并形成尾涡，故 S 点也称为边界层分离点，当雷诺数升高后，S 点会向 E 点靠近；进一步地，边界层分离点 S 点附近流场图如图 9.2 所示，在反向回流的作用下，边界层显著增厚，流线被挤向外侧，在分离点 S 处流线将以一定角度离开壁面，分离点的位置便可由垂直于壁面的速度梯度消失（即壁面剪切力为 0）条件确定。

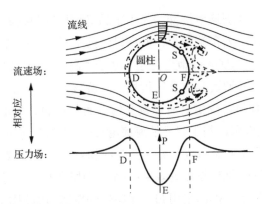

图 9.1　流体绕流圆柱体运动过程中的流速场与压力场图（改自：Schlichting and Gersten，2016）

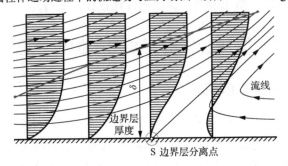

图 9.2　边界层分离点附近流场图（改自：Schlichting and Gersten，2016）

然而，将绕流物体由圆形改变为流线形后，压力升高区（E 点到 F 点）的距离将被延长，动能损耗小，使得反向压力差减小，以推迟或避免边界层的分离（即 S 点接近 F 点），达到减小旋涡阻力的目的，下面将结合具体的流线形式，详细探讨海底滑坡灾害作用下，流线形管线降阻机制与减灾效果。

9.2.2　流线形式管线与尺寸设计

对于流线形体而言，并无严格的形式限制，理论上满足线条流畅、表面平滑的一般特征即可。本节给出了四种比较有代表性的流线形式（表 9.1）：翼状流线形（半椭圆+弧线）、双椭流线形（半椭圆+半椭圆）、弧角四边流线形和弧角六边流线形，其中翼状和双椭流线形分别由方程 $y = \pm \dfrac{b}{2a_{1(2)}} \sqrt{a_{1(2)}^2 - x^2}$（式中：$x$、$y$ 为坐标尺寸；b 为管线剖面竖向长度；a_1 和 a_2 分别为管线进流段和去流段的长度）和 $y_1 = -\dfrac{b}{2a_1} \sqrt{a_1^2 - x^2}$、$y_2 = \dfrac{b}{2} - \left[\dfrac{4a_2^2 + b^2}{4b} - \sqrt{\left(\dfrac{4a_2^2 + b^2}{4b} \right)^2 - x^2} \right]$（式中：$y_1$ 和 y_2 分别代表管线进流段和去流段的竖向尺寸）控制，而弧角四边流线形和弧角六边流线形为对称直线组合并作圆端处理，可由坐标截距简易确定（Fan et al.，2018）。

　　四种流线形式与圆形截面的具体尺寸，如表 9.1 所示。表中所有截面形式的竖向（y 轴方向）尺寸 b 均保持一致为 D_{pipe}，确保后文海底滑坡的运动路径（x 轴方向）上各形式管线保持相同的冲击特征尺寸，而法向尺寸 a 在 $3 \sim 3.73 D_{pipe}$ 范围之间，上述各管线尺寸参数（如法向尺寸和夹角）仅作示例使用，应用时的具体尺寸可根据实际需求选取。另外，需要说明的是，管线尺寸参数不同（如进流段与去流段的长度比例，a_1/a_2）可能会对后续海底滑坡与管线的相互作用结果产生影响，但具体何种尺寸效果最优，不做详细讨论。

表9.1　四种流线形式与圆形截面的具体尺寸

编号	基本形式	截面形状	法向尺寸 a/mm	竖向尺寸 b/mm	夹角 θ/（°）
0	圆形		D_{pipe}	D_{pipe}	—
1	翼状流线形（半椭圆+弧线）		$3.5 D_{pipe}$	D_{pipe}	—
2	双椭流线形（半椭圆+半椭圆）		$3.0 D_{pipe}$	D_{pipe}	—
3	弧角四边流线形		$3.7 D_{pipe}$	D_{pipe}	30
4	弧角六边流线形		$3.0 D_{pipe}$	D_{pipe}	53

注：为便于与前述章节圆形管线的研究结果进行比较，表中 D_{pipe} 的尺寸取 25mm。

　　尽管 Perez-Gruszkiewicz（2012）最先提出了将海底管线设计成流线形以抵御流体冲刷、冲击的理念，但并未说明如何应用到实际工程的防灾设计中。为了将这种流线形思想应用于海底管线工程设计中，综合考虑管线结构和相关工程设计规范，提出一种适用于海底潜在滑坡区的海底管线流线形设计方案。

以常见油气输送管道的工程结构（引自《海洋石油工程设计指南》编委会，2007）（单层保温管加配重层结构）为例，将流线形设计思想融入其中。一般而言，单层保温管加配重层结构的油气输送管道施工工艺合理，制造成本低、铺设效率高，目前已在我国许多油气田项目中得到应用。

图 9.3 所示的管道结构自内向外分别为钢管、防腐层、保温层、防护层和混凝土配重层，其中钢管的尺寸与输送能源种类、输送能源密度、输送量等要求有关；防腐层主要起到保护钢管，防止腐蚀的作用；保温层除满足保温要求外，还应具有一定的抗压性能；防护层用于保持内部保温层的稳定；混凝土配重层不仅应满足浮力和安装重量要求，还应实现整体有效的抗冲击和耐静水压保护。因此，在保持原有油气输送、防腐、保温等要求的前提下，建议将流线形设计运用于管道最外部的混凝土配重层，海底管线的流线形设计方案如图 9.4 所示（图中以双椭流线形截面为例），同理，对于缆线等其他海底管线而言，流线形设计也应针对管线的最外层形状，内部各层并不改变，以最大限度地降低流线形设计方案对当前工程应用的影响。

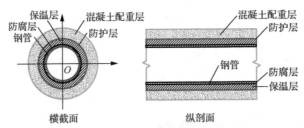

图 9.3　具有单层保温管加配重层结构的海底管线

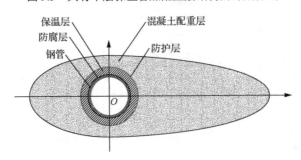

图 9.4　海底管线的流线形设计方案（以双椭流线形截面为例）

9.3　流线形海底管线的减灾效果分析

9.3.1　CFD 数值建模过程

根据 9.2 节所述的流线形海底管线形式和尺寸，基于 CFD 数值方法，对海底滑坡与流线形管线的相互作用进行了模拟，数值建模过程与前述章节基本一致，以比较流线形管线与常规圆形管线的差异，下面以双椭流线形为例简述其建模过程。

（1）几何构型设置［图 9.5（a）］。流体计算域尺寸、滑移体厚度与以往设置相同，但流线形管线的竖向和法向尺寸依据表 9.1 分别取 D_{pipe}（图中简写为 D）和 $3D_{pipe}$；管线设置为固定形式，即忽略海底管线自身位移的工况，管线-海床间隙设置为 $1D_{pipe}$。

（2）网格划分设置［图 9.5（b）］。四面体单元数约 25 万，其余设置（包括流体计算域设置、材料属性设置、边界条件设置和求解设置）与前述章节保持相同。

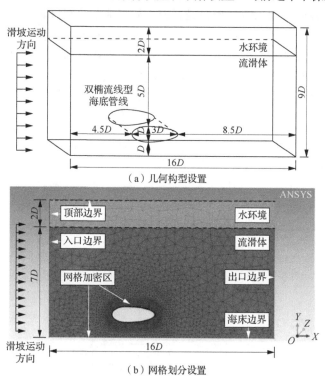

（a）几何构型设置

（b）网格划分设置

图 9.5 CFD 数值建模

9.3.2 流线形海底管线的减灾机理与效果

为了阐明流线形海底管线对滑坡灾害的减灾机理与效果，以滑动速度为 0.93m/s 的海底滑坡冲击管线为例（雷诺数约为 81），对比流线形与圆形管线所遭受的滑坡作用力，包括图 9.6（a）所示的法向作用力和图（b）所示的竖向作用力。

由图 9.6（a）可见，流线形管线所受滑坡法向作用力随时间的变化趋势与圆形管线基本相似，即随着流滑体对管线的冲击，滑坡法向作用力迅速达到峰值位置，然后逐渐降低至稳定数值，因为在海底滑坡冲击管线的瞬间，初始动量较大，且管线背流一侧会形成分离区，管线进流段将承受大部分压力，此时管线法向压力差最大，导致法向作用力达到峰值；而随着流滑体的连续滑过，会对管线产生持续的冲击效果，流滑体逐渐包裹管线去流段，分离区闭合，管线两侧压力差减小，使得法向作用力逐渐降低，至分离区完全闭合后达到稳定，此处稳定作用力值取 1.5~2.0s 内的平均值。然而，流线形管线的初始（峰值）与稳定作用力之间差异要比圆形管线小很多，这主要是因为流线形管线的去流段比圆形更长，可以延缓管线表面滑坡边界层的分离，导致滑坡与管线瞬态相互作用过程中的管线法向压力差变小。另外，与圆形管线比较而言，双流线形管线遭受的滑坡法向作用力均有显著的降低，因为流线形管线背流一侧形成的分离区较小，使得管线法向两侧压力差变小。如图 9.7 所示，图中以双椭流线形管线为例，比较了流线形管线与圆形管线在滑坡冲击作用下的速度矢量图，图中红线包裹区域即为分离区，可见该例中，双椭流线形管线的分离区面积约为圆形管线的 1/5。

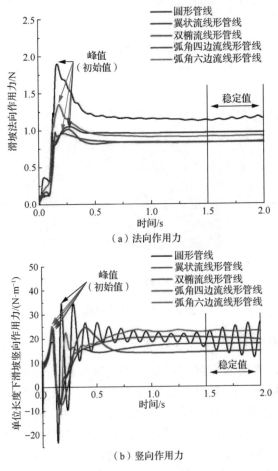

（a）法向作用力

（b）竖向作用力

图 9.6　流线形与圆形管线所遭受的滑坡作用力比较

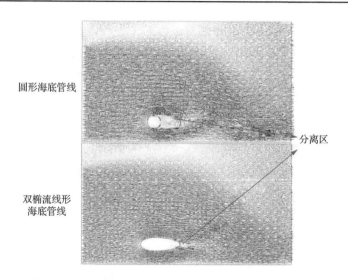

圆形海底管线

分离区

双椭流线形
海底管线

图 9.7　海底滑坡作用下圆形与流线形管线的速度矢量图

　　另外，图 9.6（b）比较了流线形与圆形管线所遭受的滑坡竖向作用力结果，可见，两者的荷载曲线特征有明显的不同，对于圆形管线而言，荷载曲线表现出周期性波动特征，圆形管线背流一侧会在高雷诺数下形成周期性脱落的旋涡（即卡门涡街），交替脱落的旋涡作用于管线则导致了滑坡竖向作用力持续波动；而对于流线形管线而言，除了滑坡瞬时冲击管线产生的短暂波动外，并无持续的周期性波动行为，这是因为其有效地延缓了边界层的分离，使得相同时刻下所形成分离区的规模远小于圆形管线，旋涡较弱甚至基本不会形成旋涡。此外，流线形管线所受滑坡竖向作用力的数值也基本小于圆形管线。

　　根据滑坡作用力的流体力学表达式可知,法向作用力系数 C_H 和竖向作用力系数 C_V 是评价滑坡法向与竖向冲击力大小的重要指标,二者理论表达式见式（9.1）和式（9.2）。进一步，从量化角度出发，比较了流线形管线与圆形管线在不同雷诺数条件下的法向和竖向作用力系数变化，如图 9.8 所示。

$$C_H = \frac{F_H}{\frac{1}{2}\rho \cdot V^2 \cdot A_p} \tag{9.1}$$

$$C_V = \frac{F_V}{\frac{1}{2}\rho \cdot V^2 \cdot A_p} \tag{9.2}$$

式中：滑坡作用力按初始值计算，其余各参数意义见前述章节。

　　由图 9.8 可知，在雷诺数（1×10^1）～（1×10^4）范围内，随着雷诺数的增大,流线形管线的作用力系数 C_H 和 C_V 均逐渐降低,且曲线变化趋势与圆形管线相同;但在相同雷诺数条件下,相较于圆形管线,流线形管线的法向力系数 C_H 大幅降低;

而对于竖向力系数 C_V 而言，在较低雷诺数下（$Re_{\text{non-Newtonian}}$ 小于 80），流线形管线的竖向力系数会略大于圆形管线，当随着雷诺数的增大，流线形管线的优势逐渐体现，其竖向力系数明显小于圆形管线，直至达到高雷诺数后（$Re_{\text{non-Newtonian}}$ 大于 1500），降阻效果减弱。

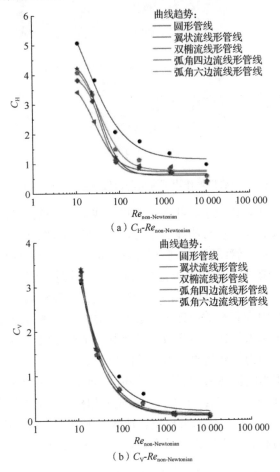

（a）C_H-$Re_{\text{non-Newtonian}}$

（b）C_V-$Re_{\text{non-Newtonian}}$

图 9.8　流线形与圆形管线所遭受的滑坡作用力系数比较

经统计，四种流线形管线的法向作用力系数 C_H 和竖向作用力系数 C_V 与圆形管线相比较得出的降阻比例，如图 9.9 所示。可见，翼状流线形管线的降阻比例为 C_H 最大降低了 61.05%、C_V 最大降低了 40.17%，双椭流线形管线的 C_H 最大降低了 60.39%、C_V 最大降低了 32.14%，弧角四边流线形管线的 C_H 最大降低了 66.32%、C_V 最大降低了 36.67%，以及弧角六边流线形的 C_H 最大降低了 41.05%、C_V 最大降低了 35.07%。对于法向作用力系数 C_H 而言，弧角四边流线形的降阻效果最好，而对于竖向作用力系数 C_V，翼状流线形管线更优。需要说明的是，由于较低雷诺数下（$Re_{\text{non-Newtonian}}$ 小于 80），流线形管线的升力系数会略大于圆形管线，故 C_V 的最小值可能存在负值。

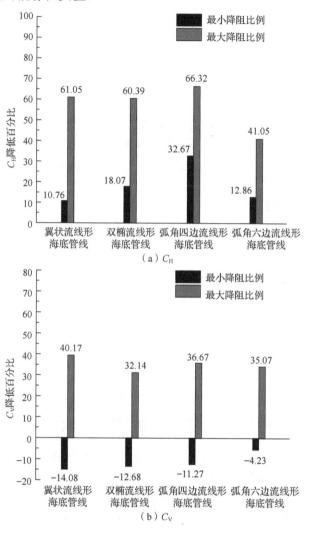

图 9.9 流线形管线的滑坡作用力系数降阻比例

综上所述，与圆形管线相比，流线形海底管线在遭遇海底滑坡冲击作用时，不仅有效地降低了滑坡灾害的作用力，而且消除了滑坡竖向作用力在高雷诺数下的周期性波动行为，提高了海底管线的抗冲击、防共振性能。

为了便于流线形管线在海洋工程中的应用，对上述结果进行拟合，给出了悬浮状态（海床–管线间隙为 $1D_{\text{pipe}}$）下，雷诺数（1×10^1）~（1×10^4）范围内，四种流线形海底管线的法向作用力系数 C_H 和竖向作用力系数 C_V 推荐计算公式，见式（9.3）~式（9.6），将其代入滑坡冲击在作用力的流体力学计算框架中，便可实现对各流线形管线遭受的滑坡冲击作用力进行预测。

（1）翼状流线形管线：

$$\begin{cases} C_\mathrm{H} = 0.71 + \dfrac{42.35}{Re_\mathrm{non\text{-}Newtonian}} \ (R^2 = 0.92) \\[2ex] C_\mathrm{V} = 0.16 + \dfrac{35.16}{Re_\mathrm{non\text{-}Newtonian}} \ (R^2 = 0.99) \end{cases} \tag{9.3}$$

（2）双椭流线形管线：

$$\begin{cases} C_\mathrm{H} = 0.70 + \dfrac{38.14}{Re_\mathrm{non\text{-}Newtonian}} \ (R^2 = 0.91) \\[2ex] C_\mathrm{V} = 0.18 + \dfrac{35.10}{Re_\mathrm{non\text{-}Newtonian}} \ (R^2 = 0.98) \end{cases} \tag{9.4}$$

（3）弧角四边流线形管线：

$$\begin{cases} C_\mathrm{H} = 0.75 + \dfrac{31.28}{Re_\mathrm{non\text{-}Newtonian}} \ (R^2 = 0.93) \\[2ex] C_\mathrm{V} = 0.20 + \dfrac{34.20}{Re_\mathrm{non\text{-}Newtonian}} \ (R^2 = 0.99) \end{cases} \tag{9.5}$$

（4）弧角六边流线形管线：

$$\begin{cases} C_\mathrm{H} = 0.93 + \dfrac{38.70}{Re_\mathrm{non\text{-}Newtonian}} \ (R^2 = 0.91) \\[2ex] C_\mathrm{V} = 0.19 + \dfrac{32.77}{Re_\mathrm{non\text{-}Newtonian}} \ (R^2 = 0.99) \end{cases} \tag{9.6}$$

9.3.3　流线形设计对管线工程各阶段性能的影响

根据上述流线形海底管线与常规海底管线遭受滑坡冲击时的受力情况比较可知，流线形海底管线可以有效地减少海底滑坡作用力，极具工程价值，然而，不难预见，海底管线的工程设计指标也将随着流线形设计而发生改变。目前，在海洋管线的技术标准方面，国际上主要的代表机构有挪威船级社（DNV）、美国石油学会（API）、美国机械工程师学会（ASME）、美国船级社（ABS）、英国海上作业者协会（UKOOA）等（引自《海上采油工程手册》编写组，2001），在总结多年工程经验和吸收国际先进技术的基础上，我国海洋管线的技术标准有了系统性的发展。表 9.2 列举了当前海底管线工程涉及的一般阶段，包括设计阶段、加工阶段、安装阶段和运营阶段，下面将逐一探讨流线形设计对当前海底管线工程各阶段性能的影响。

表9.2　流线形设计对管线工程各阶段性能的影响

工程各阶段		影响内容	影响程度
设计阶段	功能荷载	外部静水压、埋设管线外部土压力、海床反作用力等	流线形管线一定程度上影响了配重层结构的稳定
	环境荷载	波浪、底流、沙波、土体蠕滑等	流线形管线有利于减小该类环境荷载作用
	偶然荷载	滑坡、泥石流等	流线形管线有利于减小该类偶然荷载作用
加工阶段		混凝土配重层中混凝土和配筋计算	需要进行相应调整
安装阶段		铺管应力综合计算	需要进行相应调整
运营阶段	维护	基本无影响	
	防腐	基本无影响	

可见，流线形海底管线因为具有较好的流体减阻性能，不仅对海底滑坡等偶然荷载有良好的减灾效果，对底流、沙波等流态环境荷载，也可以预见其有较好的防护作用；但需要指出，由于混凝土配重结构改变成流线形后，容易在静水压作用下弯曲，这就对配重层中的钢筋设计提出了更高的要求；另外，一旦将流线形设计应用于管线工程中，必然对海底管线的加工工艺和铺设安装产生影响，如铺管应力综合计算等，有必要进行相应的调整和分析；至于运营阶段的维护和防腐问题，基本无影响。

9.3.4　流线形设计对管线工程设计参数的影响

针对上述海底管线设计阶段的偶然荷载评价，本节同样借助 Randolph 等 (2010) 提出的海底滑坡灾害对管线工程设计参数影响的评价方法（详细介绍见第 7 章），以滑动速度为 0.93m/s 的海底滑坡冲击管线为例（雷诺数约为 81，荷载曲线见图 9.6），探讨了流线形海底管线对管线工程设计参数的影响，如表 9.3 所示。表中各参数的物理意义可见第 7 章，本节主动力 q（滑坡法向作用力）分别为圆形管线 38.04N/m、翼状流线形管线 21.04N/m、双椭流线形管线 19.18N/m、弧角四边流线形管线 20.34N/m、弧角六边流线形管线 27.20N/m（建模过程中管线的轴向尺寸为 0.05m），将主动力代入第 7 章有关公式，便可得到输出设计参数：海底管线的最大弯曲应力 σ_b、最大张拉应力 σ_t、最大法向变形 y_{max}、最大轴向变形 s'。

表9.3　流线形设计对管线工程设计参数的影响

差异占比	海底管线截面	设计参数				
		q	σ_b/E	σ_t/E	y_{max}/B	s'/B
	圆形	1.902N (38.04N/m)	0.000 179	0.000 106	0.109	22.34
	翼状流线形	1.052N (21.04N/m)	0.000 153	0.000 068	0.080	26.00
差异百分比			~17%	~56%	~36%	~14%
	双椭流线形	0.959N (19.18N/m)	0.000 149	0.000 064	0.076	26.63
差异百分比			~20%	~66%	~43%	~16%
	弧角四边流线形	1.017N (20.34N/m)	0.000 153	0.000 067	0.079	26.23
差异百分比			~17%	~58%	~38%	~15%
	弧角六边流线形	1.351N (27.20N/m)	0.000 164	0.000 083	0.091	24.34
差异百分比			~9%	~28%	~20%	~8%

上述结果表明，该案例中流线形管线与圆形管线的四项重要设计参数（最大弯曲应力、最大张拉应力、最大法向变形和最大轴向变形）相比存在8%~66%的差异，其中最大张拉应力σ_t参数的降低比例最大，最高可达66%。尽管海底管线采用流线形设计会对当前管线工程标准产生一定程度的影响，但流线形管线表现出了显著的优势，不仅有利于降低滑坡的灾害作用，提高海底管线的安全性，也可以降低项目预算。

9.4　蜂窝孔海底管线概念提出

根据海底管线的结构可以将其分为单层管道加配重层结构、双层保温管道结构、单层保温管道加配重层结构，如图9.10所示。对于铺设在深海区的管线，由于水深环境的制约，海底管线仅平铺于海床表面，很少采用锚固措施。因此，具有配重层结构的海底管线，可通过自身质量维持一定的在位稳定性，所以具有配重层结构的海底管线多被用于深海区。目前，大量的海底管线采用混凝土配重层来实现这一目的。然而，混凝土配重层厚度越厚，管线直径就越大，导致作用在管线上的冲击力就越高，水动力学性能就越差。有关研究明确指出，海底管线混凝土配重层的厚度不宜超过钢管的半径（于淼，2009）。

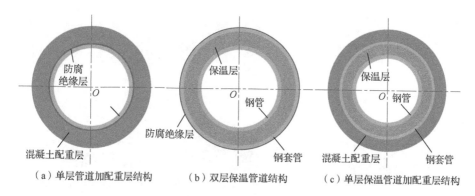

（a）单层管道加配重层结构　　（b）双层保温管道结构　　（c）单层保温管道加配重层结构

图 9.10　常见的海底管线结构

具体来说，当前若想增强海底管线在位稳定性，在混凝土密度相同条件下（也可采用超重混凝土，不仅成本太高，而且解决该问题的效果较差），就需增大混凝土配重层厚度，但配重层厚度一旦增加，根据式（1.4）和式（1.5）管线所遭受的滑坡冲击力将显著增加，如此恶性循环，对管线的设计是严峻挑战，亟待通过新型管线设计来解决这一矛盾。

在相同空气动力条件下，与表面光滑的球体相比，具有相同直径表面布满凹坑的球体在空中运行的阻力更小、距离更远，这就是"高尔夫效应"。这是因为当球体在流体介质（空气）中运动时，球体迎流面会形成一个高压区，当空气从球体前方流过后，空气会在球体背流面发生边界层分离，进而在球体后方形成一个低压区，高低压区之间过大的压力差，增大了球体的运动阻力，导致球体运动速度降低过快、运动距离缩短。然而，表面布满凹坑的球体会延缓边界层分离，导致球体迎流面的高压区与背流面的低压区之间压力差缩小，起到减阻作用。

若仅在海底管线混凝土配重层表面做简单处理（如高尔夫球结构），很有可能降低海底管线所受到的冲击作用。这个冲击作用可能来自破坏力极大的偶然荷载（如海底滑坡的高速、剧烈冲击），也可能来自长期荷载（如海底底流等的低速、长期冲刷）。此外，相比于没有经过处理的管线，布满蜂窝凹坑的海底管线其表面积更大，与海床的接触与咬合程度更加充分，在相同自重条件下将会更加稳定。图 9.11（a）是一种蜂窝孔海底管线的设计，海底管线的直径为 D，海底管线表面凹坑的直径为 d；海底管线表面凹坑的深度为 m，每周凹坑的个数为 c_t，每延米管线凹坑的数量为 n_t。通过 D、d、m、c_t 与 n_t 这几个参数指标，可以确定具有凹坑结构海底管线的设计标准，命名为 $Dd\text{-}m\text{-}c_t$。通过三维建模软件 CATIA 完成一个案例的几何模型创建与渲染，如图 9.11（b）所示。

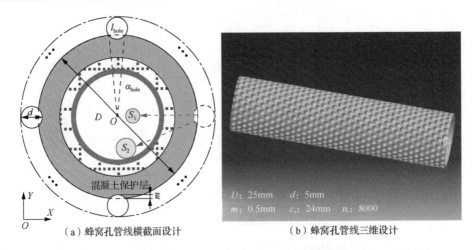

（a）蜂窝孔管线横截面设计　　　　　　（b）蜂窝孔管线三维设计

图9.11　具有蜂窝孔结构的海底管线截面设计

9.5　海底滑坡–蜂窝孔管线相互作用

9.5.1　海底滑坡冲击悬浮蜂窝孔管线

依托提出的概化（广义）的 CFD 分析模型，本节研究选择悬跨高度为 1 倍管线直径的蜂窝孔海底管线（D5-0.5-24）与传统圆形海底管线分别建立 CFD 数值模型，采用建立的海底滑坡低温（0.5℃）–含水量耦合流变模型，模拟了 10 种不同雷诺数的工况，如表 9.4 所示，这些工况覆盖了当前工程所需的雷诺数范围。CFD 模型的网格剖分如图 6.7 所示，其中对于蜂窝孔海底管线边界层网格被设置为 7 层。

表9.4　海底滑坡–管线相互作用数值分析工况

工况	含水量 $w/（w/w_L）$	密度 $\rho/（kg/m^3）$	冲击速度 $U_\infty/（m/s）$	雷诺数 $Re_{\text{non-Newtonian}}=\rho\cdot U_\infty^2/\tau$
1	90.0% （1.8）	1468	0.50	0.91
2			1.00	3.40
3	100.2% （2.0）	1423	0.25	0.45
4			0.50	1.68
5			1.50	13.16
6	123.8% （2.5）	1356	1.00	24.95
7			1.50	52.07
8			2.00	86.70
9	151.2% （3.0）	1312	1.50	155.80
10			2.50	346.47

在相同工况条件下，通过对两种截面形式海底管线开展共计 20 组数值计算，发现具有蜂窝孔结构的海底管线可有效地降低海底管线受到的拖曳力，尤其更危险的瞬时冲击力，即峰值拖曳力，其系数的时程曲线如图 9.12 所示。与具有相同直径传统圆形截面海底管线相比，蜂窝孔结构管线受到的拖曳力峰值与稳定值变化更小，过渡状态更加平稳，甚至可以消除峰值与稳定值之间的差异。随着雷诺数的增大，具有蜂窝孔结构海底管线的减阻效果随之增强，拖曳力系数变化率与雷诺数的关系如图 9.13 所示。

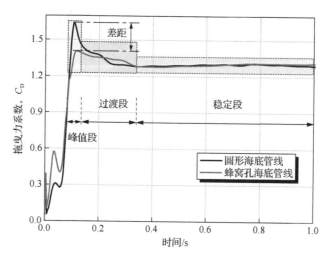

图 9.12　含水量 151.2%海底泥流以 1.50m/s 速度冲击两种管线的拖曳力系数时程曲线

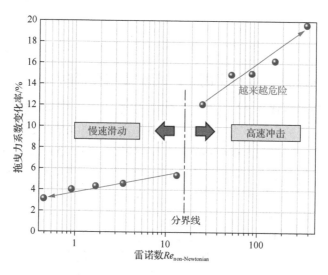

图 9.13　拖曳力系数变化率与雷诺数的关系

　　根据图 9.13，可以将海底滑坡冲击管线这个过程分为两大部分：慢速滑动与高速冲击。在工程中更关注于管线的最大受力状态，也就是高速冲击阶段，这对管线来说更加危险。结果显示管线受到的冲击力越大，蜂窝孔海底管线的减阻作用越突出。当雷诺数达到 346.47 时，初步设计的蜂窝孔管线便可使管线减阻接近 20%。

　　升力的大小仅有拖曳力的 27%，拖曳力与升力形成的合力仅比只考虑拖曳力情况在数值上大 3.5%。对于升力来说，更关注的是其造成管线周期性的振动。高速滑坡会引起管线竖向周期性的受力波动，造成管线振动，进而引起管线疲劳，威胁管线安全运营。通过模拟结果可以清晰看出，具有蜂窝孔结构的海底管线可有效地降低甚至消除振动效应，尤其是在高雷诺数工况下，其升力系数时程曲线如图 9.14 所示。

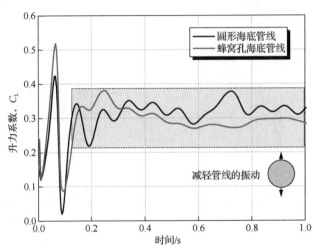

图 9.14　含水量 151.2%海底泥流以 1.50m/s 速度冲击两种管线的升力系数时程曲线

9.5.2　海底滑坡冲击具有不同悬跨高度蜂窝孔管线

　　为验证其他类型蜂窝孔海底管线的减阻效果，并探究不同管线悬跨高度对蜂窝孔管线减阻效果的影响，考虑三种不同悬跨高度，即 0 倍管线直径（平铺）、1 倍管线直径（中悬跨）、2.5 倍管线直径（高悬跨），建立 D6-1.2-16 蜂窝孔海底管线数值模型，开展了表 9.4 中雷诺数 0.45、3.4、86.7 与 346.47 四种工况的模拟，分析结果如下。

　　1）拖曳力减阻评估

　　以雷诺数 86.7、悬跨高度 2.5 倍管线直径工况为例，拖曳力系数时程曲线如图 9.15 所示，与 9.5.1 节结果一致，具有蜂窝孔结构的海底管线可以有效削弱拖曳力的峰值荷载，在拖曳力达到稳定状态时蜂窝孔管线还能有效抑制拖曳力的小幅振动，甚至消除拖曳力的小幅振动。与圆形海底管线相比，所有工况下蜂窝孔海底管线都会降低峰值拖曳力，其与雷诺数的关系如图 9.16 所示。通过峰值拖曳力减阻率来量化蜂窝孔海底管线的减阻效果，蜂窝孔海底管线减阻率如图 9.17 所示。在不同雷诺数与管线悬跨高度的组合条件下，蜂窝孔海底管线的减阻效果有所差别。总的来说，除平铺管线外，随着雷诺数的增加，悬浮蜂窝孔海底管线的减阻效果越来越强，最佳减阻率达到了 22%。平铺管线的最佳减阻率也达到了 15%，平均减阻率超过 10%。

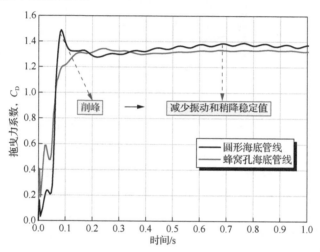

图 9.15 含水量 123.8%海底泥流以 2m/s 速度冲击悬跨高度为 2.5 倍管线直径两种管线的拖曳力系数时程曲线

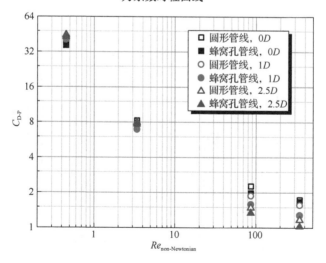

图 9.16 不同悬跨高度条件下峰值拖曳力系数与雷诺数的关系

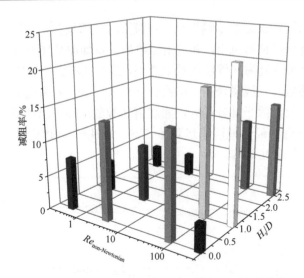

图 9.17   不同悬跨高度与雷诺数条件下蜂窝孔海底管线减阻率

为进一步获得不同悬跨高度条件下蜂窝孔管线的减阻规律,将现有三种悬跨
高度拓展至五种,以雷诺数为 346.47 工况为例,减阻率与悬跨高度的关系如图 9.18
所示。蜂窝孔管线的最佳减阻效果出现在悬跨高度为 1 倍管线直径的工况。在现
有模拟数据的基础上,绘制了不同悬跨高度与雷诺数工况下蜂窝孔海底管线减阻
表现三维曲面预测图,如图 9.19 所示,用来分析在何种工况下蜂窝孔管线具有更
佳的减阻性能,以此优化海底管线的设计。

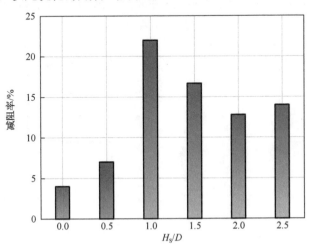

图 9.18   减阻率与悬跨高度的关系

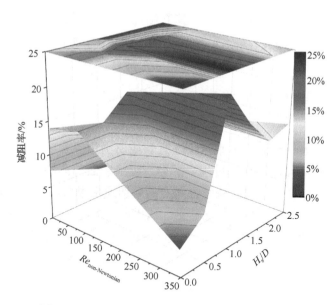

图 9.19 蜂窝孔海底管线减阻表现三维曲面预测图

2）减弱升力震荡

以雷诺数 86.7、悬跨高度 2.5 倍管线直径工况为例，两种管线的升力系数时程曲线如图 9.20 所示。

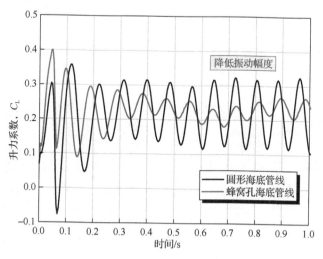

图 9.20 两种管线的升力系数时程曲线

与 9.5.1 节分析结果一致，具有蜂窝孔结构的海底管线可有效抑制升力振动，并大幅降低升力振动幅度，最大可降至原幅值的 30%，能有效降低由振动导致管线破坏的风险，进一步验证了第六章提出的平铺管线不会出现升力振荡现象。

9.5.3　减阻机理分析与讨论

1）理想条件

在海底滑坡处于均匀自由来流状态且管线周围边界效应可忽略的理想条件下，以及在海底滑坡冲击管线过程中，会在管线表面的薄层内形成边界层。在边界层内，滑坡体在管线表面法线方向上的剪切速率很大，其云图如图 9.21 所示，黏滞力很高，具有非常大的涡通量。边界层内的海底滑坡体离开管线表面，会在管线后方形成尾涡区域，当达到一定雷诺数，会发生边界层分离现象，形成旋涡，并在海底管线背流面出现周期性的卡门涡街（Karman vortex street），造成管线发生涡致振动。

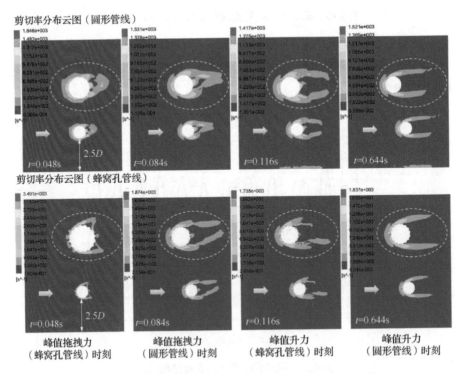

图 9.21　在雷诺数 86.7 条件下两种管线的剪切速率云图

产生上述旋涡的原因是因为海底滑坡体运动受到管线的阻碍后，海底滑坡体的动能（动压能）与压能（静压能）会发生相互转换，边界层外海底滑坡体相对较大的压力迫使边界层内压力较小的滑坡体质点向相反的方向运动，导致边界层变厚，进而形成旋涡。这些旋涡从海底管线表面脱离（边界层分离），会随着流速的增大被拉长，然后消失，滑坡体的速度矢量图如图 9.22 所示。当海底管线一侧旋涡长大脱离时，海底管线另一侧的旋涡正在产生，这样交替的旋涡产生就会形成两行旋涡尾流，这些海底滑坡体旋涡会以一定的频率产生、脱离和逸散，海底管线两侧的压强也以相同的频率发生周期性变化，这就是升力振荡的根本原因。一旦海底滑坡体旋涡脱落频率接近海底管线自振频率时，海底管线就会发生激烈共振导致管线破坏。为了使管线振动减弱或消失，需要抑制周期性旋涡的产生。

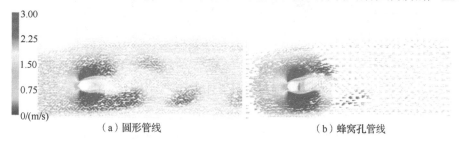

（a）圆形管线　　　　　　　　　　　　（b）蜂窝孔管线

图 9.22　在雷诺数 86.7 条件下两种管线周围滑坡体的速度矢量图

根据形成原理，作用于海底管线上的拖曳力可被认为是由摩擦拖曳力与压差拖曳力两部分组成的。对于摩擦拖曳力而言，在边界层内，海底滑坡体的剪切速率（速度的梯度）越大，摩擦效应就会越显著，导致产生较大的摩擦切应力，这些作用于管线表面的摩擦切应力在冲击方向的投影之和就是摩擦拖曳力。摩擦拖曳力与管线表面粗糙度及管线边界层内海底滑坡体的运动状态有密切关系。本节研究采用层流模型且管线粗糙度均相同，故不考虑摩擦拖曳力的影响。

作用于海底管线上冲击力的大小主要是受管线两侧压力差控制。与传统圆形截面管线相比，蜂窝孔管线会在凹坑处形成微小的漩涡，产生一定程度的吸力，吸住边界层内流体质点，略微延缓边界层的分离，并有效抑制了管线周围滑坡速度的大幅度增加（减小加速度，即"附加惯性力"），如图 9.22 所示。对于拖曳力来说，沿冲击方向，迎流面与背流面的压力差减小，造成峰值拖曳力减小，一旦滑坡体绕过管线，使得背流面压力稳定，迎流面与背流面压力差变化就会很小，导致稳定值拖曳力没有明显变化，两种管线周围压力分布图如图 9.23 所示。对于升力来说，蜂窝孔管线延缓边界层分离，漩涡脱离受到了限制，升力振动就会受到抑制。换句话说，蜂窝孔管线的漩涡脱落强度比圆形管线弱，导致蜂窝孔后方的尾迹更小、更窄，如图 9.22 所示，升力的振幅就会减小。

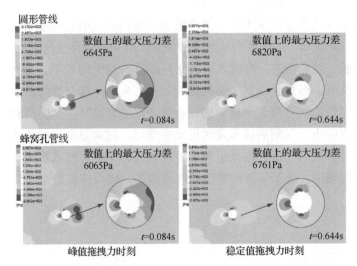

图 9.23　在雷诺数 86.7 条件下两种管线周围压力分布图

2）非理想条件

在考虑海床边界效应与自由来流边界层发展的非理想条件下，以及在不同悬跨高度管线在遭受海底滑坡冲击过程中，三种不同悬跨高度管线周围滑坡体速度场分布的差异（图 9.24）是造成管线表现出复杂受力状态的主要原因。在海底滑坡冲击管线过程中，由于管线的阻碍作用，管线前方的滑坡体出现一个减速区。与此同时，管线迎流面滑坡体的压能逐渐向动能转变，与管线周围不同流层间的滑坡体进行叠加，赋予管线上下两侧不同流层间滑坡体动能，在管线上下两侧形成两个加速区，海底滑坡与管线相互作用的速度场概念图如图 9.25 所示。此外，滑坡体流经海床表面，受其黏性影响，接触海床表面的流速为 0，沿海床法线向上，滑坡体速度逐渐达到自由来流速度的 99%，这个区域为边界层，该区域内滑坡体的速度梯度（剪切速率）很大，黏滞力很高，也会影响管线周围速度场的分布，尤其是在低悬跨高度条件下。

不同的悬跨高度，导致管线与海床的距离不同，即海底滑坡的运动通道有着显著差别。随着悬跨高度的减小，通道变窄，流经管线下方的滑坡体受到的挤压作用增强，导致下部加速区滑坡体速度增大。与圆形管线相比，蜂窝孔管线可更大程度地降低局部加速度，这是悬跨高度为 1 倍管线直径减阻效果最佳的原因。然而，当通道进一步减小，海底边界层的影响显著增大，边界层内滑坡体与管线下方加速区内滑坡体相互作用，会降低管线下方滑坡体的整体速度。当悬跨高度为 0 时，管线下方加速区直接消失，如图 9.24（b）所示。因此，出现了不同悬跨高度下冲击力的复杂演变规律。实际上，不同雷诺数工况反映了不同的初始冲击速度与滑坡体黏性及其变化规律，这将进一步造成更为复杂的动态演化过程。此外，第 8 章提出了管线振动的两个必要条件：①雷诺数小于 50，主要是由于边界层不分离或者分离较晚，漩涡脱离受到了限制；②对于平铺管线来说，滑坡体无法从管线下方通过，只能从上方绕流，形成单侧旋涡，无法产生周期性荷载。

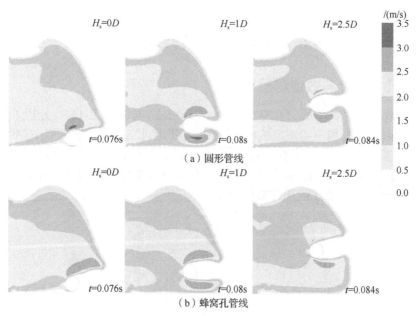

$I/(m/s)$

图9.24　三种不同悬跨高度管线周围滑坡体速度场分布的差异

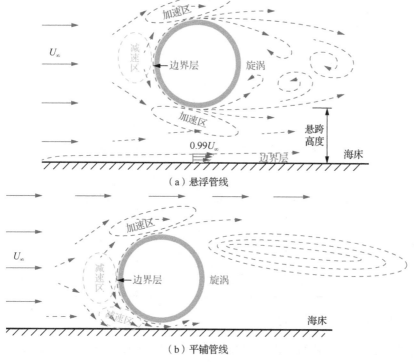

图9.25　海底滑坡与管线相互作用的速度场概念图

注：实线表示滑坡体不受影响时的运动轨迹，虚线表示滑坡体受管线与海床阻碍作用下的运动轨迹。

9.6　蜂窝孔海底管线的优化

9.6.1　几何设计与数值建模

通过模拟两种类型蜂窝孔海底管线（D5-0.5-24 与 D6-1.2-16），分析了蜂窝孔管线的减阻效果与相应的减阻机理，本节进一步通过三维建模软件 CATIA 设计了包含圆形管线在内的 12 种不同类型海底管线的几何设计（悬跨高度为 1 倍管线直径），如图 9.26 所示；12 种海底管线的几何设计参数统计如表 9.5 所示，开展了表 9.4 中 10 种雷诺数工况下的数值模拟。

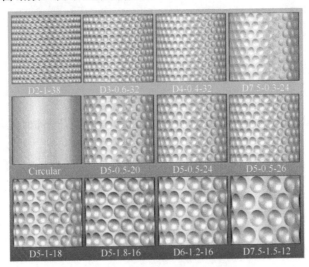

图 9.26　12 种海底管线的几何设计

表 9.5　12 种海底管线的几何设计参数统计

参数	设计参数											
	D2-1-38	D3-0.6-32	D4-0.4-32	D5-0.5-26	D5-0.5-24	D5-0.5-20	D5-1-18	D5-1.8-16	D6-1.2-16	D7.5-0.3-24	D7.5-1.5-12	圆形
d/mm	2	3	4	5	5	5	5	5	6	7.5	7.5	0
m/mm	1	0.6	0.4	0.5	0.5	0.5	1	1.8	1.2	0.3	1.5	0
c_t	38	32	32	26	24	20	18	16	16	24	12	0

9.6.2　数值模拟结果分析

根据上述分析，在海底滑坡与管线相互作用分析中，评估管线受力最重要的参数就是峰值拖曳力系数。分别对 11 种蜂窝孔海底管线的峰值拖曳力减阻率进行计算，得到不同形式蜂窝孔海底管线的平均峰值拖曳力减阻率（不同雷诺数条件下的平均值）与最大峰值拖曳力减阻率，其减阻情况如表 9.6 所示。

表9.6　不同类型蜂窝孔海底管线对峰值拖曳力的减阻情况　　（单位：%）

管线类型	雷诺数										平均减阻率	最大减阻率
	0.45	0.91	1.68	3.4	13.16	24.95	52.07	86.7	155.8	346.47		
D2-1-38	3.4	5.1	6.3	2.9	6.9	15.1	14.9	14.9	15.6	18.1	10.3	18.1
D3-0.6-32	3.2	4.3	5.1	3.2	6.3	14.3	16.1	16.5	18.4	19.6	10.7	19.6
D4-0.4-32	2.5	3.2	3.1	2.3	4.8	10.4	12.8	11.9	11.6	11.8	7.4	12.8
D5-0.5-20	2.4	3.2	3.7	3.0	5.2	11.1	13.9	14.7	14.7	18.9	9.1	18.9
D5-0.5-24	3.1	4.0	4.3	3.3	5.4	12.1	14.9	15.1	16.2	19.2	9.8	19.2
D5-0.5-26	3.0	3.6	3.8	3.4	5.5	12.2	14.9	15.1	15.7	18.6	9.8	18.6
D5-1-18	4.2	5.4	6.3	4.0	7.2	15.4	16.6	17.8	18.4	22.0	11.7	22.0
D5-1.8-16	4.6	6.2	7.5	4.3	7.9	16.1	15.2	16.9	17.1	20.7	11.7	20.7
D6-1.2-16	4.7	6.0	7.1	4.5	7.8	16.1	16.3	18.4	18.0	22.1	12.1	22.1
D7.5-0.3-24	2.6	3.1	2.7	1.9	4.3	8.7	11.2	13.1	11.2	13.3	7.2	13.3
D7.5-1.5-12	5.4	6.3	7.6	4.7	8.1	15.6	16.2	18.6	17.7	22.8	12.3	22.8

　　为清晰展示雷诺数与减阻率的关系，绘制了最大减阻率分布图，如图 9.27 所示。现阶段模拟的蜂窝孔海底管线最大减阻率达到了 23%。这是由于蜂窝孔管线对拖曳力稳定值影响很小，蜂窝孔管线减阻的上限就是拖曳力峰值与稳定值的差值，蜂窝孔海底管线（D7.5-1.5-12）能将峰值与稳定值的差异降低至 2%。

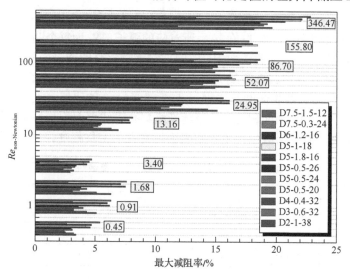

图9.27　11 种不同类型蜂窝孔海底管线的最大减阻率分布图

9.6.3 蜂窝孔管线优化

1）设计参数归一化

不同类型蜂窝孔海底管线的减阻效果存在很大差异，这对管线的设计提出了挑战。蜂窝孔管线的设计主要是确定凹坑结构的直径 d、深度 m、每圈凹坑个数 c_t 与排列方式，如此多的参数对优化设计而言是相当复杂的。本节提出两个归一化的参数深度比 DR 与面积比 AR，基于这两个参数建立蜂窝孔海底管线的优化设计方法。深度比 DR 考虑了蜂窝孔的下凹深度，计算如式（9.12）所示。面积比 DR 则利用表面积的变化,综合考虑了凹坑结构直径、深度与每圈凹坑个数的影响，计算如式（9.13）所示。12 种海底管线的优化设计参数统计如表 9.7 所示。

$$l_{\text{hole}} = \frac{\alpha_{\text{hole}}}{180} \pi R \tag{9.7}$$

$$S_1 = \frac{\pi}{4} \cdot l_{\text{hole}}^2 \tag{9.8}$$

$$S_2 = \pi d \cdot \left(\frac{d}{2} - \sqrt{\left(\frac{d}{2}\right)^2 - \left(\frac{D}{2} \cdot \sin\frac{\alpha_{\text{hole}}}{2}\right)^2} \right) \tag{9.9}$$

$$S_c = \pi D \tag{9.10}$$

$$S_n = n_t (S_2 - S_1) + S_c \tag{9.11}$$

$$AR = \frac{S_n}{S_c} \tag{9.12}$$

$$DR = \frac{m}{R} \tag{9.13}$$

式中：α_{hole} 为在海底管线横截面中，凹坑与管线横截面圆心所形成最大的圆心角；l_{hole} 为在管线横截面中，圆心角 α_{hole} 所对应的弧长；S_1 为每个凹坑所挖掉原管线的表面积；S_2 为每个凹坑的表面积，即圆球与管线相交的球冠面积，如图 9.11（a）所示；S_c 为每延米普通圆形管线的表面积；S_n 为每延米蜂窝孔海底管线的表面积；DR 为深度比，是管线表面凹坑深度 m 与管线半径 R 的比值，无量纲量，代表凹坑的下凹的程度；AR 为面积比，是每延米蜂窝孔管线表面积与每延米圆形管线表面积 S_c 的比值，无量纲量，代表管线表面蜂窝孔的密集程度。

表 9.7　12 种海底管线的优化设计参数统计

管线类型	设计参数					
	α_{hole}/（°）	l_{hole}/mm	S_1/mm²	S_2/mm²	AR	DR
D2-1-38	9.177	2.002	3.148	6.283	1.758	0.08
D3-0.6-32	11.018	2.404	4.538	5.655	1.19	0.048
D4-0.4-32	11.018	2.404	4.538	5.027	1.083	0.032

续表

管线类型	设计参数					
	α_{hole}/(°)	l_{hole}/mm	S_1/mm²	S_2/mm²	AR	DR
D5-0.5-26	13.784	3.007	7.103	7.854	1.083	0.04
D5-0.5-24	13.784	3.007	7.103	7.854	1.077	0.04
D5-0.5-20	13.784	3.007	7.103	7.854	1.064	0.04
D5-1-18	18.414	4.017	12.675	15.708	1.174	0.08
D5-1.8-16	22.139	4.83	18.322	28.274	1.422	0.144
D6-1.2-16	22.139	4.83	18.322	22.619	1.182	0.096
D7.5-0.3-24	13.784	3.007	7.103	7.376	1.028	0.024
D7.5-1.5-12	27.773	6.059	28.834	35.343	1.166	0.12
圆形	0	0	0	0	1	0

2）参数定量化分析

将表 9.7 中深度比 DR 与面积比 AR 分别与表 9.6 中平均减阻率、最大减阻率联合分析，其深度比、面积比与峰值拖曳力减阻率的关系如图 9.28 所示。可以发现平均减阻率、最大减阻率与深度比 DR、面积比 AR 这两个归一化参数均有关。将平均减阻率、最大减阻率分别与深度比、面积比单独绘制，其深度比、面积比与峰值拖曳力减阻率的拟合关系如图 9.29 所示。显然，减阻率与深度比、面积比都呈现二次函数关系。虽然数据量有限，使得数据点的分布较为离散，但仍可获取当前有限数据条件下的最佳设计值。将图 9.29 中四组数据分别采用二次函数进行拟合，得出抛物线的对称轴，分别为 0.1015、0.0981、0.2928 和 1.2676。

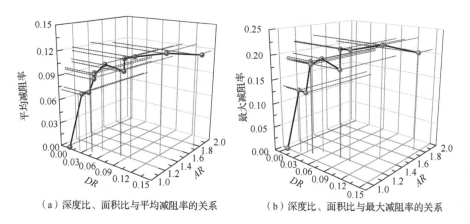

（a）深度比、面积比与平均减阻率的关系　　　（b）深度比、面积比与最大减阻率的关系

图 9.28　深度比、面积比与峰值拖曳力减阻率的关系

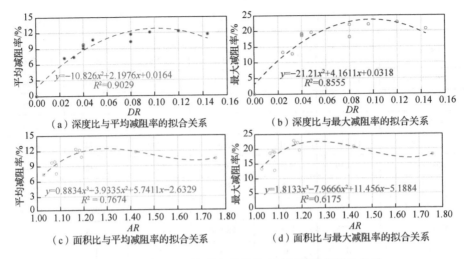

（a）深度比与平均减阻率的拟合关系　　　　（b）深度比与最大减阻率的拟合关系

（c）面积比与平均减阻率的拟合关系　　　　（d）面积比与最大减阻率的拟合关系

图 9.29　深度比、面积比与峰值拖曳力减阻率的拟合关系

因此，在现有数据条件下，为获得最大的峰值拖曳力减阻率，建议管线的深度比 DR 取为 0.0981，面积比 AR 取为 1.2676。在计算资源支持下，建议开展更多种形式蜂窝孔海底管线的模拟分析，获取最优设计方案，达到最佳的减阻效果。

9.7　本 章 小 结

本章首先对流线形设计的减阻理论基础进行了详细阐述，将流线形设计思路应用于海底管线的外层设计之中，并给出了具体的流线形式和对应的尺寸设计；基于 CFD 数值方法，分析了流线形海底管线遭遇滑坡冲击作用下的降阻机制与减灾效果，并推荐了各流线形管线的滑坡冲击作用力预测模型，探讨了流线形设计对管线工程各阶段性能的影响，并针对海底管线设计阶段的偶然荷载评价，分析了流线形海底管线对管线工程关键设计参数的影响。进一步，提出了蜂窝孔海底管线的设计理念，并通过具体参数指标，确定了具有蜂窝孔结构海底管线的设计标准；基于上述建立的海底滑坡-管线相互作用理论与 CFD 方法，开展了海底滑坡-蜂窝孔管线相互作用 CFD 模拟，系统分析了蜂窝孔海底管线的降阻机制与减灾效果；基于平均减阻率与最大减阻率，提出了采用归一化参数深度比与面积比对蜂窝孔海底管线进行优化分析方法，给出了蜂窝孔管线的优化设计方案。基于上述工作，本章主要结论如下。

（1）通过流体绕流运动过程中流场与压力场变化，对流线形减阻理论基础进行了阐述，并将流线形设计思路应用于海底管线，给出了四种具体的流线形管线形式（翼状流线形、双椭流线形、弧角四边流线形和弧角六边流线形）和对应的尺寸设计，且在综合考虑管线结构和相关工程设计规范的基础上，建议将流线形设计应用于管线的最外层形状，内部各层并不改变，以最大限度地降低流线形设计对当前工程的影响。

（2）基于 CFD 数值方法，对海底滑坡与流线形管线的相互作用进行了模拟，分析了流线形海底管线遭遇滑坡冲击作用下的降阻机制，结果表明，由于流线形设计延缓了管线表面滑坡流动边界层的分离，使得管线背流一侧分离区的规模远小于圆形管线，不仅导致管线法向两侧的压力差变小，滑坡法向作用力降低，而且有助于减弱或消除滑坡竖向作用力的周期性波动行为，有效的提高了海底管线的抗冲击、防共振性能。

（3）在滑坡作用力的流体力学表达式框架下，以法向作用力系数 C_H 和竖向作用力系数 C_V 为标准，探讨了流线形管线的减灾效果，经结果统计与分析，四种流线形管线的法向作用力系数和竖向作用力系数与圆形管线相比均有较大幅度的降低，在雷诺数（$1×10^1$）～（$1×10^4$）范围内，翼状流线形管线的降阻比例为 C_H 最大降低了 61.05%、C_V 最大降低了 40.17%，双椭流线形管线的 C_H 最大降低了 60.39%、C_V 最大降低了 32.14%，弧角四边流线形管线的 C_H 最大降低了 66.32%、C_V 最大降低了 36.67%，以及弧角六边流线形的 C_H 最大降低了 41.05%、C_V 最大降低了 35.07%；此外，为了便于流线形管线在海洋工程中的应用，给出了四种流线形海底管线的法向作用力系数 C_H 和竖向作用力系数 C_V 的推荐计算公式，可实现对各流线形管线的滑坡冲击作用力预测。

（4）根据当前海底管线工程从设计到运营的一般过程，简要探讨了流线形设计对管线工程各阶段性能的影响，并进一步针对海底管线设计阶段的偶然荷载评价，举例讨论了流线形海底管线对管线工程设计参数（海底管线的最大弯曲应力 σ_b、最大张拉应力 σ_t、最大法向变形 y_{max}、最大轴向变形 s'）的影响，结果可见，流线形管线有效的降低了设计参数指标，其中最大张拉应力的设计值最高可降低约 66%，不仅有利于降低滑坡的灾害作用，也可以降低项目预算，为海底管线的防护设计提供了新的思路。

（5）基于"高尔夫球"原理，提出了降低海底滑坡冲击作用力的蜂窝孔海底管线自防护设计理念，并通过定义蜂窝孔管线的凹坑直径、凹坑深度、每周凹坑个数与每延米管线凹坑数量给出了蜂窝孔海底管线的设计标准。

（6）与圆形海底管线相比，蜂窝孔海底管线可有效降低由滑坡冲击导致作用于管线最危险的瞬时冲击力，即峰值拖曳力，并使得拖曳力峰值与稳定值间的差距减小，受力过渡更加平稳，在拖曳力达到稳定状态时蜂窝孔管线还能有效抑制拖曳力振动。随着雷诺数的增大，蜂窝孔海底管线的减阻效果随之增强，最大减阻率接近 23%。

（7）与圆形海底管线相比，在高雷诺数与管线悬浮条件下，蜂窝孔海底管线可有效抑制管线竖向周期性的受力波动，即升力的振动，并大幅降低升力的振动幅度，能有效降低由振动导致管线破坏的风险。

（8）基于拖曳力与边界层的形成机理，认为拖曳力由压差拖曳力与摩擦拖曳力两部分组成。蜂窝孔海底管线会在凹坑处形成微小的漩涡，吸住边界层内流体质点，延缓边界层分离，降低管线迎流面与被流面的压力差，减小压差拖曳力，还能降低管线周围的滑坡体峰值冲击速度，减小了加速度，即"附加惯性力"。

（9）对于升力来说，蜂窝孔海底管线延缓了边界层分离，漩涡脱离受到了限制，升力振动就受到了抑制，蜂窝孔海底管线的漩涡脱落强度比圆形管线弱，导致蜂窝孔后方的尾迹更小、更窄，升力的振幅就会减小。

（10）考虑海床边界效应与自由来流边界层发展的非理想条件，系统分析了管线悬跨高度对海底滑坡与管线相互作用速度场的影响过程，在现有数据条件下给出了管线悬跨高度为1倍管线直径时蜂窝孔管线达到的最佳减阻状态，并明确了相应的影响机理。

（11）基于12种不同管线的模拟分析，提出了两个归一化参数深度比与面积比，基于优化设计方法，在现有数据条件下给出了蜂窝孔海底管线的优化设计方案，为获得最大峰值拖曳力减阻率建议蜂窝孔管线的深度比取为0.0981、面积比取为1.2676。

参 考 文 献

范宁, 2019. 海底滑坡体的强度特性及其对管线的冲击作用研究[D]. 大连: 大连理工大学.

郭兴森, 2021. 海底地震滑坡易发性与滑坡–管线相互作用研究[D]. 大连: 大连理工大学.

《海上采油工程手册》编写组, 2001. 海上采油工程手册(上册)[M]. 北京: 石油工业出版社.

《海洋石油工程设计指南》编委会, 2007. 海洋石油工程海底管道设计[M]. 北京: 石油工业出版社.

焦志斌, 牟永春, 沙秋, 2014. 水流作用下滩海工程仿生草防护研究[J]. 海洋工程, 32(2): 104-109.

李秀娟, 2010. 流线形曲线曲面构造关键技术研究[D]. 南京: 南京航空航天大学.

阮雪景, 抬兵, 张芝永, 等, 2012. 海底管线柔性导流板的变形方程研究[J]. 中国海洋大学学报(自然科学版), 42(5): 111-114.

杨立鹏, 2012. 波浪作用下的海底管线冲刷与防护技术研究[D]. 青岛: 中国海洋大学.

于淼, 2009. 海冰作用下及混凝土保护层与压块对双层立管系统影响的分析研究[D]. 天津: 天津大学.

FAN N, NIAN T, JIAO H, et al., 2018. Interaction between submarine landslides and suspended pipelines with a streamlined contour[J]. Marine Georesources & Geotechnology, 36(6): 652-662.

GUO X, NIAN T, FAN N, et al., 2021. Optimization design of a honeycomb-hole submarine pipeline under a hydrodynamic landslide impact[J]. Marine Georesources & Geotechnology, 39 (9): 1055-1070.

GUO X, NIAN T, WANG F, et al., 2019. Landslides impact reduction effect by using honeycomb-hole submarine pipeline[J]. Ocean Engineering, 187: 106155.

HUISBERGEN C H, 1984. Stimulated self-burial of submarine pipelines[C]//Offshore Technology Conference OTC, Houston, Texas, USA.

JEANJEAN P, LIEDTKE E, CLUKEY E C, et al., 2005. An operator's perspective on offshore risk assessment and geotechnical design in geohazard-prone areas[C]//Perth, Taylor & Francis.

NIEDORODA A W, REED C W, HATCHETT L, et al., 2003. Analysis of past and future debris flows and turbidity currents generated by slope failures along the Sigsbee Escarpment in the Deep Gulf of Mexico[C]//Offshore Technology Conference, Houston, Texas, USA.

PEREZ-GRUSZKIEWICZ S E, 2012. Reducing underwater-slide impact forces on pipelines by streamlining [J]. Journal of Waterway Port Coastal & Ocean Engineering, 138(2): 142-148.

RANDOLPH M F, SEO D, WHITE D J, 2010. Parametric solutions for slide impact on pipelines[J]. Journal of Geotechnical and Geoenvironmental Engineering, 136 (7): 940-949.

SCHLICHTING H, GERSTEN K, 2016. Boundary-layer theory[M]. Berlin: Springer.

10 结论与展望

10.1 结　论

本书以海底滑坡冲击深水管线作为研究重点，采用理论分析、离心机模型试验、宏微观土工试验、数值模拟分析等多手段相结合的研究方法，提出了非全流动贯入机制下基于 Ball 评价海底表层软土不排水抗剪强度的分析方法，建立了考虑双向拟静力地震作用与海底土强度弱化模型的多层海底斜坡稳定性分析模型以及基于安全系数评价标准的区域表层海底地震滑坡易发性评估方法；提出了一种结合流变仪试验与全流动强度试验的综合评价方法，分析了海底滑坡体在不同剪切应变率下的流变强度特性，建立了海底泥流试样低温-含水量耦合流变模型与流态化海底滑坡体流态转捩的确定方法，探究了海底滑坡流滑过程中的"滑水效应"与土-水界面处质量输运通量变化规律，发展了海底滑坡-管线相互作用模型设计理论与 CFD 数值模拟方法，探讨了海底管线遭受滑坡灾害冲击作用下滑坡作用力与管线位移的双向耦合作用，揭示了复杂条件下海底管线受滑坡冲击作用的力学机制，并给出了冲击力预测公式；提出了降低海底滑坡冲击作用的蜂窝孔海底管线自防护设计理念与优化设计方案，分析了蜂窝孔与流线形海底管线的减灾效果与降阻机理。基于上述工作，得出如下主要结论。

（1）发展了具有多种探头（球形、锥形与流线形）的贯入仪，开展了赋水环境下三种探头贯入南海土与高岭土样的离心试验，给出了考虑环境水影响下 Ball 在浅表层贯入过程中贯入阻力与贯入深度的关系，指出了 Ball 全流动贯入仪的空间影响范围约为 3 倍 Ball 直径的球体区域。开发了基于欧拉-欧拉两相流模型的球形贯入仪-海底软土相互作用 CFD 数值分析方法，模拟结果与离心贯入试验结果相比，平均差异约为 5%，验证了所提出 CFD 模型的准确性。基于数值结果，系统地分析了 Ball 在浅表层贯入过程中贯入阻力的变化规律，结果显示若不考虑表层贯入的影响，将严重低估表层软土的不排水抗剪强度。通过速度场、流场与体积分数演化过程揭示了环境水的作用机理，发现由于环境水的存在，Ball 在表层贯入过程中土体不会在 Ball 表面实现完全回流，提出了 Ball 贯入过程中临界深度、表层贯入、浅层贯入与深层贯入的划分方法，以临界深度 $h_{critical}=6.5D$ 为界，给出了稳定贯入阻力系数与无量纲化贯入阻力的关系，以及表层贯入阻力系数与无量纲化贯入深度 h/D 的关系，建立了 Ball 全流动贯入测试海底浅表层软土不排水抗剪强度的评价方法。

（2）建立了基于无限坡滑动模式极限平衡法并考虑双向拟静力地震荷载与海底土体强度弱化效应的多层海底斜坡稳定性分析模型，开展了离散站位浅表层海底斜坡稳定性分析，发现海底斜坡坡度、海底土层强度参数、水平地震作用与海底土体强度弱化效应对海底斜坡稳定性影响十分显著。提出了一种以安全系数作为评价标准，通过空间插值理论（反距离权重插值方法）将离散站位海底斜坡安全系数拓展到整个研究区的区域海底滑坡易发性评估方法。分析了南海北部地质背景、地震分布、土层物理力学参数，并初步建立了相应数据库。结果显示，南海北部浅表层土体具有含水率高、不排水抗剪强度低、结构性强的特点；南海北部地震活动分布非常不均匀，总体表现为东强西弱、北强南弱特点；还发现海底滑坡与地震作用存在密切关系，地震作用下，极易造成海底土层强度下降，形成大规模海底滑坡。现有数据条件分析可知，自然条件下南海东北部陆坡不易发生海底滑坡，区域海底斜坡的稳定性较好；随着地震作用加强，发生海底滑坡的可能性逐渐增大，滑坡覆盖范围越来越广；当 k_h 达到 0.2 时，南海东北部陆坡的西南部已经变得相当危险；当 k_h 达到 0.4 时，整个南海北部陆坡区海底斜坡稳定性均较差，其中神狐、珠江海谷与台湾浅滩陆坡区段失稳范围最广。

（3）结合流变仪在剪切应变率测试方面与全流动贯入仪在强度测试方面的优势，提出了一种组合试验方法，针对三种具有代表性的海洋软土样（高岭土、渤海海域典型浅海软土、南海海域典型深海软土），对模拟海底流滑体在不同剪切应变率下的流变强度特性进行了试验研究，海底流滑体表现出明显的剪切稀化流体的特征，关键流变参数（屈服强度和表观黏度）均随着含水率综合指标（w/w_L）的增大而呈现出幂律降低的趋势，基于非牛顿流体的剪切稀化行为理论，提出了一种分段流变强度模型。针对海底滑坡流滑过程中滑坡体与周围水环境的相互作用，一方面，采用自主设计的水槽试验系统，成功实现了对滑坡体端部"滑水效应"的图像捕捉与监测，且根据受力情况、弗劳德数和滑动速度三项指标，对"滑水效应"发生的临界条件进行了讨论，并分析了强动水阻力作用下流滑体端部的变形特点，完善了海底滑坡流滑过程中受"滑水效应"影响的滑端变形机制；另一方面，基于土体颗粒的临界剪切应力启动条件，采用等价模拟方法，提出了一套用于测试土体颗粒向水环境扩散的试验系统，并通过土体电阻率试验方法与计算流体动力学数值方法，给出了试验过程中涉及的标定关系与等价模拟关系，进而对不同流速条件下海底流滑体的土-水界面处质量输运通量变化规律进行了分析，得出了适用于高含水率黏性土样的土-水界面处质量输运通量预测模型。

（4）考虑海底真实温度环境，开展了南海北部陆坡海底滑坡易发区内四种不同含水量海底泥流试样的低温流变试验，发现了含水量与温度对海底泥流试样流变特性影响非常显著。与含水量 151.2%海底泥流试样相比，含水量 90.0%海底泥流试样的剪应力与表观黏度平均提高了 24 倍；与 22℃常温条件相比，0.5℃低温条件下含水量 90.0%海底泥流试样的剪应力与表观黏度提高了 36.3%。进一步，分析了流变曲线的变化特征与规律，通过粒际作用与布朗运动揭示了温度与含水量对试样流变特性的影响机理。基于 Herschel-Bulkley 流变模型，对试样的流变参数进行分析，提出了海底泥流试样屈服应力与稠度系数随温度变化的线性公式，流变指数随含水量变化的线性公式，以及拟合流变参数随含水量变化的幂律公式，建立了海底泥流试样低温-含水量耦合流变模型。基于流变试验原理，推导了流变试验中流态化海底滑坡体雷诺数的计算公式，以临界雷诺数为评价标准，建立了海底滑坡体从层流状态转捩到湍流状态的划分方法，应用于南海北部陆坡区海底泥流试样流态分析，给出了泥流试样从层流转捩到湍流的临界雷诺数为 300，通过试样表观黏度曲线的宏观变化以及试样内部结构变化特征，提出了流变曲线从牛顿区到非牛顿区的演化过程，初步揭示了海底泥流试样流态转捩的内在机理。

（5）考虑海底泥屑流流变模型的适用范围，在流体力学理论框架下，基于雷诺相似准则，推导了海底滑坡-管线相互作用试验与数值模型中管线直径与海底滑坡冲击速度的确定公式，提出了海底滑坡-管线相互作用模型设计理论，并给出了优化设计方案，为减小试验规模与成本，提高计算精度与效率，建议采用最小值开展分析。在模型设计理论基础上，基于 CFD 不可压缩欧拉-欧拉两相流模型，采用流变模型与流态分析方法，发展了海底滑坡-管线相互作用 CFD 模型，给出了从几何创建、网格划分、物理条件定义、求解到结果分析全过程 CFD 建模与分析方法，尤其是边界条件的确定方法。基于经典室内水槽试验与前人数值分析成果，验证了所建立 CFD 模型获取作用于管线上冲击力的准确性，再现了碎屑流与环境水形态的演化过程以及浆料的滑水现象，明确了所提出海底滑坡-悬浮（平铺）管线相互作用 CFD 模型的有效性，并提出了概化（广义）的 CFD 模型用于复杂条件下海底滑坡-管线相互作用研究，还发现 Herschel-Bulkley 流变模型描述浆料更为准确，再次证明了流变模型对海底滑坡-管线相互作用分析的重要性。

（6）分析了海底管线真实在位情况，提出了海底滑坡与管线的相对规模及位置关系，并通过线性公式量化了海底滑坡、管线与海床的关系。基于上述提出的概化 CFD 模型，开展了复杂条件下海底滑坡-环境水-管线相互作用数值模拟，分析了管线受到的拖曳力与升力时程曲线，总结了管线受力的三种模式，给出了升力振荡的两个必要条件：管线处于悬浮状态与雷诺数大于一定值（本研究为 50）。同时，提出了海底管线受滑坡冲击力（拖曳力与升力）峰值与稳定值的概念，考虑峰值与稳定值差异，平均变化率达到了 27.9%，揭示了峰值与稳定值产生的机理。发现了低温环境与管线悬跨高度对滑坡冲击力影响十分显著，与常温 22℃相比，低温 0.5℃悬跨高度为 1 倍管线直径工况下峰值拖曳力最大提高了 26.0%，峰值升力最大提高了 70.3%，建立了峰值拖曳力系数 $C_{D\text{-}P}$、稳定值拖曳力系数 $C_{D\text{-}S}$、

峰值升力系数 C_{L-P} 与稳定值升力系数 C_{L-S} 的计算公式。接着，明确了悬跨高度对管线的受力状态有着重要影响，对于平铺管线，升力的最大变化率达到了 572%，拖曳力的最大变化率达到了 158%，管线受到冲击力的最大值往往出现在悬跨高度为 3 倍管线直径范围内，进一步完善了 C_{D-P}、C_{D-S}、C_{L-P} 和 C_{L-S} 的计算公式。最后，考虑管线上覆滑坡体厚度的影响，对于平铺管线来说，$\psi_C=20$ 条件下 C_{D-P} 可达到 $\psi_C=0$ 条件下的 5 倍以上，提出了拖曳力系数基准值与滑坡覆盖厚度调整系数，基于分项系数方法，建立了标准图表法，进一步完善了最危险峰值与稳定值拖曳力的预测公式。

（7）根据海底滑坡冲击管线耦合作用过程的数学描述，采用任意拉格朗日-欧拉法实现了该双向流-固耦合过程的数值模拟，详细介绍了其进行流-固耦合模拟的理论基础与实现流程，并通过模拟流体力学经典颗粒沉降过程对其进行了验证，探究了海底管线遭受滑坡灾害冲击作用下的竖向位移特征与规律，结果表明，在海底滑坡的冲击下管线发生了显著的竖向位移，且其最终会进入一种动态平衡状态，表现为低雷诺数下的稳定值或者高雷诺数下的周期性波动值；随着雷诺数的增大，管线竖向位移变化量 H_{pipe} 先增大后降低至近似为 0；此外，初始管线-海床间隙 H_i 仅对 H_{pipe} 有影响而对 R_{pipe} 无影响，即 H_i 越小（管线越靠近海床），管线竖向位移变化量 H_{pipe} 越低，最大周期性波动范围达到 $1.8D_{pipe}$，上述管线竖向位移特征参数（H_{pipe} 和 R_{pipe}）在高雷诺数下降低的原因主要是高雷诺数下旋涡脱落导致滑坡竖向作用力正、负值交替频率较快，产生的位移量较低。基于管周流场和滑坡作用力两个方面，发现位移管线与固定管线在滑坡冲击作用下的力学响应存在显著的差别，对于更加现实的位移管线工况，不能简单套用固定管线的相关研究结果和滑坡作用力估算公式；且上述差异使得固定管线和位移管线的重要工程设计参数（最大弯曲应力、最大张拉应力、最大法向变形和最大轴向变形）可能存在 10% 以上的差异。

（8）提出了一种等效边界条件，将其应用到建立的海底滑坡-管线相互作用数值模型中，能够高效、准确地获取海底滑坡作用下管线的动态响应。该等效边界条件可以实现利用数值模型中有限长管线模拟无限长管线的目的，也便于进行参数分析。根据 720 种不同参数工况下海底滑坡作用下管线变形的数值模拟结果，通过回归分析和量纲分析可得，规一化临界冲击荷载 Q_{cr} 可以表示为三个无量纲参数的函数，即规一化滑坡体宽度、规一化轴向土阻力和规一化侧向土阻力；并提出了相应的最佳拟合方程，可直接用于预测临界冲击荷载 q_{cr}。然后，根据实际海底滑坡的冲击力是否大于 q_{cr}，可进行管线的安全性评估。参数分析结果表明，规一化界冲击荷载 Q_{cr} 主要受规一化侧向土阻力和规一化滑坡体宽度控制，而规一化轴向土阻力的影响相对较小。冲刷作用可引起管线侧向土阻力减小，从而很大程度上影响了海底管线的临界冲击荷载 q_{cr} 的大小，提出的设计图可直接预测冲刷作用导致的临界冲击荷载减小的程度。

（9）基于流线形减阻理论，将流线形设计思路应用于海底管线的外层设计之中，并给出了四种具体的流线形式（翼状流线形、双椭流线形、弧角四边流线形和弧角六边流线形）和对应的尺寸设计，流线形设计不仅导致管线法向两侧的压力差变小，滑坡法向作用力降低，还有助于减弱或消除滑坡竖向作用力的周期性波动行为，有效提高了海底管线的抗冲击、防共振性能；四种流线形管线的法向作用力系数和竖向作用力系数与圆形管线相比均有较大幅度的降低，在雷诺数（1×10^1）~（1×10^4）范围内翼状流线形、双椭流线形、弧角四边流线形和弧角六边流线形的降阻比例为 C_H 分别最大降低了 61.05%、60.39%、66.32%、41.05%，C_V 分别最大降低了 40.17%、32.14%、36.67%、35.07%，并给出了各流线形式管线的滑坡冲击作用力预测模型；根据当前海底管线工程从设计到运营的一般过程，探讨了流线形设计对海底管线工程各阶段性能的影响，并针对海底管线设计阶段的偶然荷载评价部分，讨论了流线形海底管线对管线工程设计参数（海底管线的最大弯曲应力 σ_b、最大张拉应力 σ_t、最大法向变形 y_{max}、最大轴向变形 s'）的影响，流线形管线有效地降低了设计参数指标，其中最大张拉应力的设计值最高可降低约 66%。

（10）提出了降低海底滑坡冲击作用力的蜂窝孔海底管线自防护设计理念，并通过定义蜂窝孔管线的凹坑直径、凹坑深度、每周凹坑个数与每延米管线凹坑数量，给出了蜂窝孔海底管线的设计标准。与圆形海底管线相比，蜂窝孔管线可有效降低管线受到的峰值拖曳力，并使拖曳力峰值与稳定值间的差距减小，实现平稳过渡，最大减阻率接近 23%，蜂窝孔管线还可以有效抑制管线竖向周期性的受力波动，并大幅降低升力振动幅度，最大可降至原幅值的 30%，能有效降低由振动所导致管线破坏的风险。基于边界层与速度场演化理论，发现蜂窝孔管线会在凹坑处形成微小的漩涡，吸住边界层内流体质点，延缓边界层分离，降低管线迎流面与被流面的压力差，减小压差拖曳力，还能降低管线周围滑坡体的峰值冲击速度，减小"附加惯性力"，同时延缓了边界层分离，漩涡脱离就受到了限制，升力振动也受到了抑制，同时蜂窝孔海底管线的漩涡脱落强度比圆形管线弱，导致蜂窝孔后方的尾迹更小、更窄，升力的振幅就会更小。基于 12 种不同类型管线的模拟分析，提出了两个归一化参数深度比与面积比，在现有数据条件下给出了蜂窝孔海底管线的优化设计方案，即深度比取为 0.098、面积比例为 1.268。

10.2 展　望

海洋资源开发已迈入深远海、极地海域等更多未知领域，将面临更多、更复杂、更棘手的海洋岩土工程问题，需要加强相关基础学科研究，构建多学科交叉融合平台，促进学科发展，共同探索科学问题，推动工程应用落地。本书以保障海底管线运营安全为目标，进行了海底表层软土不排水抗剪强度测试与解析、海底斜坡地震稳定性与区域滑坡易发性评估、海底滑坡-管线相互作用与管线防护技术研究。在此基础上，后续可在以下几个方面开展深入研究。

（1）已开展的海底浅表层软土-水-贯入仪相互作用以及海底滑坡-水-管线相互作用研究，考虑了两相连续介质的相间作用力，但未考虑水-土（黏性土）相间交换作用，未来仍需要研发先进仪器，探究水-土两相介质相间传递的力学机制，量化水-土两相介质相间传递过程，构建水-土两相介质相间传递模型，开发相应的计算程序以实现水-土相间交换作用。

（2）基于球形全流动贯入仪，提出了考虑环境水影响下海底表层软土在非全流动贯入机制下不排水抗剪强度评价方法。前人已开展了大量无水环境下海底软土在全流动贯入机制下不排水抗剪强度评价方法的研究。因此，从表层贯入到深层贯入，环境水的影响逐渐消失，但关于环境水的影响何时消失，如何消失，这个过程仍需要考虑环境水-土相间的交换作用，进行更为深入的科学探究。

（3）以安全系数作为评价标准，将离散站位海底斜坡安全系数通过反距离权重插值方法拓展到整个研究区，从而提出区域海底滑坡易发性评估方法。但一般情况下，海域数据量极少，如何发展一种更合适的空间插值方法对研究区进行小区域、高精度、更准确的评价，或者如何在数据量极少情况下考虑参数不确定性以半定量化手段开展区域海底滑坡易发性和风险评估，这些都需进一步开展研究。

（4）基于提出的均质流态化海底滑坡低温-含水量耦合流变模型，采用 CFD 不可压缩两相流理论开展了复杂条件下海底滑坡-环境水-管线相互作用研究。实际上，海底滑坡在长距离运移过程中，滑坡体由固态逐渐演化为流态，滑坡运动演化过程的形态、运动学参数以及相应力学机制都需要通过试验方法结合先进数据采集手段来捕捉并量化，这种复杂固-液并存材料与海底工程结构相互作用（界面接触关系）也亟待探究。

（5）为简化海底滑坡对管线的冲击力，提出了以均布荷载作用于管道的一种海底滑坡作用下管线安全性评估方法。实际上，海底滑坡本身的物理力学性质存在很大的空间变异性。因此，作用在管线上的冲击荷载也会随时间和管线位置不同而变化。考虑这种复杂工况时，海底滑坡作用下管线的动态响应及安全性评估问题有待进一步研究。

（6）为降低海底滑坡冲击作用力，提出蜂窝孔海底管线自防护设计理念，分析了蜂窝孔海底管线的减灾效果，揭示了相关的降阻机制。蜂窝孔海底管线具有优越的水动力学性能，目前只是提出了初步设计理念，今后需深入开展研究，进一步优化设计来充分发挥其减灾性能，并深入探究蜂窝孔海底管线抵御海底滑坡、沙波、深水底流等荷载的冲击与侵蚀作用，早日实现工程应用，为深海管线安全运营保驾护航。